普通高等学校电子信息类一流本科专业建设系列教材

数字通信原理与硬件设计

刘灼群　蔡志岗　编著

科学出版社

北　京

内 容 简 介

本书是作者几十年理论和实践教学的经验总结，内容丰富，包括绪论、信源编码、数字基带传输、数字频带传输、同步理论、现代数字调制、信道编码、数字复接技术，以及配套实验简介等内容。本书注重理论与实践紧密结合，对于书中的难点，侧重于物理概念解释；在讲清楚通信基本原理的基础上，侧重于硬件实现方法分析，通俗易懂。

本书可作为高等院校通信工程、电子信息工程、网络工程、人工智能、集成电路设计与集成系统、物理学、光电信息科学与工程、计算机等相关专业本科生的教材，也可作为相关专业的研究生和工程技术人员的参考书。

图书在版编目（CIP）数据

数字通信原理与硬件设计 / 刘灼群，蔡志岗编著. —北京：科学出版社，2022.9
普通高等学校电子信息类—流本科专业建设系列教材
ISBN 978-7-03-072909-5

Ⅰ. ①数… Ⅱ. ①刘… ②蔡… Ⅲ. ①数字通信–高等学校–教材 Ⅳ. ①TN914.3

中国版本图书馆 CIP 数据核字（2022）第 148736 号

责任编辑：潘斯斯 / 责任校对：王萌萌
责任印制：赵 博 / 封面设计：蓝正设计

斜 学 出 版 社 出版
北京东黄城根北街 16 号
邮政编码：100717
http://www.sciencep.com
北京厚诚则铭印刷科技有限公司印刷
科学出版社发行 各地新华书店经销

*

2022 年 9 月第 一 版 开本：787×1092 1/16
2025 年 1 月第三次印刷 印张：18
字数：427 000
定价：69.00 元
（如有印装质量问题，我社负责调换）

作 者 简 介

刘灼群　中山大学物理国家级实验教学示范中心特聘高级工程师。原华南理工大学电子信息学院高级工程师，从事数字通信原理理论教学、科研和实验教学 40 多年。发表窄带数字通信 TFM 调制方面的论文多篇，开发数字通信原理验证型 SLD-38X 实验箱 7 个，综合性、系统性扩频通信设计型实验箱 1 个，被广东省多所高校和国内部分高校选用，多次获校级教学成果奖。退休后受蔡志岗教授邀请，通过中山大学引进优质校外师资计划，参与光电信息科学与工程专业的教学改革，培训青年师资，探索适合当前教学的新模式，优化课程内容结构和教学方法，与蔡志岗教授合作完成了数字通信原理实验视频拍摄，合作开发了中山大学 SYT-2020 扩频通信系统综合设计实验箱，合作编著了《数字通信原理与硬件设计》一书用于理论教学。对完善国内数字通信原理教学系统改革做出了应有贡献。

蔡志岗　中山大学物理学院教授，中山大学物理国家级实验教学示范中心主任，公共物理教学部主任。先后承担了"通信原理""通信原理实验""光信息专业实验""光信息自主设计实验""光通信网络实验""光通信系统设计"等本科课程。主要从事图像与光谱综合应用、锁相放大器及弱信号检测技术、激光与光电技术研究。获得国家级教学成果奖二等奖 1 项，广东省教学成果奖一等奖 2 项，广东省高等教育教学成果二等奖 1 项，广东省科学技术奖一等奖 1 项，广东省自然科学奖三等奖 1 项，广州市科技进步类一等奖 1 项。

前　言

按照教育部的要求，要尽早提高学生的创新能力和实际操作技能。本书中叙述方法与其他教材有所不同，在讲清楚通信主要基本原理的基础上，侧重于硬件实现方法分析，学生通过对硬件设计方案的理解，掌握通信原理的核心内容。启发学生将前面学过的基础知识灵活应用到通信单元电路设计中，创新思维，从物理概念上领会通信原理中的难点及其实质，而避免单纯的数学分析理解。为提高学生创新的能力，增加了许多的实践环节。

本书注意理论与实践的紧密结合，既保持数字通信严谨的理论分析，又有相关的实验支撑。如果与作者配套开发的"通信原理验证"7 个实验箱和"扩频通信系统综合设计"实验箱一起使用，将会获得更好的教学效果。从理论和实践两个方面同时为进一步设计大规模通信集成电路专用芯片打下基础。

本书是在中山大学物理学院一流本科专业建设整体规划指导下，依据作者几十年在本科数字通信原理的理论教学和实验教学的讲稿，参考国内很多优秀教材和科研文献，特别是近年来中山大学物理国家级实验教学示范中心在光电信息和电子技术方面的教学研究与改革实践成果编写而成的。全书由刘灼群、蔡志岗编著，王嘉辉全程参与了整个教学升级工作，王福娟和滕东东承担了具体的教学改革和教材图表绘制工作。全书由刘灼群设计、统稿和审核。

感谢中山大学物理学院的各位领导对本书出版给予的大力支持，感谢科学出版社对我们教学改革工作的肯定，感谢昌盛社长和潘斯斯编辑对本书出版给予的支持和帮助。

感谢华南理工大学电子信息学院叶梧、全景才、冯穗力、甘集增等教授对本书出版的大力支持和推荐，感谢梁幅英、马楚仪、邓洪波、林东生老师和研究生李宇辉在制作通信实验箱方面给予的大力帮助。在本书编写和教学实践过程中，得到黄柱源等光电信息科学与工程专业的很多同学的支持和帮助，特此致谢。

由于作者水平有限，书中难免存在不足之处，敬请广大读者批评指正。

作　者

2021 年 10 月于中山大学康乐园

目　　录

第1章 绪 论

- ➢ 学习方法与基础知识
- ➢ 通信系统分类与通信方式
- ➢ 信息及其度量
- ➢ 通信主要性能指标

1.1 学习方法与基础知识

本书要求学生掌握有关数字通信方面的主要定理、准则、基本概念和工作原理及硬件实现方法；对于做了很多条件假设的繁杂的性能推导数学公式，只要求学生能看懂，不要求学生自己做推导，但推导的主要结论必须熟记。**重点研究硬件设计技巧和方法，提高学生的创造能力。对于通信中的难点，建议大家最好用物理概念去理解，如果从数学公式去理解可能会比较抽象。**为此必须复习一些基础知识。

1.1.1 数字信号与模拟信号之间的关系

厘清波形与频谱之间的关系非常重要。对于数字通信中存在的许多现象、矛盾、问题可以得到直观的物理概念解释和理解，避免单纯从数学公式去理解许多问题。例如，平顶抽样失真，数字调制的频带占据宽度大、带外衰减慢、传输有码间干扰的原因，位同步提取的原理，参数编码的原理，OFDM 可以压缩传输频带等很多比较抽象的问题，完全可以不用从数学公式去理解，只要从物理概念去理解就已经非常清楚。

一条信息，既可以用时域表示，也可以用频域表示，两者是等效的，1kHz 正弦波频谱只有一条谱线，如表 1.1.1 所示。

对称方波由很多个奇次谐波合成，最少十次谐波以上可接近，不含偶次谐波，谐波次数越高，幅度越小；矩形脉冲边缘越陡，所含的谐波次数越高，如表 1.1.2 所示。

表 1.1.1　单一正弦波时域与频域关系

波形名称	时域表示	频域表示
1kHz 正弦波		

表 1.1.2　对称方波与频谱关系

波形名称	时域表示	频域表示
1kHz 对称方波		
波形合成		相频特性为线性时，基波和 3 次谐波合成波形有点像方波； 谐波次数越高，合成边缘越陡。 再加上 5 次谐波，中间凹口可填平
波形合成		相频特性为非线性时，基波和 3 次谐波合成波形有失真。 左图是基波反相时合成的波形，有明显失真

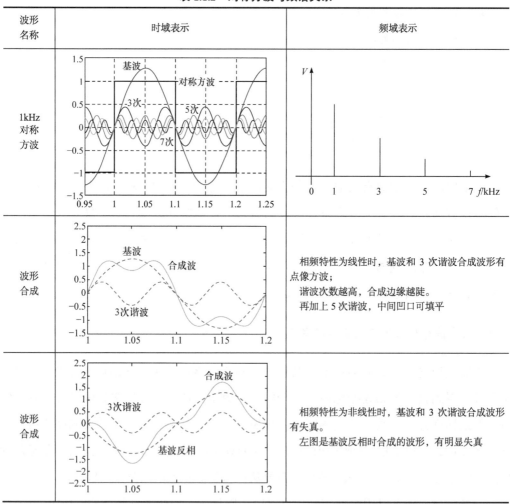

一个 1kHz 非对称方波由很多个奇次、偶次谐波合成，谐波次数越高，幅度越小，如表 1.1.3 所示。

表 1.1.3　不对称方波与频谱关系

波形名称	时域表示	频域表示
1kHz 非对称方波	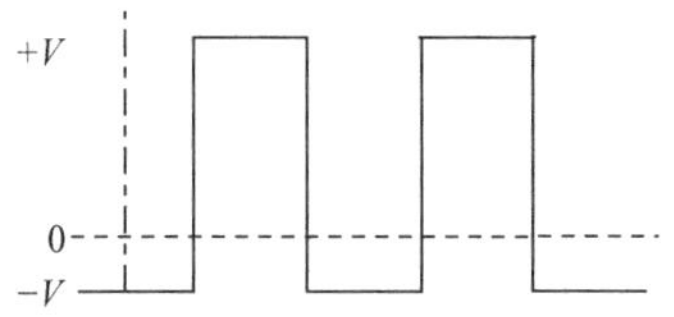	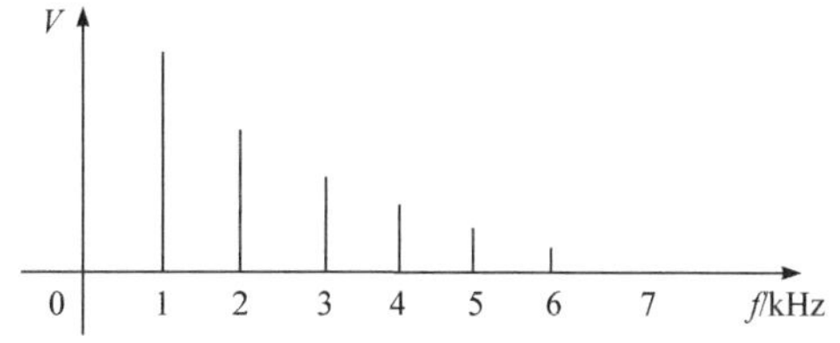

1kHz 窄脉冲由无穷多个奇次和偶次谐波合成；脉冲宽度越窄，谐波分量越强，脉冲边缘越陡，如表 1.1.4 所示。

表 1.1.4　1kHz 窄脉冲与频谱关系

波形名称	时域表示	频域表示
1kHz 窄脉冲	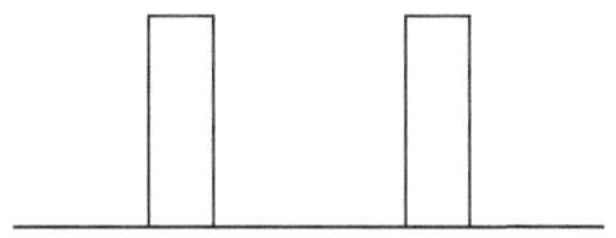	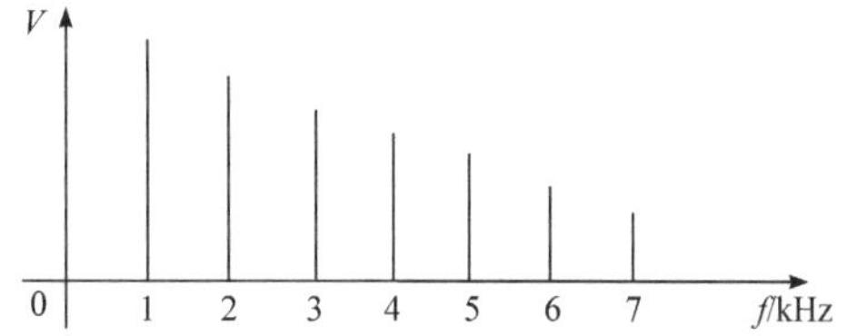

脉冲宽度越窄，高次谐波幅度越强；冲激响应——冲激函数的频谱宽度为无限宽，如表 1.1.5 所示。

表 1.1.5　冲激响应与频谱关系

波形名称	时域表示	频域表示
冲激响应	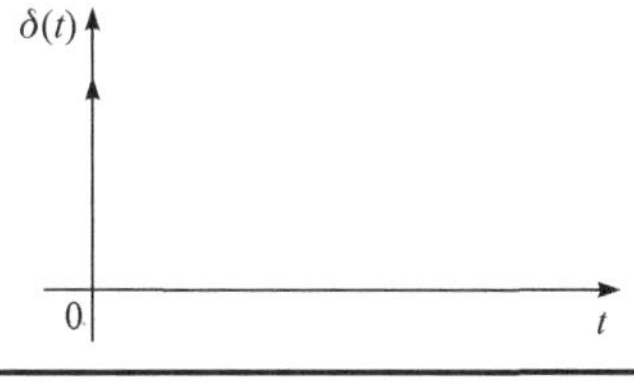	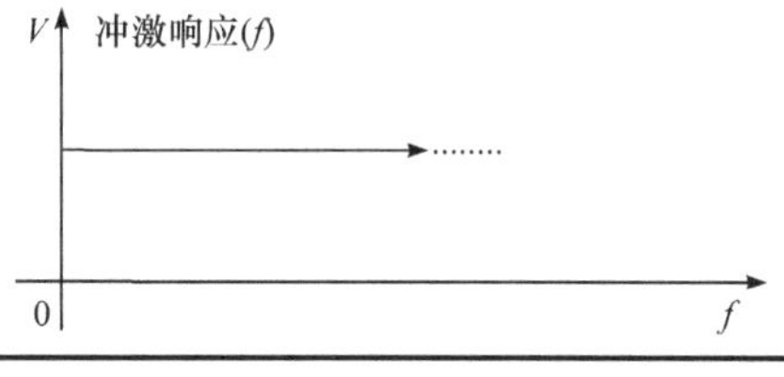

1.1.2　消息、信息与信号

消息：文字、符号、数据、图片、语音和活动图像。

信息：给人新知识和新概念。

信号：与消息和信息一一对应的电量，它是消息和信息的物质载体。

1.1.3　脉冲信号与数字信号

脉冲信号：模拟信号限幅或与非门产生的信号，如图 1.1.1 所示。

数字信号：用时钟(CP)对脉冲信号进行判决形成的信号，数字信号与时钟之间有确定的关系，如图 1.1.1 所示。

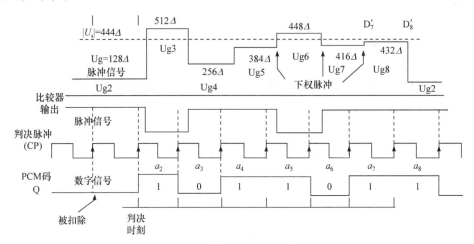

图 1.1.1　脉冲信号与数字信号

1.1.4　二进制数字信号与多进制数字信号

二进制数字信号有两个电平：1 代表高电平；0 代表低电平，数字信号判决时钟与码元有确定的对应关系，如图 1.1.2 所示。

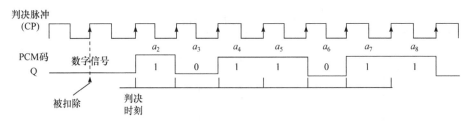

图 1.1.2　二进制数字信号

多进制数字信号有多个电平。**四进制数字信号**有 4 个电平，一个四进制码元(符号)包含 2 位二进制信号(11、10、01、00)，如图 1.1.3 所示。**八进制数字信号**有 8 个

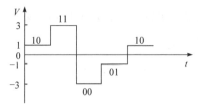

图 1.1.3　四进制码元波形

电平，一个八进制码元(符号)包含 3 位二进制信号：000、001、010、011、100、101、110、111。以此类推。

1.2 模拟通信系统和数字通信系统

信源发出的信息可以分为两大类：一类称为连续信号，是指信号的状态连续变化或是不可数的，如语音、活动图片等；另一类称为离散信号，是指信号的状态是可数的或离散的，如符号、数据等。

1.2.1 模拟通信系统

模拟通信系统如图 1.2.1 所示。

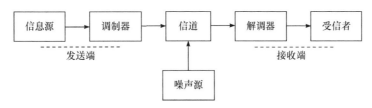

图 1.2.1 模拟通信系统模型

信息源——可以是人或者机器，信源发出的原始电信号都是连续的，频谱从零频率附近开始，如语音信号为 300～3400Hz，声音信号为 50Hz～20kHz，图像信号为 0～6MHz。

调制器——由于信息源发出的信号具有频率很低的频谱分量，一般不宜直接传输，因为信号要从空中发射出去，天线的长度必须与发送信号的波长具有相同数量级才有可能，这就需要把低频信号变换成适合在信道中传输的高频信号，这个过程称为调制。

信道——传输发送信号的介质，可以是有线(电缆、光纤)或者无线(空气、电磁波)。

噪声源——信号在传输过程中会受到其他电磁波的干扰、人为干扰，以及信道传输衰落的影响。

解调器——从高频信号中取出发送信息(低频信号)，是调制器的逆变换过程。

受信者——接收发送端信息的人或者机器。

1.2.2 数字通信系统

数字通信系统是利用数字信号来传递信息的通信系统，如图 1.2.2 所示，主要有信源编码/译码、信道编码/译码、数字调制/解调、数字信号的同步/复接、加密与解密等。下面对这些技术作简要介绍。

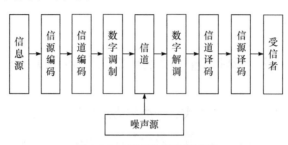

图 1.2.2   数字通信系统模型

1. 信源编码/译码

信源编码的作用之一是，设法减少码元数目和降低码元速率，即通常所说的数据压缩。码元速率将直接影响传输所占的带宽，而传输带宽又直接反映了通信的有效性。

信源编码的作用之二是，当信息源给出的是模拟语音信号时，编码器将其转换成数字信号，以实现模拟信号的数字化传输。第 2 章中将讨论模拟信号数字化传输的两种方式：脉冲编码调制(PCM)和增量调制(ΔM)。信源译码是信源编码的逆变换过程。

2. 信道编码/译码

数字信号在信道传输时，由于受到各种干扰影响，将会引起误码，为了减少差错，信道编码器对传输的信息码元按一定的规则加入监督码元；接收端的信道译码器按一定规则进行译码，从译码过程中发现错误或纠正错误，实现可靠通信。这些内容将在第 7 章中讨论。

3. 数字调制/解调

数字调制的功能与模拟调制完全相同，就是把数字基带信号的频谱搬移到高频处，形成适合在信道中传输的频带信号。

数字解调的功能与模拟通信的解调功能完全相同，就是从高频信号中取出发送端低速的数字信号，是数字调制的逆变换过程。

基本的数字调制/解调方式有振幅键控(ASK)、频移键控(FSK)、相位调制(DPSK)。数字调制是本书的重点内容之一，将在第 4 章中讨论。此外，第 6 章还将介绍一些现代数字调制/解调技术。

4. 数字信号的同步/复接

同步是保证数字通信正常工作的前提条件，同步是使收、发两端的信号在频率和相位上保持步调一致，可分为载波同步、位同步、群同步和网同步，这些问题将集中在第 5 章中讨论。

数字信号复用就是依据时分复用基本原理把若干个低速数字信号合并成一个高速的数字信号，以扩大传输容量和提高传输效率。复用概念将在第 8 章中介绍。

5. 加密与解密

在需要实行保密通信的场合，人为地将被传输的低速数字序列变换为高速随机序列，称为加密。在接收端利用与发送端相同的高速随机序列解码出发送端低速数字序列，称为解密。

需要说明的是，图 1.2.2 是数字通信系统的一般化模型，实际的数字通信系统不一定包括图 1.2.2 中的所有环节，如在某些有线信道中，当传输距离不太远且通信容量不太大时，数字基带信号无须调制，可以直接传送，称为数字信号的基带传输，其模型中就不包括调制与解调环节，详见第 3 章。有线数字电话系统就是以数字方式传输模拟语音信号的例子。

1.3　数字通信的主要特点

目前，数字通信系统在不同的通信业务中都得到了广泛的应用，其发展速度已明显超过模拟通信，成为当代通信技术的主流。与模拟通信相比，数字通信具有如下的特点。

1.3.1　数字通信的优点

(1) 抗干扰能力强。模拟通信系统中传输的是连续变化的模拟信号，它要求接收机能够高度保真地重现信号波形，如果模拟信号叠加上噪声后，即使噪声很小，也很难消除它。

在远距离传输，如微波中继通信时，各中继站的噪声会产生累积，使最终端的接收者产生非常大的噪声干扰。

以二进制为例，信号的取值只有两个，这样接收端只需要判别两种状态。即使信号在传输过程中受到噪声的干扰而发生波形畸变，**只要噪声不足以影响判决的正确**

性，**就能正确解调出数据**。此外，在远距离传输，如微波中继通信时，各中继站可利用数字通信特有的判决再生接收方式，对数字信号波形进行整形再生而消除噪声积累。

(2) 差错可控。数字信号传输过程中，可以采用信道编码/译码技术使接收端误码率降低，提高传输的可靠性。

(3) 易于与各种数字终端连接。数字通信可以利用现代计算技术对信号进行处理、加工、变换、存储，实现数字化，现今的智能网、网络、移动通信就是计算机和通信结合的典范。

(4) 易于集成化，从而使通信设备微型化，同时提高设备的可靠性。

(5) 易于加密处理，且保密强度高。

1.3.2 数字通信的缺点

数字通信的许多优点都是以比模拟通信占据更宽的系统频带为代价而换取的，这是数字通信的一个主要缺点。

以电话为例，一路模拟电话通常只占据 4kHz 带宽，但一路接近同样话音质量的数字电话可能要占据 20~60kHz 的带宽，因此数字通信的频带利用率不高。

由于数字通信对同步要求高，因而系统设备比较复杂。这是数字通信的另一个缺点。

随着新的宽带传输信道(如光导纤维)的采用、窄带调制技术和超大规模集成电路的发展，数字通信的这些缺点已经弱化。随着微电子技术和计算机技术的迅猛发展与广泛应用，数字通信在今后的通信方式中必将逐步取代模拟通信而占主导地位。

1.4 数字通信系统的分类

1. 按调制方式分类

根据是否采用调制，数字通信系统可分为基带传输和频带(调制)传输。基带传输是将未经调制的信号直接传送，如早期的音频市内程控电话。频带传输是对各种信号调制后传输的总称。

2. 按传输介质分类

按传输介质，数字通信系统可分为有线通信系统和无线通信系统两大类。有线通信是用导线(如架空明线、同轴电缆、光导纤维、波导等)作为传输介质完成通信的,如市内电话、有线电视、海底电缆通信等。无线通信是依靠电磁波在空间传播达到传递消息的目的,如短波电离层传播、微波视距传播、卫星中继等。

3. 按工作波段分类

按通信设备的工作频率不同,可分为长波通信、中波通信、短波通信、微波通信、红外光通信等。工作波长和频率的换算公式为

$$\lambda = \frac{c}{f} = \frac{3 \times 10^8 (\text{m}/\text{s})}{f(\text{Hz})}$$

式中, λ 为工作波长; c 为光速; f 为工作频率。

4. 按信号复用方式分类

传输多路信号有三种复用方式,即频分复用、时分复用和码分复用。频分复用是用频谱搬移的方法使不同信号占据不同的频率范围;时分复用是用脉冲调制的方法使不同信号占据不同的时间区间;码分复用是用正交的脉冲序列分别携带不同信号。传统的模拟通信中都采用频分复用方式,随着数字通信的发展,时分复用通信系统的应用越来越广泛,码分复用主要用于空间通信的扩频通信中。

1.5　信息及其度量

前已指出,信号是消息的载体,而信息是其内涵。任何信源产生的输出都是随机的,也就是说,信源输出是用统计方法来定量的。

对接收者来说,**只有消息中不确定的内容才构成信息**;否则,信源输出已确切知晓,就没有必要再传输它了。因此,**信息含量就是对消息中这种不确定性的度量**。

首先,从常识的角度来感觉三条消息:①太阳从东方升起;②恐怖分子劫持飞机撞击摩天大楼,致大楼倒塌;③太阳将从西方升起。第一条几乎没有带来任何信息,第二条带来了大量信息,第三条带来的信息多于第二条。

究其原因,第一件事是一个必然事件,人们不足为奇;第二件事发生的概率很小,使人感到意外,带有较多的信息;第三件事几乎不可能发生,它使人感到惊奇,也就是说,它带来更多的信息。因此,信息含量是与"惊奇"这一因素相关联的,这是不确定性或不可预测性的结果。**越是不可预测的事件,越会使人感到惊奇,带来的信息**

越多。

根据概率论知识，事件的不确定性可用事件出现的概率来描述。可能性越大，概率越大；反之，概率越小。

因此，消息中包含的信息量与消息发生的概率密切相关。消息出现的概率越小，消息中包含的信息量就越大。

(1) **信息量是概率的函数，即**

$$I = f[P(x)]$$

(2) **$P(x)$ 越小，I 越大；反之，I 越小。且**

$$P(x) \to 1 时，\ I \to 0$$

$$P(x) \to 0 时，\ I \to \infty$$

(3) 若干个互相独立事件构成的消息，所含信息量等于各独立事件信息量之和，也就是说，信息具有相加性，即

$$I[P(x_1)P(x_2)\cdots] = I[P(x_1)] + I[P(x_2)] + \cdots$$

假设 $P(x)$ 是一个消息发生的概率，I 是从该消息获悉的信息，根据上面的认知，显然 I 与 $P(x)$ 之间的关系反映为如下规律：

$$I = \log_a \frac{1}{P(x)} = -\log_a P(x) \tag{1.5.1}$$

信息量的单位与对数底数 a 有关。

当 $a = 2$ 时，信息量的单位为比特(bit)；

当 $a = e$ 时，信息量的单位为奈特(nit)；

当 $a = 10$ 时，信息量的单位为十进制单位，称为哈特莱。

目前广泛使用的单位为比特。

下面举例说明信息量的对数度量是一种合理的度量方法。

例如，设二进制离散信源，以相等的概率发送数字 0 或 1，则信源每个输出的信息含量为

$$I(0) = I(1) = \log_2 \frac{1}{\frac{1}{2}} = \log_2 2 = 1(\text{bit}) \tag{1.5.2}$$

可见，传送等概率的二进制波形之一 $(P = 1/2)$ 的信息量为 1bit。

同理，传送等概率的四进制波形之一 $(P = 1/4)$ 的信息量为 2bit，这时每一个四进

制波形需要用 2 个二进制脉冲表示；传送等概率的八进制波形之一 $(P=1/8)$ 的信息量
为 3bit，这时至少需要用 3 个二进制脉冲表示。

综上所述，对于离散信源，M 个波形等概率 $(P=1/M)$ 发送，且每一个波形的出
现是独立的，即信源是无记忆的，则传送 M 进制波形之一的信息量为

$$I = \log_2 \frac{1}{P} = \log_2 \frac{1}{\frac{1}{M}} = \log_2 M \text{ (bit)} \tag{1.5.3}$$

式中，P 为每一个波形出现的概率；M 为传送的波形数。若 M 是 2 的整幂次，如 $M = 2^K (K=1,2,3,\cdots)$，则式(1.5.3)可改写为

$$I = \log_2 2^K = K\text{(bit)} \tag{1.5.4}$$

式中，K 是二进制脉冲数目，也就是说，传送每一个 $M(M=2^K)$ 进制波形的信息量就
等于用二进制脉冲表示该波形所需的脉冲数目 K。

1.6 通信主要性能指标

通信的任务是快速、准确地传递信息。因此，评价一个通信系统优劣的主要性能
指标是系统的有效性和可靠性。

有效性是指在给定信道内所传输的信息量的多少，或者说是传输的"速度"问题；
而可靠性是指接收信息的准确程度，也就是传输的"质量"问题。这两个问题相互矛
盾而又相对统一，通常还可以进行互换。

通信系统的有效性可用有效传输频带来度量，同样的信息用不同的调制方式，则
需要不同的频带宽度。

可靠性用接收端最终输出信噪比来度量。不同调制方式在同样的信道噪声影响下
所得到的最终解调后的信噪比是不同的。如调频信号抗干扰能力比调幅好，但调频信
号所需传输频带却宽于调幅。

数字通信系统的有效性可用传输速率来衡量，可靠性可用差错率来衡量。

1.6.1 传输速率

(1) **码元传输速率 R_B 简称传码率，也称波特率，又称符号速率。**

它表示单位时间内传输码元的数目，单位是波特(Baud)，记为 B。例如，若 1s 内
传输 2400 个码元，则波特率为 2400B。

数字信号有多进制和二进制之分，但码元传输速率与进制数无关，只与传输的码元长度 T 有关：

$$R_B = \frac{1}{T}(B)$$

通常在给出码元传输速率时，有必要说明码元的进制。

由于 M 进制的一个码元可以用 $\log_2 M$ 个二进制码元表示，因而在保证信息速率不变的情况下，M 进制的码元速率 R_{BM} 与二进制的码元速率 R_{B2} 之间有以下转换关系：

$$R_{B2} = R_{BM} \log_2 M(B)$$

(2) **信息传输速率 R_b** 简称传信率，又称比特率。

它表示单位时间内传递的平均信息量或比特数，单位是比特/秒，可记为 bit/s。 信息量 I 与消息出现的概率 $P(x)$ 之间的关系应为

$$I = \log_a \frac{1}{P(x)} = -\log_a P(x) \tag{1.6.1}$$

信息量的单位与对数底数 a 有关。

当 $a = 2$ 时，信息量的单位为比特(bit)；所以，"比特"是二进制数的专用单位。

如图 1.6.1 所示，PCM 编码中用 64kHz 判决时钟，判决形成的数据速率就是 64Kbit/s，一个时钟判决一次形成的数据速率为 1bit。

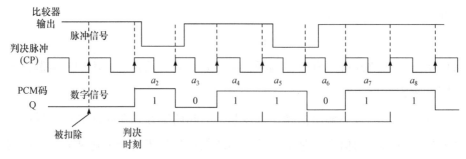

图 1.6.1　二进制数字信号与时钟关系

每个码元或符号通常都含有一定比特数的信息量，因此码元速率和信息速率有确定的关系，即

$$R_b = R_B \cdot H(bit/s) \tag{1.6.2}$$

式中，H 为信源中每个符号所含的平均信息量(熵)。等概传输时，熵有最大值 $\log_2 M$，信息速率也达到最大，即

$$R_b = R_B \log_2 M \text{(bit/s)} \tag{1.6.3}$$

或

$$R_B = \frac{R_b}{\log_2 M} \text{(B)}$$

式中，M 为符号的进制数。例如，码元速率为 1200B，采用八进制 $(M=8)$ 时，信息速率为 3600bit/s；采用二进制 $(M=2)$ 时，信息速率为 1200bit/s。

可见，二进制信号的码元速率和信息速率在数值上相等，有时简称数码率。

1.6.2 频带利用率

比较不同通信系统的有效性时，单看它们的传输速率是不够的，还应看在这样的传输速率下所占的信道的频带宽度。所以，真正衡量数字通信系统传输效率的应当是单位频带内的码元传输速率，即

$$\eta = \frac{R_B}{B} \text{(B/Hz)}$$

数字信号的传输带宽 B 取决于码元速率 R_B，而码元速率和信息速率 R_b 有着确定的关系。为了比较不同系统的传输效率，又可定义频带利用率为

$$\eta = \frac{R_b}{B} \text{(bit/s/Hz)}$$

1.6.3 差错率

衡量数字通信系统可靠性的指标是差错率，常用误码率和误信率表示。

(1) 误码率(码元差错率) P_e 是指发生差错的码元数在传输总码元数中所占的比例，更确切地说，误码率是码元在传输系统中被传错的概率。

$$P_e = \frac{错误码元数}{传输总码元数}$$

(2) 误信率(信息差错率) P_b 是指发生差错的比特数在传输总比特数中所占的比例，即

$$P_b = \frac{错误比特数}{传输总比特数}$$

显然，在二进制中误码率和误信率在数值上也是相等的：

$$P_b = P_e$$

习　　题

1. 比较数字通信与模拟通信的优缺点。数字通信的许多优点是用什么方式换来的？

2. 设一数字传输系统传送二进制码元的传输速率为 2400B，试求该系统的信息速率；若改为传输十六进制信号码元，则此时信息速率为多少？

3. 已知二进制数字信号的传输速率为 2400bit/s，试问变换成四进制数字信号，传输速率为多少波特？

4. 已知某四进制数字传输系统的传信率为 2400bit/s，接收端在半个小时内共收到 216 个错误码元，试计算该系统的误码率 P_e。

5. 某系统经长期测定，它的误码率 $P_e = 10^{-6}$，系统码元传输速率为 1200B，问在多长时间内可能收到 360 个误码元？

第2章 信源编码

> 抽样定理
> 单路 PCM 编码调制
> 增量调制(ΔM)
> ΣΔM 编码调制
> 自适应差分脉冲编码调制(ADPCM)

2.1 抽 样 定 理

模拟信号数字化分为**波形编码**和**参量编码**两类。

波形编码是直接把时域波形变换为数字代码序列，比特率通常在 16～64Kbit/s 范围内，接收端重建信号的质量比较好。

参量编码是利用信号处理技术提取语音信号的特征参量，再变换成数字代码，其比特率在 16Kbit/s 以下，但接收端重建(恢复)信号的质量不够好。**这里只介绍波形编码。**

这里重点讨论模拟信号数字化的两种方式，即 PCM 和 ΔM 的原理及性能，并简要介绍它们的改进型——数字压扩自适应增量调制、ΣΔM 编码调制、差分脉冲编码调制(DPCM)、自适应差分脉冲编码调制(ADPCM)等的原理。

抽样定理是模拟信号数字化的理论依据。根据信号是**低通型**还是**带通型**的，抽样定理又分为低通抽样定理和带通抽样定理。

2.1.1 低通抽样定理

抽样定理又称为奈奎斯特采样定理，其内容是：一个频带限制在 $0 \sim f_H$ 内的时间连续信号 $m(t)$，如果以 $f_S \geqslant 2f_H$ 的抽样速率进行均匀抽样，则 $m(t)$可以由抽样后的信号 $m_S(t)$完全地确定。而最小抽样速率 $f_S = 2f_H$ 称为奈奎斯特速率；最大抽样间隔 $1/2f_H$

称为奈奎斯特间隔。

此定理的含义是：如果抽样速率 f_S(每秒内的抽样点数)不小于模拟信号最高频率分量 f_H 的 2 倍，原信号就可以无失真地恢复；若抽样速率 $f_S < 2f_H$，则会产生失真，这种失真称为混叠失真。 抽样定理的方框原理图如图 2.1.1 所示。

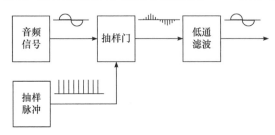

图 2.1.1　抽样定理方框图

现在以图解法来证明抽样定理的正确性。假设音频信号的频率分量为 $0 \sim f_m$，取抽样信号 f_S 分别为 $2f_m$、$< 2f_m$、$> 2f_m$ 三种情况，分别画出抽样信号的频谱结构，如图 2.1.2 所示。

从图 2.1.2 的三个频谱结构图中可以看出：

如果取 $f_S = 2f_m$，被抽样信号频谱间刚好连接，接收端要不失真地恢复信号，必须用矩形理想低通滤波器，而矩形理想低通滤波器在工程上无法实现。

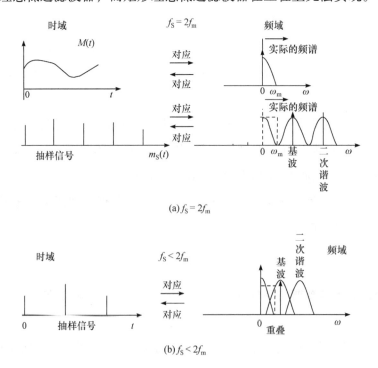

(a) $f_S = 2f_m$

(b) $f_S < 2f_m$

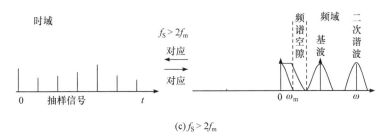

(c) $f_S > 2f_m$

图 2.1.2　抽样信号的频谱结构

如果取 $f_S < 2f_m$，被抽样信号频谱已经重叠，即使用矩形理想低通滤波器，收端恢复信号也是有失真的。

如果取 $f_S > 2f_m$，被抽样信号频谱存在空隙，接收端要不失真地恢复信号，可以用一个梯形滤波器，而梯形滤波器在工程上是可以实现的。

PCM 通信规定音频信号的频率范围为 300Hz～3.4kHz，**为了防止发生频谱重叠，要预留频谱空隙。所以 PCM 通信中规定用 8kHz 取样频率。**

2.1.2　低通型抽样硬件实现

1. 理想抽样

理想抽样的负载为纯阻。符合奈奎斯特定理的理想抽样信号恢复是无失真的。图 2.1.3 显示了理想抽样的原理图。

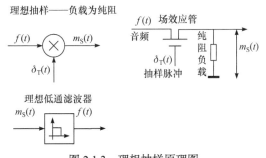

图 2.1.3　理想抽样原理图

图 2.1.4 显示了理想抽样的波形图。

2. 工程中实用的平顶抽样

符合奈奎斯特采样定理的理想抽样信号恢复是无失真的，但工程中无法应用。因为 PCM 编码的两个抽样值之间要编 8 位码，**编码需要时间**，而理想抽样值只是瞬间取样，然后快速消失，如果第二码位编码时这个参考的抽样值已经不存在，就无法确定编码值。所以，我们**必须把这个抽样值保留直至 8 位码编完为止**。这就是平顶抽样，平顶抽样的工作原理如图 2.1.5 所示。

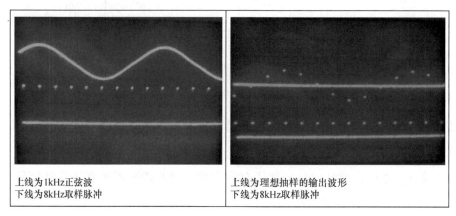

上线为 1kHz 正弦波　　　上线为理想抽样的输出波形
下线为 8kHz 取样脉冲　　下线为 8kHz 取样脉冲

图 2.1.4　理想抽样的波形图

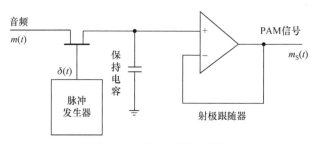

图 2.1.5　平顶抽样原理图

工作原理：冲激脉冲到来时，场效应管导通，信号电流向电容充电，冲激脉冲过后，场效应管截止。电容上的电压向运算放大器放电，由于运算放大器连接成射极跟随器，输入阻抗很高，放电很慢，因此取样电压被保留下来，这个抽样值又被称为 PAM 信号。平顶抽样信号波形图如 2.1.6 所示。

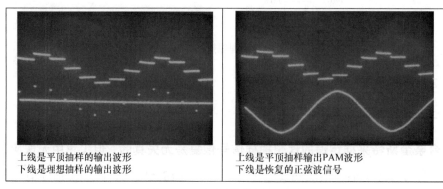

上线是平顶抽样的输出波形　　上线是平顶抽样输出 PAM 波形
下线是理想抽样的输出波形　　下线是恢复的正弦波信号

图 2.1.6　平顶抽样信号波形图

3. 平顶抽样的失真和补偿

从图 2.1.7 可以看出，在音频信号各频率幅度都相同情况下，**平顶抽样对信号高频分量呈现衰减趋势。这种失真称为孔径效应失真。**

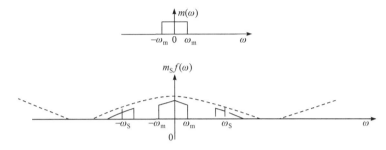

图 2.1.7　平顶抽样产生孔径效应失真频谱图

平顶抽样产生孔径效应失真的原因是平顶抽样的负载为容性。如果用数学公式来解释，可能比较抽象。

如果用电工基础知识解释平顶抽样失真会非常清晰，如图 2.1.8 所示。

从图 2.1.8 可知，**保持电容频率高时容抗小，频率低时容抗大。在同样的充电电流下，信号频率低时输出电压高，信号频率高时输出电压低，这就是孔径效应失真的问题所在。**

工程上，接收端译码滤波器要用升余弦滤波特性补偿高频分量的损失。在 PCM 通信中，$\dfrac{x}{\sin x}$ 补偿已经在大规模 IC 芯片内用开关电容滤波器完成了，如图 2.1.9 所示。

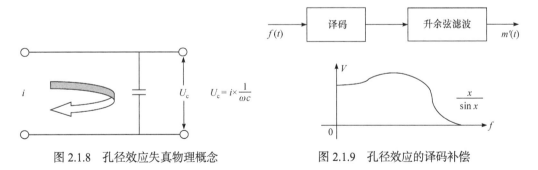

图 2.1.8　孔径效应失真物理概念　　　　图 2.1.9　孔径效应的译码补偿

2.1.3　带通抽样定理

带通型信号的定义：

信号频带 $f_H \sim f_L$；

带宽 $B = f_H - f_L$。

如果 $f_L < B$ 称为低通型信号，抽样频率 $f_S > 2f_H$。

如果 $f_L > B$ 称为带通型信号，抽样频率是 $f_S = \dfrac{2(f_L + f_H)}{2n+1}$。其中，$n = \dfrac{f_L}{B}$，$n$ 取最大整数。

证明：

设频带为 12.5～17.5kHz，求 f_S。

(1) 取 $f_S = 2f_H = 35\text{kHz}$，频谱结构如图 2.1.10 所示。可以看出，频谱排列留下了很多的空隙。

$$35 - 17.5 = 17.5,\quad 35 - 12.5 = 22.5$$

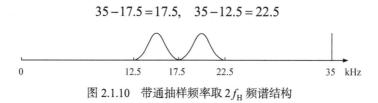

图 2.1.10　带通抽样频率取 $2f_H$ 频谱结构

(2) 因为 $B = 17.5 - 12.5 = 5(\text{kHz})$，而 $n = 12.5/5 = 2.5$，取 $n = 2$。选取不产生频谱重叠的最低抽样率：

$$f_L = \frac{2(12.5 + 17.5)}{2 \times 2 + 1} = 12(\text{kHz})$$

一次下边带：　　　　　一次上边带：

$12.5 - 12 = 0.5$　　　　　$12 + 12.5 = 24.5$

$17.5 - 12 = 5.5$　　　　　$12 + 17.5 = 29.5$

$2f_S = 24\text{kHz}$，二次下边带：

$$24 - 17.5 = 6.5$$
$$24 - 12.5 = 11.5$$

$3f_S = 36\text{kHz}$，三次下边带：

$$36 - 17.5 = 18.5$$
$$36 - 12.5 = 23.5$$

如果取 $f_S = 12\text{kHz}$ 时，根据上述频谱计算，可以画出图 2.1.11 所示的频谱结构图，没有发生频谱混叠，这个抽样频率是合适的，又比 $2f_H = 35\text{kHz}$ 小很多。

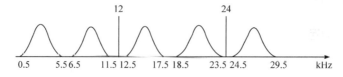

图 2.1.11　带通抽样频率选择

注：没有发生频谱重叠，带通型信号通常可按 $2B$ 速率抽样

2.2　单路 PCM 编码调制

单路 PCM 编码方框原理图如 2.2.1 所示。

低通——为限制最高频率分量 ≤ 3.4kHz，防止发生频谱重叠。

抽样——把模拟信号 $f(t)$ 变为时间上离散的 PAM 信号。

量化——就是分级分层的意思，相当于"四舍五入"的方法，将一个连续的量归为某一邻近的整数。

编码——量化后抽样值用一定位数的代码去表示。

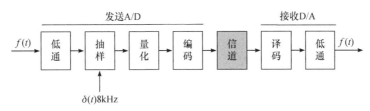

图 2.2.1　单路 PCM 编码方框原理图

2.2.1　均匀量化

量化——利用预先规定的有限个电平来表示模拟信号抽样值的过程称为量化，如图 2.2.2 所示。

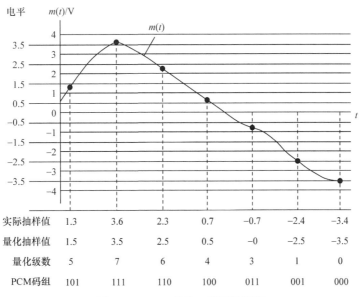

实际抽样值	1.3	3.6	2.3	0.7	−0.7	−2.4	−3.4
量化抽样值	1.5	3.5	2.5	0.5	−0	−2.5	−3.5
量化级数	5	7	6	4	3	1	0
PCM码组	101	111	110	100	011	001	000

图 2.2.2　PCM 量化、编码原理图

时间连续的模拟信号经抽样后的序列，虽然在时间上离散，但在幅度上仍然是连续的，即抽样值 $m(kT)$ 可以取无穷多个可能值，因此仍属模拟信号。如果用 N 位二进制码组来表示该样值的大小，以便利用数字传输系统来传输，那么，N 位二进制码组只能同 $M = 2^n$ 个电平抽样值相对应，而不能同无穷多个可能取值相对应。因此，这就需要把取值无限的抽样值划分成有限的 M 个离散电平，此电平被称为量化电平。

把输入信号的取值域按等距离分割的量化称为均匀量化。

在均匀量化中，每个量化区间的量化电平均取各区间的中点，图 2.2.3 是均匀量化的例子。其量化间隔 Δi 取决于输入信号的变化范围和量化电平数。若设话音信号的量化电平范围限定在 $-U \sim +U$，U 称为过载电压，将 $-U \sim +U$ 范围均匀等分为 N 个量化间隔，则称均匀量化，N 称为量化级数，设量化间隔为 Δ，则

$$\Delta = \frac{2U}{N}, \quad U = \frac{N\Delta}{2} (均匀量化)$$

量化值 U_q 与输入值之差为量化误差 $e(U)$：

$$e(U) = U_q - U$$

量化区最大误差为

$$e_{\max} = \frac{\Delta}{2}$$

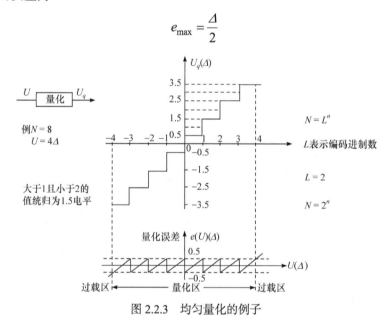

图 2.2.3　均匀量化的例子

如果信号太强超出量化值范围，则产生严重失真，如图 2.2.4 所示。

对于语音、图像等随机信号，量化误差也是随机的，它像噪声一样影响通信质量，因此又称为**量化噪声**。

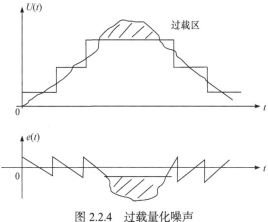

图 2.2.4 过载量化噪声

过载区的误差特性是线性增长的，因而过载误差比量化误差大，对重建信号有很坏的影响。在设计量化器时，应考虑输入信号的幅度范围，使信号幅度不进入过载区，或者只能以极小的概率进入过载区。

量化噪声与自然噪声的区分：

量化噪声——无信号则无，有信号则有。

自然噪声——随时存在，在正常声音中夹有噪声。

上述的量化误差 $e_q = m - m_q$ 通常称为绝对量化误差，它在每一量化间隔内的最大值均为 $\Delta_i/2$。在衡量量化器性能时，单看绝对误差的大小是不够的，因为信号有大有小，同样大的噪声对大信号的影响可能不算什么，但对小信号而言有可能造成严重的后果，因此在衡量系统性能时应看噪声与信号的相对大小，我们把绝对量化误差与信号之比称为相对量化误差。

相对量化误差的大小反映了量化器的性能，通常用量化信噪比 (S/N_q) 来衡量，它被定义为信号功率与量化噪声功率之比，可以证明*均匀量化信噪比为

$$\left(\frac{S}{N}\right)_{\text{dB}} = 4.7 + 6n - 20\lg C \tag{2.2.1}$$

式中，n 是编码位数；C 是输入信号最大值与最小值的比值。图 2.2.5 给出了声音信号的波形图。

$20\lg C$ 是话音信号的动态范围，PCM 规定为 40dB(即话音信号最大最小比值要求100 倍)。

结论：均匀量化时，每增加一位码，信噪比增加 6dB。

话音信号减小一半，信噪比约下降 6dB。

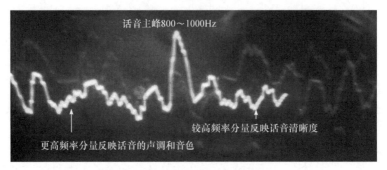

图 2.2.5　声音信号的波形图

PCM 信噪比要求大于 25dB，可求出编码位数 $n=12$。

这个编码位数较多，占据信号传输频带较宽，主要原因是均匀量化台阶固定，小信号量化误差大，必须压缩。这就需要使用非均匀量化，即压扩技术。

2.2.2　A 律 PCM 单路编、译码原理

PCM 压扩编码原理是**设法提高小信号量化信噪比**，线性量化前先对信号进行压缩，然后再进入均匀量化。接收端线性译码后再对信号进行扩张，如果压缩与扩张互补，等效于线性编码，如图 2.2.6 所示。

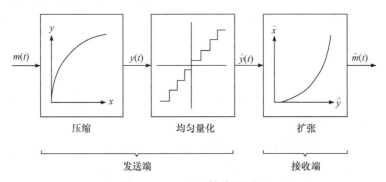

图 2.2.6　PCM 压扩编码原理

PCM 压缩的实质是把小信号的放大量加大，大信号的放大量减小，如图 2.2.7 所示；PCM 扩张的实质是把小信号的放大量减小，大信号的放大量加大，如图 2.2.8 所示。

扩张特性类似于二极管伏安特性，早期用二极管就可以做出压缩、扩张特性，但其特性受温度变化影响。所以现在**工程上用数字电路实现，有 A 律 13 折线和 μ 律 15 折线**两种。中国、欧洲用 A 律，美国、日本用 μ 律。

CCITT 规定：国际间互连接口必须用 A 律。

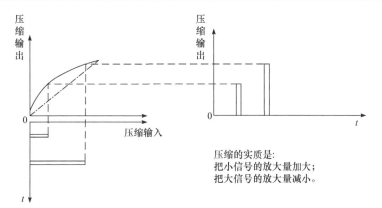

图 2.2.7　PCM 压缩原理

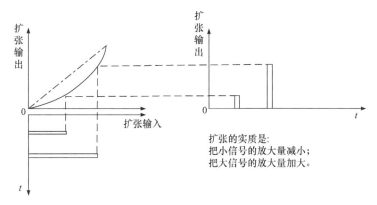

图 2.2.8　PCM 扩张原理

2.2.3　A 律压扩特性

定义：x 为归一化输入，y 为归一化输出。归一化是指信号电压与信号最大电压之比，所以归一化的最大值为 1。**A 律压扩特性**：

$$y = \begin{cases} \dfrac{Ax}{1+\ln A}, & 0 \leqslant x \leqslant \dfrac{1}{A} \\[2ex] \dfrac{1+\ln(Ax)}{1+\ln A}, & \dfrac{1}{A} \leqslant x \leqslant 1 \end{cases} \tag{2.2.2}$$

式中，x 为相对应于限幅电平 V 的归一化压缩器输入电压；y 为相对应于限幅电平 V 的归一化压缩器输出电压；A 为压缩系数，通常取 $A = 87.6$。

A 律特性用 13 折线压缩特性逼近，如图 2.2.9 所示。

方法是：对 x 作 1/2 递减分段，一共分 8 段。对 y 以同样的分段数作均匀分段。

对应数字的分段线在 x-y 平面的交点连线就是所求的近似折线，**对 x 每段再 16 等分**，每一等份就为一量化级 Δ。所以段内码本身编码又具有线性编码性质。

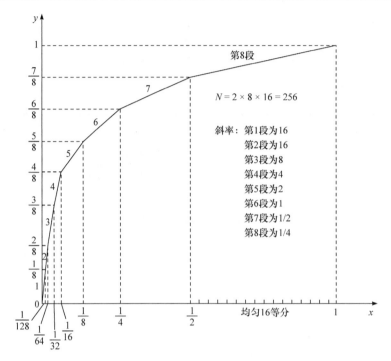

图 2.2.9　PCM-A 律压扩原理

最小量化级$\Delta_1 = 1/(128 \times 16) = 1/2048 = \Delta$,

最大量化级$\Delta_8 = 1/(2 \times 16) = 1/32 = 64\Delta$。

国际标准规定最大量化输入为 2048 个量化单位，各段量化间隔最小单位不相同，各段的量化间隔单位如表 2.2.1 所示；图 2.2.10 描述了 A 律 13 折线 S 曲线压缩特性图。

表 2.2.1　PCM-A 律各段最小量化间隔

段序号	段内最小量化值	段序号	段内最小量化值
第一段	$\Delta_1 = 1\Delta$	第五段	$\Delta_5 = 8\Delta$
第二段	$\Delta_2 = 1\Delta$	第六段	$\Delta_6 = 16\Delta$
第三段	$\Delta_3 = 2\Delta$	第七段	$\Delta_7 = 32\Delta$
第四段	$\Delta_4 = 4\Delta$	第八段	$\Delta_8 = 64\Delta$

第一段斜率：

$$\frac{Y}{X} = \frac{1/8}{1/128} = 16$$

把上式代入压扩特性公式(2.2.2)，可求得 A = 87.6。**总称：A = 87.6 的 13 折线。**

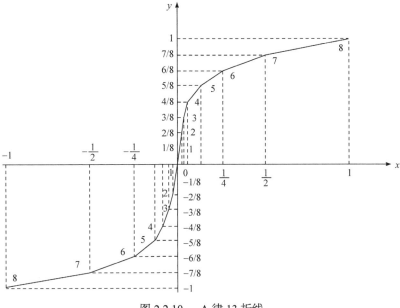

图 2.2.10　A 律 13 折线

2.2.4　非均匀量化的信噪比

下面定性分析非均匀量化信噪比公式。

均匀量化的斜率 $\dfrac{y}{x}=1$，非均匀量化第一段最大斜率为 $16(16=2^4)$，相当于增加 4 位码效果，比均匀量化增加信噪比 $6\text{dB}\times4=24\text{dB}$。

非均匀量化信噪比

$$\left(\frac{S}{N}\right)_{\text{dB}}=28.7+6n-20\lg C \tag{2.2.3}$$

所以，8 位非均匀量化相当于 12 位线性编码的效果。图 2.2.11 给出了均匀量化与非均匀量化信噪比比较曲线。

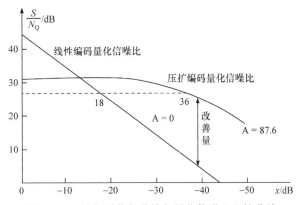

图 2.2.11　均匀量化与非均匀量化信噪比比较曲线

从图 2.2.11 可以看出，线性编码的量化信噪比随输入信号减小线性下降，输入信号减小 40dB 时信噪比只有 5dB。而压扩编码信噪比在输入信号减小 40dB 时，量化信噪比仍保持在 25dB 以上。

2.2.5　码型选择

PCM 编码选择折叠二进制码，如表 2.2.2 所示。折叠二进制码是一种符号幅度码，左边第一位表示信号的极性，信号为正，用"1"码表示，信号为负，用"0"码表示；第二位至最后一位表示信号的幅度。由于正、负绝对值相同时，折叠码的上半部分与下半部分相对零电平对称折叠，故名折叠码。其幅度码从小到大按自然二进制规则编码。

表 2.2.2　常用的二进制码型

样值脉冲极性	格雷二进制	自然二进制	折叠二进制	量化级序号
正极性部分	1000	1111	1111	15
	1001	1110	1110	14
	1011	1101	1101	13
	1010	1100	1100	12
	1110	1011	1011	11
	1111	1010	1010	10
	1101	1001	1001	9
	1100	1000	1000	8
负极性部分	0100	0111	0000	7
	0101	0110	0001	6
	0111	0101	0010	5
	0110	0100	0011	4
	0010	0011	0100	3
	0011	0010	0101	2
	0001	0001	0110	1
	0000	0000	0111	0

折叠二进制码的第一个优点是，对于语音这样的双极性信号，只要绝对值相同，就可以采用单极性编码的方法，使编码过程大大简化。第二个优点是，在传输过程中出现误码，对小信号影响较小。这一特性是十分可贵的，因为语音信号小幅度出现的概率比信号大幅度出现的概率大，所以，着眼点在于改善小信号的传输效果。

2.2.6　码位的选择与安排

码位数的选择不仅关系到通信质量的好坏，而且还涉及设备的复杂程度；码位数的多少，决定了量化分层的多少，反之，若信号量化分层数一定，则编码位数也被确定。

当信号变化范围一定时，用的码位数越多，量化分层越细，量化误差就越小，通信质量自然就越好。但码位数越多，设备越复杂，同时还会使总的传码率增加，传输带宽加大。一般从话音信号的可懂度来说，采用 3～4 位非线性编码即可，若增至 7～8 位，则通信质量就比较理想了。

在 13 折线编码中，采用 8 位二进制码，对应有 $M = 2^8 = 256$ 个量化级，即正、负输入幅度范围内各有 128 个量化级。这需要将 13 折线中的每个折线段再均匀划分 16 个量化级，由于每个段落长度不均匀，因此正或负输入的 8 个段落被划分成 $8 \times 16 = 128$ 个不均匀的量化级。采用折叠二进制码，压扩特性、每抽样值编 8 位码。这 8 位码的安排如表 2.2.3 所示。

表 2.2.3　A 律码位安排

极性码	幅度码	
	段落码	段内电平码
a_1 $a_1 = 1$，正极性 $a_1 = 0$，负极性	$a_2 \ a_3 \ a_4$ 表示 8 个段落位置 000～111	$a_5 \ a_6 \ a_7 \ a_8$ 该段落 16 等分点位置 0000～1111

2.2.7　A 律 13 折线幅度码与对应电平

A 律 13 折线幅度码与对应电平如表 2.2.4 所示。

表 2.2.4　A 律 13 折线幅度码与对应电平

量化段 序号 $i = 1$～8	电平范围/Δ	段落码			段落 起始电平 $I_{\text{B}i}/\Delta$	量化 间隔 Δ_i/Δ	段内码对应权值(Δ)			
		a_2	a_3	a_4			a_5	a_6	a_7	a_8
8	1024～2048	1	1	1	1024	64	512	256	128	64
7	512～1024	1	1	0	512	32	256	128	64	32
6	256～512	1	0	1	256	16	128	64	32	16
5	128～256	1	0	0	128	8	64	32	16	8
4	64～128	0	1	1	64	4	32	16	8	4
3	32～64	0	1	0	32	2	16	8	4	2
2	16～32	0	0	1	16	1	8	4	2	1
1	0～16	0	0	0	0	1	8	4	2	1

例：

$$001\ \mathbf{0101} = 16\Delta + 4\Delta + 1\Delta = 21\Delta$$
$$110\ \mathbf{0101} = 512\Delta + 128\Delta + 32\Delta = 672\Delta$$

注：表 2.2.4 说明，段落码不一样，即使段内码相同，段内码所代表的权值也是不一样的。注意上 4 段和下 4 段对分点权值是 128Δ。

(1) A 律段落码编码区分如图 2.2.12 所示。

(2) A 律段内码编码区分如图 2.2.13 所示。

段落确定后，起始量化电平 $I_{\mathrm{B}i}$ 确定，最小码位权值 Δ_i 确定。

由于段内码符合线性编码性质，因此权值符合 8、4、2、1 比例。

第 5 位码权判定值 $I_5 = I_{\mathrm{b}} + 8\Delta_i$；

第 6 位码权判定值 $I_6 = I_{\mathrm{b}} + 8\Delta_i + 4\Delta_i$；

第 7 位码权判定值 $I_7 = I_{\mathrm{b}} + 8\Delta\Delta_i + 4\Delta_i + 2\Delta_i$；

第 8 位码权判定值 $I_8 = I_{\mathrm{b}} + 8\Delta_i + 4\Delta_i + 2\Delta_i + 1\Delta_i$。

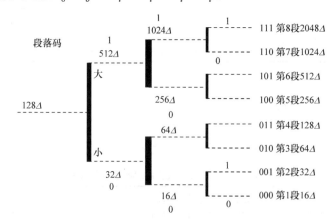

图 2.2.12　A 律段落码编码区分

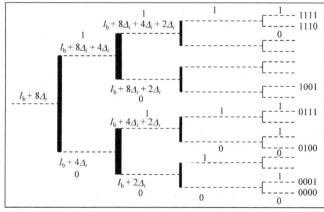

图 2.2.13　A 律段内码编码区分

2.2.8 PCM 逐次反馈比较编码

图 2.2.14 给出了逐次反馈比较编码方框原理图，编码的工作原理与天平称量物体重量的方法相似。它由极性判决、整流器、比较器、码元判决及本地译码电路等组成。

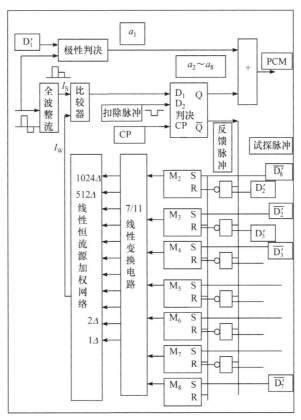

图 2.2.14 PCM A 律逐次反馈比较编码原理图

注意：$\overline{D'_8}$ 触发 M_2 的 S 端，同时触发 $M_3 \sim M_7$ 的 R 端。

极性判决电路用来确定信号的极性。输入 PAM 信号是双极性信号，其样值为正时，在位脉冲到来时刻判"1"码；样值为负时，判"0"码。

幅度码编码先通过整流器把双极性的 PAM 信号变换为单极性的信号(即取信号的绝对值进行编码)，即**完成折叠功能**。

比较器是编码器的核心。它的作用是通过比较样值电流 I_S 和标准电流 I_W，从而对输入信号抽样值实现非线性量化和编码。每比较一次输出一位二进制代码，且当 $I_S > I_W$ 时，判为"1"码，反之判为"0"码。由于在 13 折线法中用 7 位二进制代码来代表段落码和段内码，所以对一个输入信号的抽样值需要进行 7 次比较。每次所需的标准电流 I_W 均由本地译码电路提供。

本地译码电路包括记忆电路、7/11 线性变换电路和恒流源线性译码电路。

记忆电路把串联码变为并联码，用来寄存二进制代码，除第一次比较外，其余各次比较都要依据前几次比较的结果来确定标准电流 I_W 的值。因此，7 位码组中的前 6 位状态均应由记忆电路寄存下来。

7/11 线性变换电路就是前面非均匀量化中谈到的数字扩张器。由于按 A 律 13 折线只编 7 位码，而线性解码电路(恒流源)需要 11 个基本的权值电流支路，这就要求有 11 个控制脉冲对其进行控制。因此，需通过 7/11 线性变换电路将 7 位非线性码转换成 11 位线性码，**其实质就是完成非线性码和线性码之间的变换**。那压缩器在哪里呢？本地译码信号 I_W 已经做了扩张，用这个扩张了的 I_W 信号与输入 I_S 信号进行比较，对 I_S 信号来说就形成了压缩器，**因为压缩与扩张是相对的**。

1. 本地译码

1) 线性解码网络

R-2R 网络如图 2.2.15 所示。

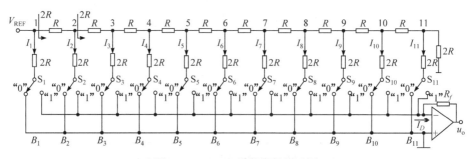

图 2.2.15　R-2R 线性译码原理图

"S"表示节点接通情况；"0"码表示开关节点断开，"1"码表示开关节点接通。

如果 V_{REF} 的 1 节点 $= 1024\Delta$，则 2 节点 $= 512\Delta$，3 节点 $= 256\Delta$，4 节点 $= 128\Delta$，5 节点 $= 64\Delta$，6 节点 $= 32\Delta$，7 节点 $= 16\Delta$，8 节点 $= 8\Delta$，9 节点 $= 4\Delta$，10 节点 $= 2\Delta$，11 节点 $= 1\Delta$；而送到运放输入端的总电流 I_D 取决于幅度码 $B_1 \sim B_{11}$ 的状态，即当 $B_i =$ "1"时，I_i 才送到运放输入端，因此总电流 I_D 为

$$I_D = (V_{REF}/(2R))(B_1 + B_2 \times 2^{-1} + B_3 \times 2^{-2} + \cdots + B_{11} \times 2^{-10}) \tag{2.2.4}$$

设 $V_{REF}/2R \times 2^{-10} = \Delta$，则式(2.2.4)可写成：

$$I_D = (1024B_1 + 512B_2 + 256B_3 + \cdots + 2B_{10} + B_{11})\Delta$$

2) 7/11 比特转换

分析表 2.2.5 可以看出：为什么第 8 段 "111" 代表的最小权值是 1024Δ? 因为译码时固定转接置线性码 1024Δ 置 "1" 去译码；为什么说第 5 段 "100" 代表的最小权值是 128Δ? 因为译码时固定转接置线性码 128Δ 置 "1" 去译码。以此类推。

表 2.2.5 7/11 比特转换表

量化段序号	段落标志	非线性码(幅度码)							线性码(幅度码)											
		起始电平(Δ)	段落码 $a_2a_3a_4$	段落码的权值(Δ)				B_1	B_2	B_3	B_4	B_5	B_6	B_7	B_8	B_9	B_{10}	B_{11}	B_{12}^{*}
				a_5	a_6	a_7	a_8	1024	512	256	128	64	32	16	8	4	2	1	$\Delta/2$
8	C_8	1024	111	512	256	128	64	1	a_5	a_6	a_7	a_8	1^{*}	0	0	0	0	0	0
7	C_7	512	110	256	128	64	32	0	1	a_5	a_6	a_7	a_8	1^{*}	0	0	0	0	0
6	C_6	256	101	128	64	32	16	0	0	1	a_5	a_6	a_7	a_8	1^{*}	0	0	0	0
5	C_5	128	100	64	32	16	8	0	0	0	1	a_5	a_6	a_7	a_8	1^{*}	0	0	0
4	C_4	64	011	32	16	8	4	0	0	0	0	1	a_5	a_6	a_7	a_8	1^{*}	0	0
3	C_3	32	010	16	8	4	2	0	0	0	0	0	1	a_5	a_6	a_7	a_8	1^{*}	0
2	C_2	16	001	8	4	2	1	0	0	0	0	0	0	1	a_5	a_6	a_7	a_8	1^{*}
1	C_1	0	000	8	4	2	1	0	0	0	0	0	0	0	a_5	a_6	a_7	a_8	1^{*}

注：$a_5 \sim a_8$ 码以及 $B_1 \sim B_{12}$ 码下面的数值为该码的权值。

B_{12}^{*} 与 1^{*} 项为接收端解码时 $\Delta/2$ 补差项，在发送端编码时，该两项均为零。

为什么说第 8 段 a_5 码权值代表 512Δ，而第 5 段 a_5 码权值代表 64Δ 呢？因为译码时第 8 段 a_5 码转接置线性码 512Δ 置 "1" 去译码，而第 5 段 a_5 码转接置线性码 64Δ 置 "1" 去译码。以此类推。

7/11 比特硬件实现：用计算机编程序把全部结果计算出来，写入 EPROM，用 7 位非线性码作为地址码，直接读出 11 位线性码数据。

2. 7 比特串并变换及记忆电路

(1) 与非门 RS 触发器的功能如图 2.2.16 所示。

第一种状态：$S = 0$，置位，$M_i = 1$；

第二种状态：$R = 0$，复位，$M_i = 0$；

第三种状态：$S = 1$，$R = 1$，M_i 保持。

(2) 串并变换记忆电路工作过程如图 2.2.17 所示。看起来很复杂，其实每个存储器的工作过程都是一样的，详细解释请看图 2.2.18 和图 2.2.19。

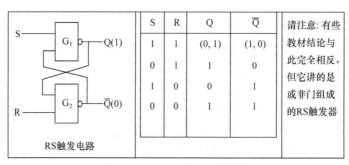

图 2.2.16　与非门 RS 触发器

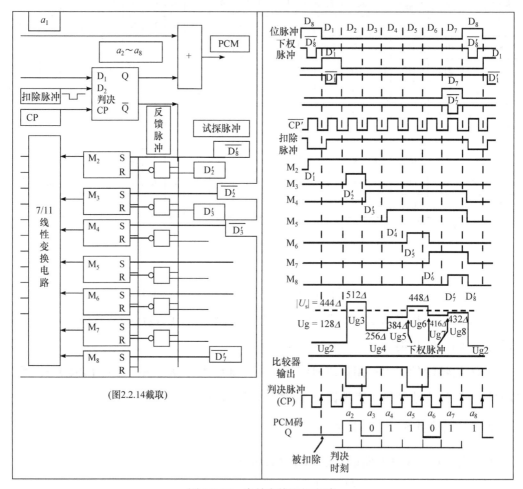

图 2.2.17　串并变换记忆电路

第一种情况，当编码输出 $a_2 = 1$ 时：

CP$_2$ 判完约 1/4bit，D_2' 送入正脉冲，$R = \overline{D_2' \cdot \overline{a_2}} = \overline{1 \cdot 0} = 1$，使 M$_2$ 的 S = 1、R = 1 **处于保持 M$_2$ = 1 状态。**

总结：当编码输出为 "1" 码时，反馈窄脉冲使 $M_i = 1$ 保持。请记住这个结论，后

面分析编码工作波形变换很有用。

以后由于 D_2' 瞬间确权后又返回低电平而使 R = 1，而 $\overline{D_8'}$ 又一直处于高电平而使 S = 1，因而使 M_2 = 1一直保持不变，直至这一码组的 CP_8 判决完后。

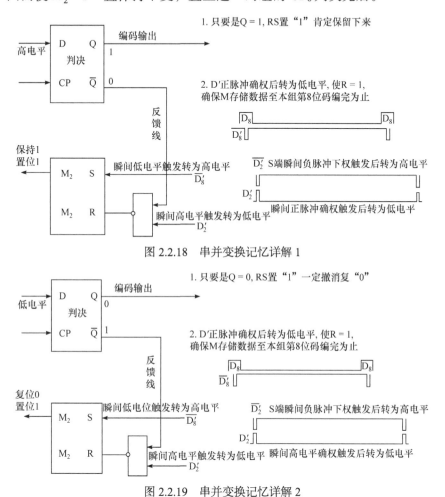

图 2.2.18　串并变换记忆详解 1

图 2.2.19　串并变换记忆详解 2

第二种情况，当编码输出 a_2 = 0 时：

CP_2 判完约 1/4bit，D_2' 送入正脉冲，R = $\overline{\overline{D_2'} \cdot \overline{a_2}}$ = $\overline{1 \cdot 1}$ = 0，使 M_2 的 S = 1、R = 0，处于**复位 M_2 = 0 状态**。

总结：当编码输出为"0"码时，反馈窄脉冲使 M_i = 0 复位。请记住这个结论，后面分析编码工作波形变换很有用。

(3) 下面以 PAM 幅度 = + 444Δ 时分析其工作过程。工作波形变换如图 2.2.20 所示。

请特别注意：$\overline{D_8'}$ 使 M_2 置"1"的同时触发 M_3、M_4、M_5、M_6、M_7 的 R 端使其

清零。而 $\overline{D_2'}\sim\overline{D_7'}$ 触发对应的 S 置位端口。

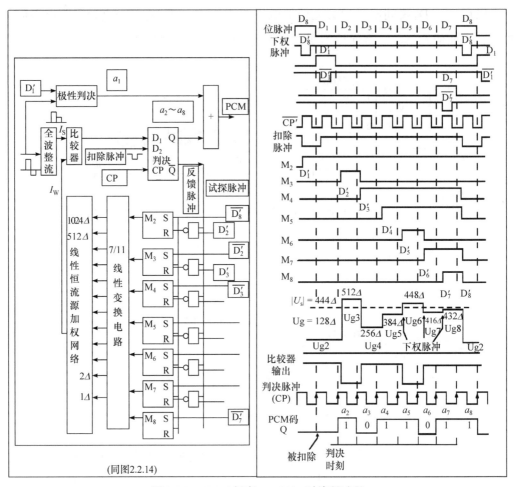

(同图2.2.14)

图 2.2.20　PAM 幅度 = + 444Δ 时编码过程

① a_1 为极性码，由极性判决电路确定，幅度判决时加入扣除脉冲不进行判决，而使 Q = 0。+ 444Δ 极性为正，CP_1 判 $a_1 = 1$。

② 前一码组 $\overline{D_8'}$ 脉冲先置 $M_2 = 1$，$M_3\sim M_7 = 0$。非线性码权值为 1000000 = 128Δ，444 − 128 > 0，比较器输出高电平，CP_2 判 $a_2 = 1$。

过后，由于 D_2' 转为低电平，则 R = 1，S = 1，使 M_2 处于保持状态，后面码元变化对其无影响，一直至这一码组 $\overline{D_8'}$ 到来为止。

③ D_2' 使 M_2 保持的同时，由 $\overline{D_2'}$ 低电平送入 M_3 的 S 端，使 $M_3 = 1$。这时非线性码为 1100000 = 512Δ。440 − 512 < 0，比较器输出低电平。CP_3 判 $a_3 = 0$。

R = $\overline{D_3'\cdot\overline{a_3}}$ = $\overline{1\cdot1}$ = 0，使 M_3 复位，$M_3 = 0$。

过后，由于 $D_3' = 0$，则 R = 1，S = 1，使 M_3 处于保持状态，后面码元变化对其无影响，直至这一码组 $\overline{D_8'}$ 到来为止。

④ D_3' 使 M_3 复位的同时，$\overline{D_3'}$ 送入 M_4 的 S 端使其置 1。$M_4 = 1$，这时非线性码权值为 1010000 = 256Δ，以此类推。

3. 从码字倒推计算编码所对应的电平

[例 2.2.1] + 444Δ 编码结果码字为 {11011011}。所对应的编码电平是多少？

$$I_c = I_{Bi} + (8a_5 + 4a_6 + 2a_7 + a_8)\Delta_i$$

解：$a_1 = 1$，幅值为正。

段落码 101，属第六段，$I_{B6} = 256\Delta$，$\Delta_6 = 16\Delta$

$$I_c = +\{I_{B6} + (8a_5 + 4a_6 + 2a_7 + a_8)\Delta_6\}$$

$$I_c = +\{256\Delta + (8 + 2 + 1)\,16\Delta\} = +432\Delta\,(误差\ 12\ \Delta)$$

注：编码所代表的电平值等于最后一位码的权电流判定值。

2.2.9 PCM 译码原理

PCM 译码原理如图 2.2.21 所示。

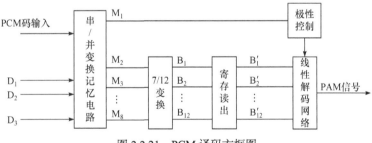

图 2.2.21 PCM 译码方框图

请注意：实际的 PCM 译码线性网络是 12 位的。参照图 2.2.20 的例子，因为编码所代表的电平值等于最后一位码的权电流判定值 + 432Δ。编码输入信号是 + 444Δ，误差为 12Δ。分析硬件编码逻辑工作是：量化值大于 432Δ 判 448Δ；量化值小于 448Δ 就判 432Δ。对照图 2.2.22，**前面定义量化值是取 448Δ 和 432Δ 的中间值 440Δ 为标准的，**量化值大于 440Δ 判 448Δ，量化值小于 440Δ 判 432Δ。所以权电流判定值与量化值之间存在 $\Delta_i/2$ 的误差，译码时要补上 $\Delta_i/2$，**译码是 12 位的。**

$$中间量化值 = 432\Delta + (1/2)16\Delta = 440\Delta \ 误差4\Delta$$

图 2.2.22　译码补偿原理

解码电平 $I_c = I_{bi} + \{8a_5 + 4a_6 + 2a_7 + a_8 + (1/2)\}\Delta_i$。

$$I_c = +\{256\Delta + (8+2+1+1/2)\times16\Delta\} = +440\Delta \quad (误差4\Delta)$$

图 2.2.23 展示了实验中大信号输入时 PCM 单路编码输出码型照片。

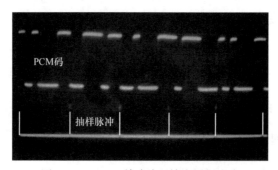

图 2.2.23　PCM 单路编码输出码型照片

输入信号较强时单路 PCM 编码输出码型如下:

10100011　00111011　00100011　10111000　10100011——ADI 码

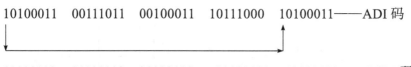

11110110　01101110　01110110　11101101　11110110——PCM 码

第五个码字与第一个码字重复, 完成正弦波的一个周期。

极性码	1	0	0	1	1	—— 正弦波的一个周期
段落	111	110	111	110	111	—— 位于第 6、8 段
段内码	0110	1110	0110	1101	0110	—— 第 5 次抽样值重复

请注意: 示波器看码位, 必须用时钟触发, 否则读出的码位不一样。

2.2.10　2914 编译码芯片介绍

2914 编译码器(A 律)方框原理图如 2.2.24 所示, 工作原理如下。

发端的音频信息从 21、22 端输入运放, 再经滤波、抽样、抽样保持、逐次比较编码, 将 PCM 信码送入输出寄存器, 最后从 16 端输出串行 PCM 码。输出时隙由 FS$_X$

(15 端)控制；输出的数据比特率由DCLK$_X$(17 端，可变数据速率)控制。采用固定数据速率，当编码器在D$_X$端(16 端)发送 8bit PCM 码时，$\overline{TS_X}$给出低电平输出，其他时间为高电平输出。低电平的时间间隙即发送传输信码路时隙，因此可由$\overline{TS_X}$电平来检测并取得D$_X$信号。收端信码由(10 端)D$_X$输入，路时隙由FS$_R$(11 端)控制；接收数据比特速率由 13 端CLK$_R$(固定数据速率方式)或 9 端DCLK$_X$(可变数据比特速率方式)控制。收信码输入之后送到输入寄存器，经 DAC 和保持、滤波、放大后从 2、3 端输出音频信号。2914 PCM 编码器的各引脚功能见表 2.2.6。

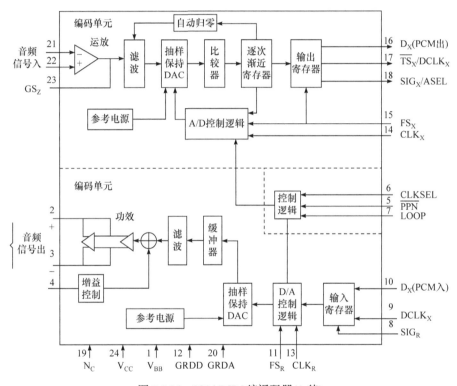

图 2.2.24　2914 PCM 编译码器(A 律)

表 2.2.6　2914 PCM 编码器的引脚芯片功能

引脚序号	名称	功能
1	VBB	−5V ± 5%
2	PWRO+	收功放输出
3	PWRO−	收功放输出
4	GS$_R$	收增益控制输入
5	$\overline{PDN}$	全片低功耗控制，低电平有效

引脚序号	名称	功能
6	CLKSEL	主时钟选择
7	LOOP	模拟环路控制，高电平有效
8	SIG_R	收信令信号输出
9	$DCLK_X$	工作模拟选择与收端数据速率时钟输入
10	D_X	收信码输入
11	FS_R	收帧同步脉冲
12	GRDD	数字地
13	CLK_R	收主时钟
14	CLK_X	发主时钟
15	FS_X	发帧同步脉冲
16	D_X	发信码输出
17	$\overline{TS_X}/DCLK_X$	发信码输出时隙脉冲或发数据速率时钟
18	$SIG_X/ASEL$	发信令信号输入或 A 律/μ 律选择
19	NC	空脚
20	GRDA	模拟地
21	V_{FX1+}	音频信号输入
22	V_{FX1-}	音频信号输入
23	GS_Z	发端增益控制
24	VCC	+5V ± 5%

2.3　增量调制(ΔM)

增量调制的特点：

(1) **ΔM 是 PCM 的一个特例——用二进制一位码表示模拟信号的方式。**

(2) **编码、译码设备简单。**

(3) **不需要同步设备。**

(4) **抗误码性能好。**

应用——单路数字编码、保密通信。

工作原理—— 一位二进制码只有两种状态，虽然不能代表抽样值的大小，但可以表示相邻抽样值增量的大小，只要取样频率足够高，相邻抽样值的相对变化同样能反映模拟信号的变化规律。增量调制方框原理图如图 2.3.1 所示。

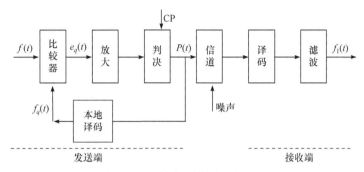

图 2.3.1 增量调制方框原理图

2.3.1 ΔM 编码器工作原理

本地译码信号 $f_q(t)$ 与模拟输入信号 $f(t)$ 在比较器中进行比较，得到差值信号 $e_q(t)$：

$$e_q(t) = f(t) - f_q(t)$$

若 $e_q(t) > 0$，则判 $P(t)$ 为"1"码；

若 $e_q(t) < 0$，则判 $P(t)$ 为"0"码。

本地译码器：

收到一个"1"码，则在原来基础上上升一个量阶 q；

收到一个"0"码，则在原来基础上下降一个量阶 q。

它的特点是，每隔一定的取样时间间隔 T，进行一次反馈调整，而不是随时连续地调整。调整的结果，使本地译码信号 $f_q(t)$ 始终跟踪原话音信号 $f(t)$，使差值信号 $e_q(t)$ 保持极小值。这种情况大致就像汽车通过驾驶盘不断地转动使车辆沿着正确的方向前进一样，原话音信号就像是道路，而汽车行走的轨迹就像是跟踪信号。只要行车速度不是太快，每次调整的间隔时间不是太长，即使尽管汽车不是沿着道路中心线前进，但也不会跑到道路外边去。把这样的二进制数码通过信道传递出去，在收端按同样规则动作，也就可以得到同样的跟踪波形。ΔM 编码器工作波形如图 2.3.2 所示。

编码工作过程如下。

(1) $t = 0$，$f_q(t) = 2q$，$e_q(t) = f(t) - f_q(t) < 0$，判 $P(t)$ 为"0"码。

与此同时，$f_q(t)$ 下降一个量阶 q，$f_q(t) = q$。

(2) $t = t_1$，$e_q(t) = f(t) - f_q(t) > 0$，判 $P(t)$ 为"1"码。

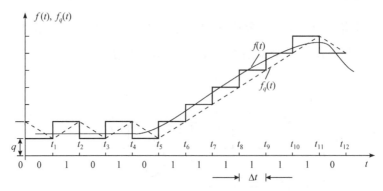

图 2.3.2　ΔM 编码器工作波形

与此同时，$f_q(t)$ 再上升一个量阶 q，$f_q(t)=2q$。

(3) $t=t_2$，$e_q(t)=f(t)-f_q(t)<0$，判 $P(t)$ 为"0"码。

与此同时，$f_q(t)$ 再下降一个量阶 q，$f_q(t)=q$。

(4) $t=t_3$，$e_q(t)=f(t)-f_q(t)>0$，判 $P(t)$ 为"1"码。

与此同时，$f_q(t)$ 再上升一个量阶 q，$f_q(t)=2q$。

(5) $t=t_4$，$e_q(t)=f(t)-f_q(t)<0$，判 $P(t)$ 为"0"码。

与此同时，$f_q(t)$ 再下降一个量阶 q，$f_q(t)=q$。

(6) $t=t_5$，$e_q(t)=f(t)-f_q(t)>0$，判 $P(t)$ 为"1"码。

与此同时，$f_q(t)$ 再上升一个量阶 q，$f_q(t)=2q$。

(7) $t=t_6$，$e_q(t)=f(t)-f_q(t)>0$，判 $P(t)$ 为"1"码。

与此同时，$f_q(t)$ 再上升一个量阶 q，$f_q(t)=3q$。

(8) $t=t_7$，$e_q(t)=f(t)-f_q(t)>0$，判 $P(t)$ 为"1"码。

与此同时，$f_q(t)$ 再上升一个量阶 q，$f_q(t)=4q$。

……

每次抽样判决后，$f_q(t)$ 将以锯齿形变化规律不断跟踪输入信号 $f(t)$，每隔抽样周期 T_S 作一次判决，输出一个码元脉冲，从而产生一个对应 $f(t)$ 变化的输出码元序列脉冲。**只要抽样周期很小，q 就很小，$f_q(t)$ 与 $f(t)$ 就很接近，量化误差就很小**。

无输入信号时 $f(t)=0$，设 t_0，$f_q(t)=-(q/2)$。

t_0，$e_q(t)=0-f_q(t)=q/2$，判 $P(t)="1"$，$f_q(t)$ 上升至 $+(q/2)$。

t_1，$e_q(t)=0-(q/2)=-(q/2)$，判 $P(t)="0"$，$f_q(t)$ 下降至 $-(q/2)$。

……

输出"1""0"交替码。

但工程上由于要和输入信号进行比较，本地译码取其反相译码，实际的静态编码波形如图 2.3.3 所示。

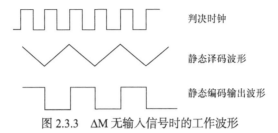

判决时钟

静态译码波形

静态编码输出波形

图 2.3.3　ΔM 无输入信号时的工作波形

增量调制静态时输出"1""0"交替码，而 PCM 编码静态时输出全"0"码。这一点是截然不同的，静态时增量调制能否输出"1""0"交替码是检查增量调制工作正常与否的一个依据。其输出频率正好是取样频率的 1/2，如图 2.3.4 所示。

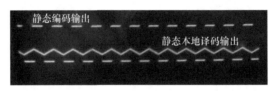

静态编码输出

静态本地译码输出

图 2.3.4　静态编码照片(上线编码输出方波，下线译码输出三角波)

2.3.2　ΔM 译码工作原理图

ΔM 译码工作原理如图 2.3.5 所示。

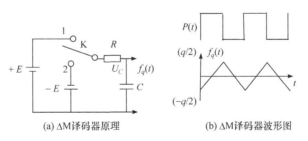

(a) ΔM译码器原理　　　　(b) ΔM译码器波形图

图 2.3.5　ΔM 译码工作原理图

$P(t)$ 作用于译码器，输入一个"1"码相当于开关 K 接通 $+E$，充电电流 I 为

$$I = \frac{E - U_C}{R} \approx \frac{E}{R}$$

电压

$$U_C = \frac{Q_0}{C} + \frac{It}{C}$$

式中，Q_0 为电容初始电荷数；It 为充电电流累积起来的电荷数。电容 C 上增加的电荷数 Q 为

$$Q = It_S = \frac{E}{R}t_S$$

电容 C 在一个码元宽度 t_S 内增加的电压值为

$$\frac{Q}{C} = \frac{E}{RC}t_S = q$$

此值是一个量阶电压 q，在任何一个码元宽度 t_S 内，积分电路输入一个正脉冲(相当于输入一个"1"码，开关 K 接 1)，电容 C 上的斜变电压上升一个量阶。同理，在任何一个码元宽度 t_S 内，积分电路输入一个负脉冲(相当于输入一个"0"码，开关 K 接 2)，电容 C 上的斜变电压下降一个量阶。

ΔM 正常编码输出波形及正常译码波形如图 2.3.6 所示。

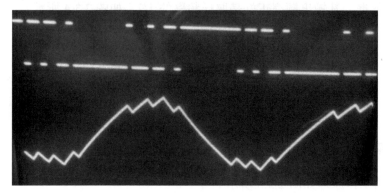

图 2.3.6　ΔM 正常编码输出波形及正常译码波形

2.3.3　简单增量调制特性

1. ΔM 过载特性

译码器 $f_q(t)$ 的最大斜率 K 为

$$K = \frac{q}{T_S} = f_S q$$

在编码过程中，本地译码输出的译码信号始终跟踪输入信号的变化。当输入信号斜率小于译码信号斜率 qf_S 时，本地译码的输出信号完全有能力跟上它。如果大于 qf_S 时，本地译码输出信号斜率就无法跟上而引起过大的误差，这个现象称为过载。

对于正弦信号 $f(t) = A\sin\omega_c t$，输入信号的斜率等于输入信号 $f(t)$ 对时间求微商。

$$\frac{\mathrm{d}f(t)}{\mathrm{d}t} = A\omega_c \cos\omega_c t$$

$$\left|\frac{\mathrm{d}f(t)}{\mathrm{d}t}\right|_{MAX} = A\omega_c$$

只要满足 $A\omega_c < qf_S$，就不会发生过载现象。所以临界过载电压振幅 A_m 为

$$A_m = \frac{qf_S}{\omega_c} = \frac{E}{2\pi RCf_c}$$

结论：当 RC 一定时，过载电压与信号频率 f_c 成反比。

2. ΔM 量化信噪比

增量调制的量化误差在 $\pm q$ 之间变化，其概率密度函数可表示为 $e(t) = \dfrac{1}{2q}$。设在

$\pm q$ 内均匀分布，则平均功率(均方差)为

$$N_q^2 = \int_{-q}^{+q} e(t) \cdot t^2 \mathrm{d}t = \frac{1}{2q} \int_{-q}^{+q} t^2 \mathrm{d}t = \frac{q^2}{3}$$

量化噪声是一种随机噪声，占有很宽的频谱，其功率大部分是集中在 $0 \sim f_S$ 范围内，而且在低频端是均匀的。由此可求得在话音带内的量化噪声功率谱密度 $G(f)$ 为

$$G(f) = \frac{N_q^2}{f_S} = \frac{q^2}{3f_S}$$

并非所有的 N_q 功率都能通过低通滤波器成为系统最终输出的量化噪声，设低通截止频率为 f_L，则输出端的量化噪声功率为

$$N_a^2 = \frac{q^2 f_L}{3f_S}$$

求信号功率。

在未过载时，量化噪声与信号幅度无关，因此信号越大，信噪比也越高，当临界幅度为 A_m 时，量化信噪比达到最大值。对于正弦信号，不过载时功率的最大值 S_m^2 (S_m 为信号电压有效值)为

$$S_m^2 = \frac{A_m^2}{2} = \frac{f_S^2 q^2}{8\pi^2 f_c^2}$$

可求得最大量化信噪比为

$$\left(\frac{S_m}{N_a}\right)^2 = 0.04 \frac{f_S^3}{f_L f_c^2}$$

$$\left(\frac{S_m}{N_a}\right)_{\mathrm{dB}} = (-14 + 30\lg f_S - 10\lg f_L - 20\lg f_c)\mathrm{dB}$$

结论：ΔM 为最大量化信噪比；

随取样频率 f_S 增高，ΔM 以每倍程 9dB 的速度增大；

随低通截止频率 f_L 的增高，ΔM 以每倍程 **3dB** 的速度下降；

随信号频率 f_c 的增高，ΔM 以每倍程 **6dB** 的速度下降。

3. 编码动态范围 D_c 和系统动态范围 D

系统动态范围 D 是指满足语音质量要求的最小输出信噪比 ≥20dB 时，所允许的输入信号变化范围。

编码动态范围 D_c 是指编码器临界编码时的最大输入信号电压 A_m 和起始编码时输入信号电压 A_k 之比，是指输出码位有变化的输入信号的变化范围。

$$D_c = 20 \lg \frac{A_m}{A_k}$$

对于简单 ΔM 调制，已知 $A_k = \dfrac{q}{2}$，$A_m = \dfrac{qf_S}{\omega_c}$，则得 $D_c = 20 \lg \dfrac{f_S}{\pi f_c}$。

简单 ΔM 调制 32kHz 取样时动态范围 $D_c = 20$dB，不能满足通信 ≥40dB 要求。

简单 ΔM 调制编码动态范围小的原因是量阶固定，输入信号幅度增大时，量阶跟不上变化速度，产生过载。图 2.3.7 显示了 ΔM 实验中部分工作状态波形图。

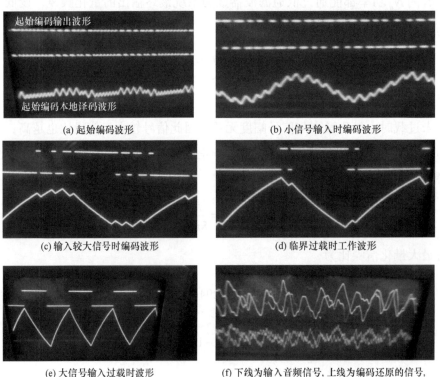

(a) 起始编码波形　　　　　　　　(b) 小信号输入时编码波形

(c) 输入较大信号时编码波形　　　　　(d) 临界过载时工作波形

(e) 大信号输入过载时波形　　　(f) 下线为输入音频信号，上线为编码还原的信号，高频分量被明显丢失

图 2.3.7　简单 ΔM 调制部分工作状态波形图

2.3.4　数字压扩增量调制

对于简单 ΔM 调制，由于它们的 Δ 是固定不变的，采用较大的台阶电压时，近似信号能很快地跟踪话音信号的突变部分，从而使过载噪声减小，但量化噪声增大。反之，当采用较小的台阶电压时，虽量化噪声减小，但过载噪声增大。解决这个矛盾的最好方法是采用自适应增量调制。下面是一种数字检测音节压缩和扩张的增量调制方法，**简称数字压扩增量调制**。

扩大 ΔM 编码动态范围的方法是仿照 PCM，大信号用大量阶，小信号用小量阶。信码中 $P(t)$ 的 "1" "0" 的个数反映了信号的幅度变化情况，如图 2.3.8 所示。连 "1" 码多信号下降快；连 "0" 码多信号上升快。用检测连 "1" 和连 "0" 个数来控制量阶 q 的变化。这种方案的核心是在 ΔM 的基础上采用数字检测器，用数字检测器在语音信号的码流中，按音节变化规律提取控制信号，并以此控制信号控制台阶电压发生器，使台阶电压的大小按音节规律变化，原理方框图如图 2.3.9 所示。

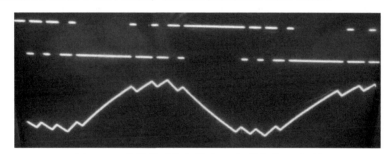

图 2.3.8　信号强时产生的连 "1" 码和连 "0" 码

数字检测由四级移位寄存器、四与或非门、积分器等组成。数字检测器的控制电压是根据码流中四个连 "1" 或四个连 "0" 的数目来提取的。当连续四个同极性的脉冲出现时，控制电压有输出，台阶电压 Δ 增大，硬件实现如图 2.3.10 所示。

$$Z = \overline{A \cdot B \cdot C \cdot D + \overline{A} \cdot \overline{B} \cdot \overline{C} \cdot \overline{D}}$$

当有四个以上码元符号相同时，输出 Z 为低电平；反之为高电平。通过电压变换和 **RC 音节平滑滤波电路**，取得控制电压 V_C 来控制台阶电压发生器，从而产生可变台阶电压 Δ。图 2.3.11 显示了实验中测得的连码检测波形。

MC3418 编码动态范围比简单 ΔM 可以增加至 40dB。但国外的 IC 设计并非一定处于最佳设计状态。如果译码电路设法提高脉幅利用率，编码动态范围还有再增大 14dB 的空间。例如使用场效应管取代译码电阻方法可以再增加 14dB 的效果。具体技术方案，有兴趣读者可以参考刘灼群 1987 年在《无线电通信技术》上发表的文章《CVSD 的恒流源译码器》。

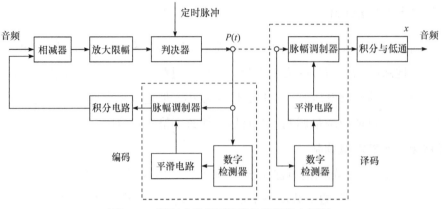

图 2.3.9　数字式音节压扩增量调制的方框图

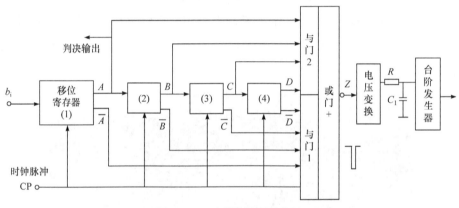

图 2.3.10　连码检测硬件电路

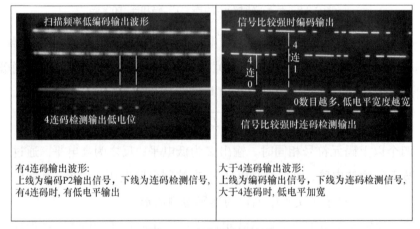

图 2.3.11　连码检测波形

图 2.3.12 比较了简单ΔM、压扩ΔM 编码和译码实验波形对比，简单ΔM 由于编码动态范围小，译码还原的高频信号明显丢失，波形响应跟踪较差。而压扩ΔM 波形跟踪比较好，高频分量保持得比较好。

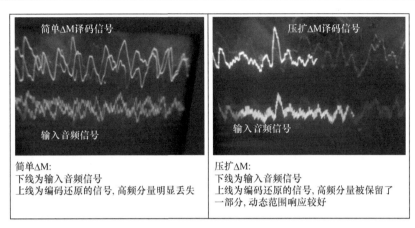

图 2.3.12 简单ΔM、压扩ΔM 编码和译码实验波形对比

简单ΔM、压扩ΔM 编码信噪比比较情况可参照图 2.3.13。

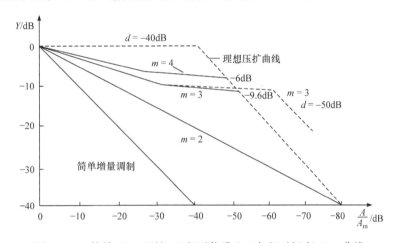

图 2.3.13 简单ΔM、压扩ΔM 相对信噪比 Y 与相对幅度 A/A_m 曲线

2.3.5 PCM 与ΔM 系统的比较

1. 工作方式

PCM 和ΔM 都是模拟信号数字化的基本方法。PCM 是对样值本身编码，ΔM 是对相邻样值的差值的极性(符号)编码。这是ΔM 与 PCM 的本质区别。

2. 应用

PCM 抽样频率为 8kHz，每个抽样编 8 位码，应用于多路编码，需要同步信号，设备复杂，**即使单路都要同步信号**。

ΔM 抽样频率为 32kHz，每个抽样编 1 位码，应用于单路编码，**不需要同步信号，设备简单**。

3. 带宽

ΔM 系统在每一次抽样时，只传送一位代码，因此ΔM 系统的数码率为 $f_b = f_S$ ，要求的最小传输带宽为

$$B_{\Delta M} = \frac{1}{2} f_S$$

在同样的语音质量要求下，PCM 系统的数码率为 64kHz，因而要求最小信道传送带宽为 32kHz。

而采用ΔM 系统时，抽样频率至少为 100kHz，则最小带宽为 50kHz。通常，ΔM 抽样频率采用 32kHz 时，带宽为 16kHz。

4. 量化信噪比

在相同的信道带宽(即相同的数码率 f_b)条件下：**在低数码率时，ΔM 性能优越；在编码位数多、码率较高时，PCM 性能优越**。这是因为 PCM 量化信噪比与编码位数 N 呈线性关系，每增加一位码，信噪比增加 6dB。ΔM 抽样频率为 32kHz 时，编码动态范围可达到 45dB，最大信噪比可达到 20dB，语音质量不如 PCM，如图 2.3.14 所示。

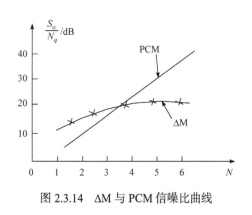

图 2.3.14　ΔM 与 PCM 信噪比曲线

比较两条曲线可看出，若 PCM 系统的编码位数 $N < 4$ (码率较低)，则ΔM 的量化信噪比高于 PCM 系统。

5. 信道误码率影响

ΔM 系统每一个误码代表一个量阶的误差，**故其对误码不敏感，一般要求误码率为 $10^{-3}\sim 10^{-4}$。**

PCM 每一个误码会造成较大的误差，特别是段落码，如 101 变为 001，从第 6 段变为第 2 段，量化电平从 256Δ 变为 16Δ，其误差巨大。一般要求误码率为 10^{-6}。

2.3.6　ΔM 芯片 MC3518 介绍

摩托罗拉公司芯片：

MC3518(军用)、MC3418(民用)——4 连码检测，抽样频率为 32kHz。

MC3517(军用)、MC3417(民用)——3 连码检测，抽样频率为 16kHz。

温度：民用标准为 0～40℃，军用标准为-40～+80℃。

MC3518(MC3418)芯片内部方框图如图 2.3.15 所示，调制器工作连接图如图 2.3.16 所示。

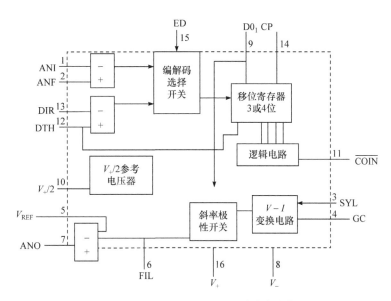

图 2.3.15 MC3518(MC3418)芯片内部方框图

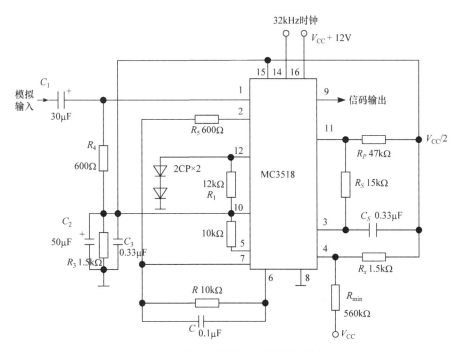

图 2.3.16 压扩ΔM 调制、解调的完整原理图

MC3518 芯片调制状态：

16 脚接 +12V 电源，32kHz 判决时钟从 14 脚输入，9 脚为信码输出，本地译码从 7 脚输出，8 脚为芯片地电位。

15 脚接 $V_{CC}/2$ 电压，使芯片工作于调制状态(解调状态，15 脚通过 15kΩ 电阻接地)。

12 脚接 2 个硅二极管到地，通过片内 $V_{CC}/2$ 电压和电阻 R_1，保证 12 脚上电压 $V_{12} =$ 1.4V，这是单片与 TTL 电路接口时要求的，它控制着 13 脚、14 脚、15 脚的接口电平。

图 2.3.16 中，C_1 为隔直流电容，R_4、R_3 用于供给输入运放直流工作点，C_2 和 C_3 为滤波电容。R_4 同时起输入阻抗匹配作用，也就是 ΔM 交流输入阻抗等于 600Ω。6 脚和 7 脚之间连接的 RC 网络为本地译码器的积分滤波电路，5 脚与 10 脚之间连接有 10kΩ 的电阻，其提供译码运放直流电压，4 脚连接的 R_{min} 和 R_x 电阻控制着量阶大小，音节平滑滤波由 R_P、R_S、C_S 组成。

MC3518 芯片解调状态：

解调状态时，15 脚通过 15kΩ 电阻接地，译码信号从 13 脚输入。解调信号由 7 脚输出。

MC3418 构成完整的通信系统：

MC3418 编码、译码与 MC14414 输入、输出滤波组成的完整通信系统如图 2.3.17 所示。

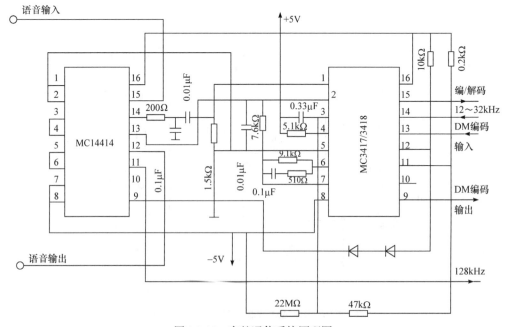

图 2.3.17　完整通信系统原理图

该电路是 MOTOROLA 公司生产的连续可变斜率增量调制解调器(CVSD)。目前,这种电路主要应用在低数码率的军事、野外及保密数字电话通信设备、集团电话、保安通信、自动控制系统中。

2.4 ΣΔM 编码

2.4.1 ΣΔM 的特点

ΣΔM 编码是利用积分和反馈取出带内噪声的一种新技术,也是 ΔM 和 PCM 相互结合的数字处理系统,**在数字音频信号处理中广泛采用**,主要特点如下。

(1) 信噪比高。13 位 8kHz PCM 均匀量化性能可以取代由 1 位(双电平)一阶ΣΔM 工作频率大于 64kHz 抽样率的系统,其信噪比可大于 78dB,如果用二阶ΣΔM 取代,抽样率可以下降至 40kHz。

(2) 分辨率高,对元器件要求低,容易实现。当信号频率为 4kHz 时,抽样率为 1MHz 的二阶ΣΔM 调制分辨率相当于 16 位 PCM 均匀量化的分辨率。当编码位数较大时(一般立体声满足信噪比大于 60dB,要求大于 14 位编码),实现脉码调制有困难,对元器件精度要求高,对环境温度的要求也很苛刻,否则编码精度就难达到计算值。ΣΔM 可全部采用一般元器件,减小了编码技术的难度。

2.4.2 ΣΔM 工作原理

ΣΔM 的原理是:首先用很高的抽样率对调制器进行抽样,然后用较低的速率进行转换,最后采用三角形权值计算方法,用奈奎斯特速率重新取样,转换为并联输出的 16 位 PCM 信号。ΣΔM 与 ΔM 的差别有两点。

(1) ΣΔM 的抽样率很高,通常为 4.4MHz,使量化噪声近似为白噪声。

(2) 由于量化噪声为白噪声,而信号是低通型的,因此可在量化器前面增加一个低通滤波器(积分器)滤除通带外噪声,这就是ΣΔM 调制解调器具有很高信噪比的根本原理。积分器可以用一个,也可以用两个,用一个积分器的称为一阶ΣΔM 调制解调器,两个积分器串接的为二阶ΣΔM 调制解调器。

图 2.4.1(a)表示ΣΔM 调制解调器,图 2.4.1(b)表示一阶ΣΔM 调制解调器数据模型,图 2.4.1(c)表示二阶ΣΔM 调制解调器数据模型。

图 2.4.2 是ΣΔM 无反馈的量化噪声,即相当于普通均匀 PCM 情况。图 2.4.3 表示有一个反馈环量化器的理想通道噪声,噪声被聚集成一系列窄峰。图 2.4.4 是使用双

反馈环的两电平量化噪声，从图中可以看出，二阶ΣΔM调制解调器的通道噪声基本与信号电平无关，并且比 PCM 减小 60dB 以上。

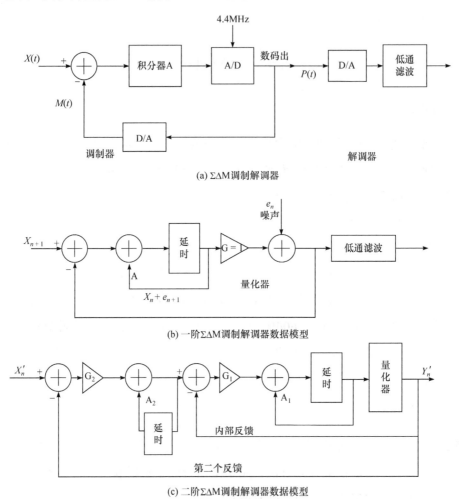

(a) ΣΔM调制解调器

(b) 一阶ΣΔM调制解调器数据模型

(c) 二阶ΣΔM调制解调器数据模型

图 2.4.1　ΣΔM 调制解调器及其数据模型

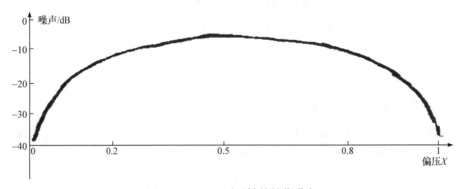

图 2.4.2　ΣΔM 无反馈的量化噪声

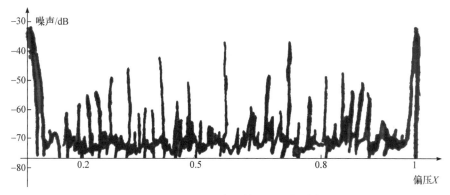

图 2.4.3 ΣΔM 一个反馈环的量化噪声

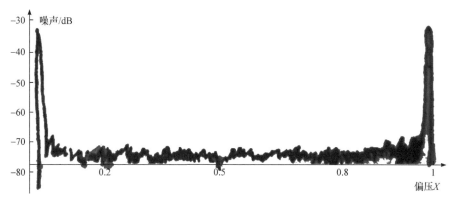

图 2.4.4 二阶ΣΔM 调制解调器反馈环的量化噪声

2.4.3 降频滤波

从ΣΔM 输出的 1 位 4.4Mbit/s 速率数据，经过数字滤波器，变为 16 位 35kHz 频率抽样的 PCM 信号，其处理方框图如图 2.4.5 所示。采用降频的目的是简化数字低通滤波器的设计。降频滤波器把高速数据变为较低的中间频率，这种滤波器采用三角形窗口函数，实现这种降频的硬件方框图如图 2.4.6 所示。

图 2.4.5 ΣΔM-PCM 变换原理图

从中间频率降为奈奎斯特速率需要低通滤波器。采用级联横向滤波器逐步减小带宽至 35kHz，而字率逐渐增加到 16 位，低通滤波器后的信号还可经过高通滤波，其目的是衰减电源干扰，最后输出 16 位 35kHz 频率抽样的 PCM 信号。

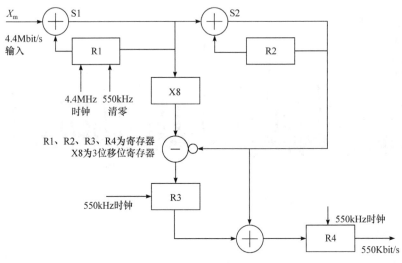

图 2.4.6　ΣΔM 降频滤波器

2.4.4　ΣΔM 解调器

解码输入的是 35kHz 频率抽样 16 位 PCM 信号，如果直接解调，将导致包含以 35kHz 为中心的基带信号频谱和它们的全部映像，必须采用内插调制器，重新增加抽样率取出全部基带映像，实现方框图如图 2.4.7 所示。

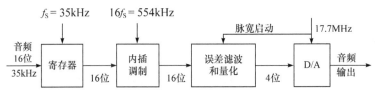

图 2.4.7　ΣΔM 解码系统方框原理图

实现内插调制的方框图如图 2.4.8 所示，误差滤波和解调的方框图如图 2.4.9 所示。粗略量化中引起的误差被储存在递归寄存器中并且反馈回 16 位全加器。

因此校正输入数据，解码器采用的抽样率为 17.7MHz，目的是使全部映像具有足够的抑制，在音频范围内，使校正后的 4 位字信噪比达到 75dB。

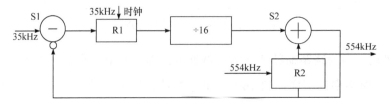

图 2.4.8　ΣΔM 线性内插调制器(字率从 35kHz 增加到 554kHz)

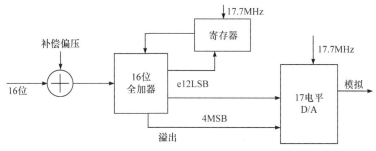

图 2.4.9 ΣΔM 内插解调器方框图

2.5 语音信号 ADPCM 编码

以较低的速率获得高质量编码,一直是语音编码追求的目标。通常,人们把话路速率低于 64Kbit/s 的语音编码方法,称为语音压缩编码技术。

语音压缩编码方法很多,其中,自适应差分脉冲编码调制(ADPCM)是语音压缩中复杂度较低的一种编码方法,它可在 32Kbit/s 的速率上达到 64Kbit/s 的 PCM 数字电话质量。近年来,ADPCM 已成为长途传输中一种新型的国际通用的语音编码方法。ADPCM 是在差分脉冲编码调制(DPCM)的基础上发展起来的,为此,下面先介绍DPCM 的编码原理与系统框图。

2.5.1 DPCM

在 PCM 中,每个波形样值都独立编码,与其他样值无关,这样,样值的整个幅值编码需要较多位数,比特率较高,造成数字化的信号带宽大大增加。然而,大多数以奈奎斯特速率或更高速率抽样的信源信号在相邻抽样间表现出很强的相关性,有很大的冗余度。**利用信源的这种相关性,一种比较简单的解决方法是对相邻样值的差值而不是样值本身进行编码**,如图 2.5.1 所示。

PCM 编码的优点:各抽样值互相独立;t_1 时刻抽样值 V_1 分 8 段,每段 16 等分;t_2 时刻抽样值 V_2,分 8 段,每段 16 等分,V_1 和 V_2 之间没有任何关系。其缺点是需要较多的编码位数,占用较多的传输带宽。实际上 t_1、t_2 时刻的取样值有很大的相关性,t_2 时刻的取样值比 t_1 时刻的取样值增加 $\Delta V = V_2 - V_1$。如果 t_2 时刻用 ΔV 幅度量化,而

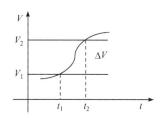

图 2.5.1 PCM 与 DPCM 量化

不是用 V_2 幅度进行量化,则可以不再分段,把 ΔV 16 等分就已经能较精确地表示它了,而译码时,要把前面的 V_1 加上,即可准确地表示 V_2,$V_2 = V_1 + \Delta V$,$2^4 = 16$,只要用 4

位码就够了。

　　DPCM 编/译码方框图如图 2.5.2 所示。所以，**DPCM 的关键是预测是否准确，只要预测准确，其量化精度可以保持与 PCM 基本一致**。如果预测器的量阶可以根据信号的大小自适应变化，那么这种方法称为 ADPCM，这个稍后再讨论。

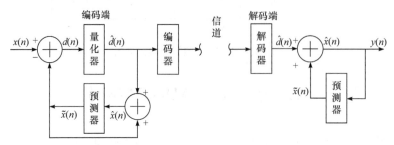

图 2.5.2　DPCM 编/译码方框图

2.5.2　DPCM 分析模型

　　DPCM 分析模型如表 2.5.1 所示。

表 2.5.1　DPCM 分析模型

模型各量值关系	DPCM 模型
实际差值 = 抽样值 − 预测值 $d(n) = x(n) - \tilde{x}(n)$ 重建值 = 预测值 + 差值 $\hat{x}(n) = \tilde{x}(n) + \hat{d}(n)$ 量化差值 = 抽样值 − 重建值 $e(n) = d(n) - \hat{d}(n)$	 ⊘ 重建值　◇ 预测值　○ 抽样值

$$d(n) = x(n) - \tilde{x}(n)$$

　　一般用 N 个样值预测：

$$\tilde{x}(n) = a_1 \hat{x}(n-1) + a_2 \hat{x}(n-2) + \cdots + a_n \hat{x}(n-N)$$
$$= \sum_{j=1}^{N} a_j \hat{x}(n-j)$$

1. 极点预测(用重建信号进行预测)

$$\tilde{x}(n) = \sum_{j=1}^{N} a_j \hat{x}(n-j)$$

做 Z 变换：

$$\tilde{x}(z) = \sum_{j=1}^{N} a_j \hat{x}(z) z^{-j}$$

$$P(z) = \frac{\tilde{x}(z)}{\hat{x}(z)} = \sum_{j=1}^{N} a_j z^{-j}$$

因为 $\hat{x}(z) = \hat{d}(z) + \hat{x}(z)P(z)$ ，所以接收译码器的传递函数为

$$H(z) = \frac{\hat{x}(z)}{\hat{d}(z)} = \frac{1}{1-P(z)} = \frac{1}{1-\sum_{j=1}^{n} a_j z^{-j}}$$

由于传输函数只有极点而没有零点，故称为全极点预测。全极点预测方框图如图 2.5.3 所示，其电路结构如 2.5.4 所示。

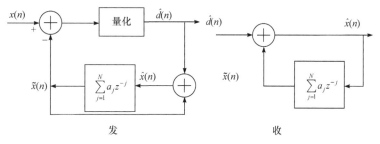

图 2.5.3　全极点预测方框图

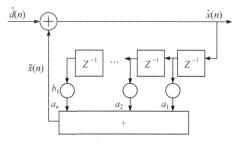

图 2.5.4　全极点预测电路结构

全极点预测大于二阶时会出现不稳定情况，故引入零点预测。

2. 零点预测(用差值的量化值 $\hat{d}(n)$ 进行预测)

$$\tilde{x}(n) = \sum_{j=1}^{M} b_j \hat{d}(n-j)$$

系统重建信号:

$$\hat{x}(n) = \hat{d}(n) + \tilde{x}(n) = \hat{d}(n) + \sum_{j=1}^{M} b_j \hat{d}(n-j)$$

Z 变换为

$$\hat{x}(z) = \hat{d}(z)\left(1 + \sum_{j=1}^{M} b_j z^{-j}\right)$$

接收译码传递函数为

$$H(z) = 1 + \sum_{j=1}^{M} b_j z^{-j}$$

由于传输函数只有零点而无极点,故称为零点预测。零点预测方框图如图 2.5.5(a) 所示;电路结构如图 2.5.5(b) 所示。

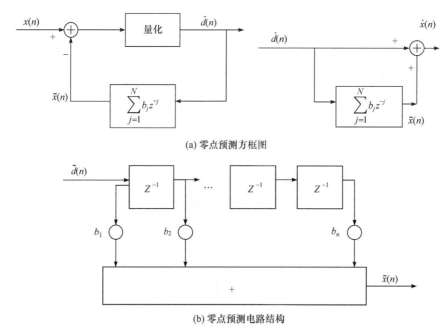

(a) 零点预测方框图

(b) 零点预测电路结构

图 2.5.5 零点预测方框图及其电路结构

3. 零点和极点预测

把零点预测和极点预测组合起来,如图 2.5.6 所示。这时输入信号预测值为 M 阶零点和 N 阶极点预测之和,即

$$\tilde{x}(n) = \sum_{j=1}^{N} a_j \hat{x}(n-j) + \sum_{j=1}^{M} b_j \hat{d}(n-j)$$

重建滤波器的传递函数为

$$H(z) = \frac{1 + \sum_{j=1}^{M} b_j z^{-j}}{1 - \sum_{j=1}^{N} a_j z^{-j}}$$

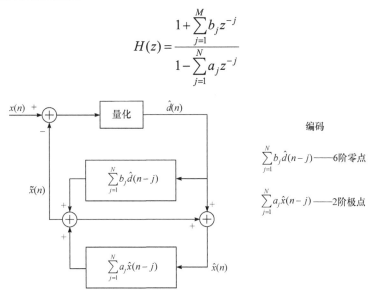

图 2.5.6 零点和极点 DPCM 预测编码

零点和极点 DPCM 预测译码电路结构如图 2.5.7 所示。

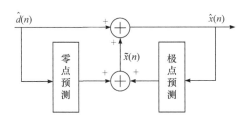

图 2.5.7 零点和极点 DPCM 译码

2.5.3 ADPCM

值得注意的是，DPCM 系统性能的改善是以最佳的预测和量化为前提的。但对语音信号进行预测和量化是复杂的技术问题，这是因为语音信号在较大的动态范围内变化。为了能在相当宽的变化范围内获得最佳的性能，只有在 DPCM 基础上引入自适应系统。有自适应系统的 DPCM 称为自适应差分脉冲编码调制，简称 ADPCM。

ADPCM 的主要特点是用自适应量化取代固定量化,用自适应预测取代固定预测。自适应量化指量化台阶随信号的变化而变化，使量化误差减小。自适应预测指预测器系数 $\{a_i\}$ 可以随信号的统计特性而自适应调整，提高了预测信号的精度，从而得到高预测增益。实质上是计算 a_i、b_i 系数自适应预测，常用梯度法和最小均方误差(LMS)算法，求

$$\frac{\partial E\left[d^2(n)\right]}{\partial a_i}=0,\quad i=1,2,\cdots,N$$

$$E[d^2(n)]=E\,|\,x(n)-\tilde{x}(n)\,|$$

即预测值用前后码元三角形权值计算，根据信号的大小自适应调节 a_i、b_i 系数，自适应调节量阶大小。**只不过ΔM 实验压扩编码是单用了后向预测，而 ADPCM 用了前向预测和后向预测。**通过这两点改进，可大大提高输出信噪比和编码动态范围。

ADPCM 与 PCM 相比，其信噪比可以改善约 20dB，相当于可减小 4 位码效果。因此，在维持相同的语音质量下，ADPCM 允许用 32Kbit/s 速率编码，这是标准 64Kbit/s PCM 的 1/2。因此，在长途传输系统中，ADPCM 有着远大的前景。相应地，CCITT 也形成了关于 ADPCM 系统的规范建议 G.721、G.726 等文件。

工程上，ADPCM 已经有单片 IC，并且有 PCM 至 ADPCM 互相转换的功能，如表 2.5.2 所示。这种技术已经应用于卫星通信、380MHz 微波传输通信中，一路 ADPCM 2.048Mbit/s 信号可以包含两个基群 60 路电话。例如，其在边防、海岛通信中，ADPCM 应用广泛。特别是有地震、台风灾害时，在通信网络已经破坏的情况下，采用无线的 380MHz ADPCM 通信系统仍可保障通信联系，有着非常重要的作用。

表 2.5.2　ADPCM 芯片转换

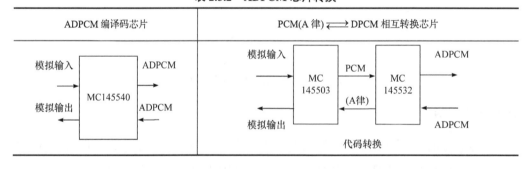

习　题

1. PCM 抽样频率为 8kHz，为什么被抽样的信号必须先经过一个低通滤波器？

2. 单路编码 PCM 信号，传输需要同步信号吗？单路ΔM 编码需要同步信号吗？

3. PCM 编码每增加一位编码位数 n，信噪比增加多少 dB？信号减小 1/2，信噪比会如何变化？

4. 求下列 A 律 PCM 编码所代表的量化电平值。

① 10111101，00111101。

② 11101011，10011011。

③ 01000011，01001011。

5. 求 A 律 PCM 的最大量化间隔 Δ_{max} 与最小量化间隔 Δ_{min} 的比值。

6. 采用 A 律 13 折线编码，最小量化级为一个单位，已知抽样脉冲为+835 个单位。

(1) 试求编码输出，并求量化误差。

(2) 写出对应于 7 位幅度码的均匀量化 11 位码，并计算它所代表的电平值和量化误差。

(3) 求收端译码的量化电平值和量化误差。

7. 对载波基群 60～108kHz 的模拟信号数字化，其最低抽样率等于多少？

8. 为什么增量调制的抗误码性能优于 PCM？

9 把带宽为 0～15kHz 的音频信号数字化，为防止抽样后发生频谱重叠，最低抽样率应取多少？

10. 话音信号频率为 300Hz～3.4kHz，为防止抽样后发生频谱重叠，选取抽样率为 8kHz，问选取抽样率为 9kHz、10.5kHz、10.05kHz、6.8kHz、6kHz 可以吗？

11. 在国际上数字系统相互连接时，要以_____律为标准。

12. 在信号变化范围一定时，用的码位数越多，量化分层_____，量化误差_____，通信质量当然_____。

13. 利用扩频通信系统设计实验箱，学习 Quartus Ⅱ 7.2 软件安装、仿真、下载功能。设计条件：晶振 4.096MHz，设计用 74161 小规模 IC 做分频器，输出频率为 2.048MHz、256kHz、64kHz、8kHz 对称方波。

(1) 把仿真结果下载到 SYT-2020 扩频实验箱验证结果，并拍下照片。

(2) 整理设计资料，仿真波形，下载波形照片，写一个小总结。

第3章 数字基带传输

- ➤ 数字基带的定义
- ➤ 常用基带码型
- ➤ 基带脉冲传输与码间干扰
- ➤ 工程上无码间干扰的实现方法
- ➤ 信道均衡原理
- ➤ 基带信号的相关编码
- ➤ 眼图
- ➤ 基带信号无失真滤波器设计

3.1 数字基带的定义

基带传输又分为窄义基带和广义基带。

3.1.1 窄义基带

窄义基带的定义：编码—码型变换—信道—码型反变换—解码整个传输过程，如图 3.1.1 所示。**其特点是频谱结构具有低通特性**，这些信号往往包含丰富的低频分量，甚至直流分量，如图 3.1.2 所示，因而称为数字基带信号。

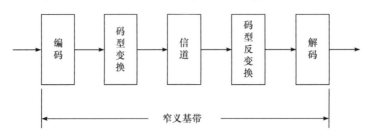

图 3.1.1　窄义基带

来自数据终端的原始数据信号，如计算机输出的二进制序列、电传机输出的代码，或者是来自模拟信号经数字化处理后的 PCM 码组、ΔM 序列等都是**数字基带信号**。

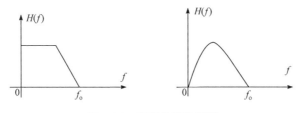

图 3.1.2　窄义基带的频谱

数字基带信号可以直接传输，我们称为数字基带传输。

3.1.2　广义基带

广义基带的定义：编码—码型变换—**调制**—**发送**—**信道**—**接收**—解调—码型反变换—解码，前后为基带传输，**中间转换为频带传输**。如图 3.1.3 所示，**其特点是中间频谱结构是带通型特性**。把基带信号频谱搬移到高频载波处才能在信道中传输，这种传输称为数字频带(调制或载波)传输。而大多数信道，如各种无线信道和光信道，则是带通型的，如图 3.1.4 所示。

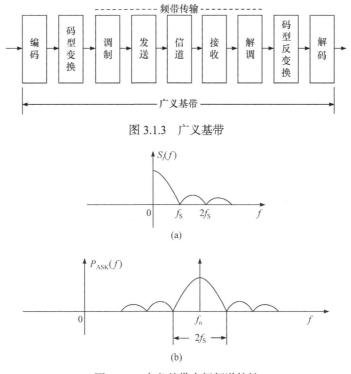

图 3.1.3　广义基带

图 3.1.4　广义基带中间频谱特性

本书中，我们只讨论窄义基带传输及其特性，但其结论完全适用于广义基带。

3.2　常用基带码型

3.2.1　单极性不归零码

单极性不归零(NRZ)码的波形和功率谱如图 3.2.1 所示。

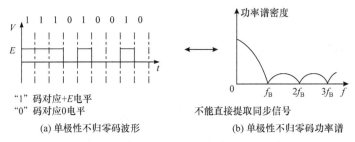

(a) 单极性不归零码波形　　　　　　(b) 单极性不归零码功率谱

图 3.2.1　单极性码不归零的波形和功率谱

单极性不归零码的特点如下。

(1) 发送能量高。

(2) 有直流分量，将导致信号的失真与畸变，且由于直流分量的存在，无法使用一些交流耦合的线路和设备。

(3) **不含位同步分量，不能直接提取位同步信息。**

(4) 接收判决电平应取"1"码电平的一半。接收电位变化时，难以保持最佳判决电平，抗干扰性能差，只适用于短距离传输。

3.2.2　双极性不归零码

双极性不归零(NRZ)码的波形和功率谱如图 3.2.2 所示。

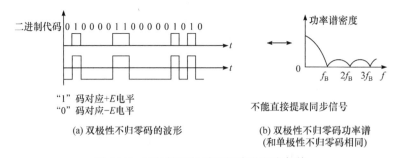

(a) 双极性不归零码的波形　　　　(b) 双极性不归零码功率谱
　　　　　　　　　　　　　　　　　(和单极性不归零码相同)

图 3.2.2　双极性不归零码的波形和功率谱

其特点除与单极性不归零(NRZ)码的特点(1)和(3)相同外，还有以下特点：**接收判决门限可设在 0 电平，容易设置和保持稳定**，适于对地平衡电缆信号的传输。

3.2.3　单极性归零码与双极性归零码

单极性归零(RZ)码、双极性归零(RZ)码的波形和功率谱如图 3.2.3 所示。

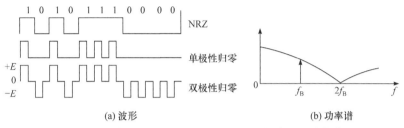

(a) 波形　　　　　　　　　　　　(b) 功率谱

图 3.2.3　单极性归零码、双极性归零码的波形和功率谱

1. 单极性归零码

在发送"1"码时,"1"码宽度小于码元持续时间,然后归为 0 电平。

在发送"0"码时,保持不变。

归零码的主要优点是信码频谱中包含时钟频率分量。接收端位同步提取时,首先必须做这种码型变换。

2. 双极性归零码

每个码元内的脉冲都回归零电平。

3. 工程中归零码变换的例子

图 3.2.4 是工程中应用的归零码变换电路。01 交替时有归零码变换,长连"1";长连"0"时不作为归零码变换。

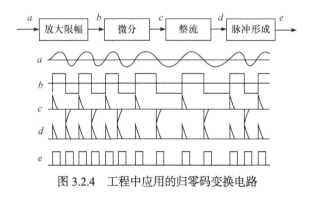

图 3.2.4　工程中应用的归零码变换电路

3.2.4　差分码

1. 差分编码逻辑

设绝对码为 $\{a_n\}$,相对码为 $\{b_n\}$;**差分编码的逻辑关系**为 $b_n = a_n \oplus b_{n-1}$。

硬件电路如图 3.2.5 所示。

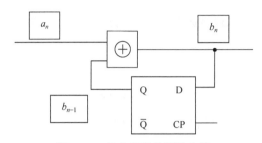

图 3.2.5　差分编码的硬件电路

对于 a NRZ 序列脉冲，如图 3.2.6(a)所示；初态为 "0" 的差分码变换为 b_1 脉冲序列；初态为 "1" 的差分码变换为 b_2 脉冲序列，正好是 b_1 的反相。

如果差分编码的输出从 b_n 取出，由于异或门可能有冒险脉冲出现，为消除冒险脉冲，**工程上差分编码的输出可从 b_{n-1} 取出**。其输入和输出波形如图 3.2.6(b)所示。图 3.2.6(c)展示了示波器观察的二相差分编码延迟一位的波形。

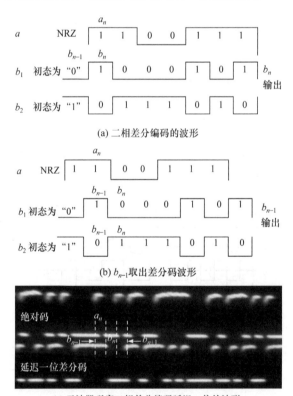

(a) 二相差分编码的波形

(b) b_{n-1} 取出差分码波形

(c) 示波器观察二相差分编码延迟一位的波形

图 3.2.6　波形图

2. 差分码译码逻辑

$$C_n = b_n \oplus b_{n-1}$$
$$C_n = a_n \oplus b_{n-1} \oplus b_{n-1}$$
$$C_n = a_n$$

这样，经差分译码后就恢复了原始的发端码序列，二相差分译码的硬件电路如图 3.2.7 所示。

根据差分译码规则，可以看出，不管发端发送的是"1"差分信号还是"0"差分信号，最后差分译码信号都是确定的，而且是唯一的，就是原来发送端发送的信号，如图 3.2.8 所示。

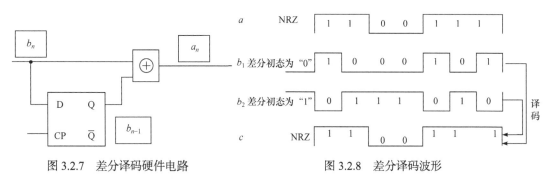

图 3.2.7　差分译码硬件电路　　　　　　图 3.2.8　差分译码波形

3. 差分码功能分析

绝对码的信息携带在高、低电平上，**而差分码的信息携带在脉冲边缘上**。脉冲边缘有变化代表"1"码，脉冲边缘无变化代表"0"码。故即使波形完全相反，也能正确译码，因此差分码又称为相对码。

差分码的应用场合：主要应用于数字无线传输时基带码型变换，用于消除载波提取相位模糊度。

在数字无线传输中，接收端用锁相环提取同步载波时存在相位模糊度。即锁定的载波相位可能是 0°，也可能是 180°，两者是随机的，如果 0°载波解出正确信号，则180°载波解出反相信号。**若用 NRZ 码传输，则解出的数据有不确定性。若变为差分码传输，由于信息携带在脉冲边缘上，即使反相，经过差分译码，仍能正确解出信号，去除了载波的相位模糊度。**

在数字通信中，只要接收端用锁相环提取载波同步信号，发送端基带码型首先要做的就是差分码变换，所以**差分码在通信中应用非常广泛**。

3.2.5　AMI 码

AMI 码是传号交替反转码。其编码规则是将二进制消息代码"1"(传号)交替地变换为传输码的"+1"和"-1"，而"0"(空号)保持不变。AMI 码的波形和功率谱如图 3.2.9 所示。

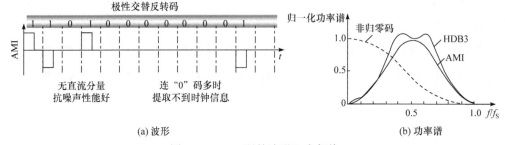

(a) 波形　　　　　　　　　　(b) 功率谱

图 3.2.9　AMI 码的波形和功率谱

AMI 码的优点是，由于"+1"与"-1"交替，AMI 码的功率谱中不含直流成分，高、低频分量少，能量集中在频率为 1/2 码速处。位定时频率分量虽然为 0，但只要将基带信号经全波整流变为单极性归零波形，便可提取位定时信号。

从频谱中可以看出它有以下优点。

(1) 无直流成分，低频成分也少，有利于采用变压器进行远距离供电电源的隔离，而且对变压器的要求(如体积)也可以降低。

(2) 高频成分少，不仅可节省信道频带，同时也可以减少串话，因为信码能量集中在 $f_B/2$ 处，所以通常以 $f_B/2$ 频率来衡量信道的传输质量。

(3) 码型提供了一定的检错能力，因为传号码的极性是交替反转的，如果发现传号码的极性不是交替反转的，就一定出现了误码，因而可以检出单个误码。

(4) 码型频谱中，虽无时钟频率成分，但 AMI 码经过非线性处理(全波整流)，变换单极性码后，就会有时钟 f_B 成分。

(5) AMI 码的编译码电路简单，鉴于这些优点，**AMI 码是 CCITT 建议采用的传输码型之一**。

(6) AMI 码变换的硬件电路原理图和工作波形如图 3.2.10 所示(JK 触发器连接成 T 触发器)。

第一个正脉冲到来时，设 Q 为高电平，$\overline{Q}$ 为低电平。此时 M_1 打开，M_2 关闭。信号从 $M_1 \to M_3 \to VT_1$ 导通，变压器初级 N_1 有电流流通，次级输出一个正脉冲。

第二个正脉冲到来时，Q 为低电平，$\overline{Q}$ 为高电平。此时 M_2 打开，M_1 关闭。信号从 $M_2 \to M_4 \to VT_2$ 导通，变压器初级 N_2 有电流流通，次级输出一个负脉冲。

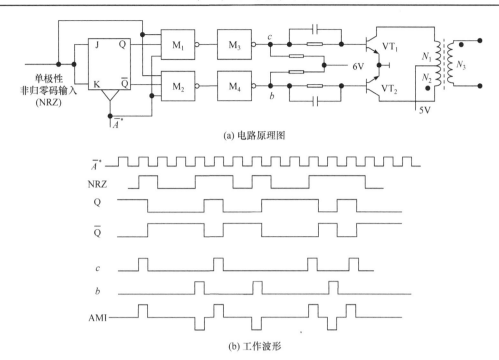

(a) 电路原理图

(b) 工作波形

图 3.2.10　AMI 码变换硬件电路原理图和工作波形

如此反复输出正负交替的 AMI 码,由于有 CP 加入门电路,故输出为半占空码。

(7) AMI 码的不足是,当原信码出现连"0"串时,信号的电平长时间不跳变,造成提取定时信号困难。解决连"0"码问题的有效方法之一是采用 HDB3 码。

3.2.6　HDB3 码

HDB3 码的全称是 **3 阶高密度双极性码**,它是 AMI 码的一种改进型,其目的是保持 AMI 码的优点而避免其缺点,使连"0"的个数不超过 3 个。其编码规则如下。

(1) 当信码的连"0"个数不超过 3 时,仍按 AMI 码的规则编码,即传号极性交替;并记为+B 或−B。

(2) 当信码连"0"个数超过 3 时,将第 4 个"0"改为非"0"脉冲,记为+V 或−V,称为破坏点脉冲。+V 或−V 与前一脉冲同极性,破坏了 AMI 码交替法则,故称为破坏点脉冲,相邻 V 码的极性必须交替出现,以确保编好的码中无直流分量。

(3) 为了便于识别,V 码的极性应与其前一个非"0"脉冲的极性相同,否则,将四连"0"的第一个"0"更改为与该破坏脉冲相同极性的脉冲,并记为+B 或−B;两个 V 脉冲之间 B 脉冲数目一定是奇数。

(4) 当连"0"个数等于 4 个时:

若两个 V 脉冲间 B 脉冲数目为奇数,则做 000V 变换;

若两个 V 脉冲间 B 脉冲数目为偶数，则做 B00V 变换。

(5) B 脉冲本身符合 AMI 码法则，V 脉冲本身符合 AMI 码法则。

图 3.2.11 展示了 10011000011000010000000001 绝对码做 AMI 和 HDB3 码变换的波形图。

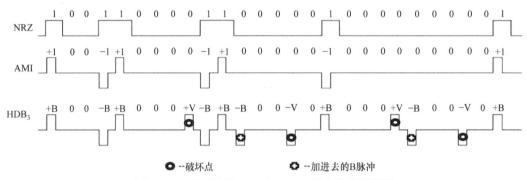

图 3.2.11　绝对码做 AMI 和 HDB3 码变换的波形图

特别说明：教材上 HDB3 码的变换是一一对应的。但工程上 HDB3 码变换是延迟 5 位码元的，因为要判断有无 4 个连"0"，必须把码元储存下来。

(1) 图 3.2.12(a)：输入 11100010 码，无 4 连"0"时输出 AMI 码。可以看到 5 位码延时。

(2) 图 3.2.12(b)：输入 00001101 码，有 4 连"0"时输出 HDB3 码，两个 V 间有 3 个 B 脉冲，做 000V 变换，可以看到 5 位码延时。

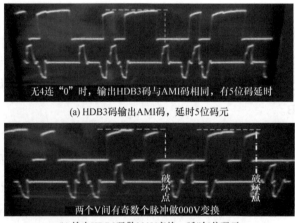

(a) HDB3 码输出 AMI 码，延时 5 位码元

(b) 输出 HDB3 码做 000V 变换，延时 5 位码元

图 3.2.12　HDB3 码延时 5 位码元波形图

1. HDB3 变换硬件原理图和波形

HDB3 码变换硬件电路方框图如图 3.2.13 所示；硬件电路图如 3.2.14 所示；变换

波形如图 3.2.15 所示。

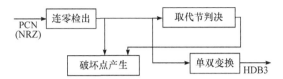

图 3.2.13 HDB3 码变换硬件电路方框图

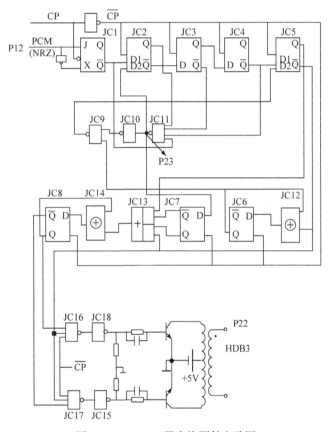

图 3.2.14 HDB3 码变换硬件电路图

HDB3 码变换硬件电路工作原理如下。

(1) JC1～JC4 和 JC11 组成 4 连 "0" 检测电路。无 4 连 "0" 时，P23 输出高电位；有 4 连 "0" 时，P23 输出低电位，这个低电位就是 4 连 "0" 检测信号，如图 3.2.16 所示。

(2) JC12、JC6 组成奇、偶计数器，即 T 触发器。**脉冲计数为单数时，JC6 的 Q = 0**，则 JC9 = 1；脉冲计数为偶数时，**JC6 的 Q = 1**，则 JC9 = 0。

(3) 取代节判决电路由 JC11、JC10、JC9、JC5、JC12、JC6 组成。JC5、JC7、JC13 组成破坏点产生电路。

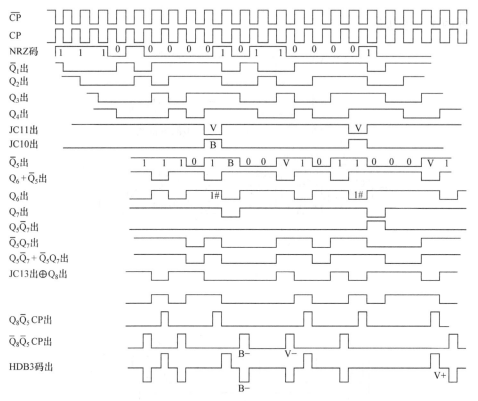

图 3.2.15　HDB3 码编码变换波形图

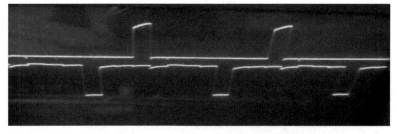

图 3.2.16　有 4 连 "0" 时，P23 输出低电位

(4) 无 4 连 "0"，P23 = 1，JC9 = 1，取代节判决无作用。相当于 5 位移位寄存器。输入 11100010 码，输出波形与 AMI 码相同，只是多了 5 位码元延时，如图 3.2.12(a) 所示。

(5) 有 4 连 "0" 状态，两破坏点间有奇数个 B 脉冲，P23 输出低电位，JC9 = 1。JC1～JC4 移位 JC2～JC5 后，JC2 插入一个 "1" 码。这个就是后面要变为 000V 破坏点的 "1" 码，如图 3.2.12(b)所示。

(6) 有 4 连 "0" 状态，两破坏点间有偶数个 B 脉冲，P23 输出低电位，JC9 = 0。JC1～JC4 移位 JC2～JC5 后，JC2 和 JC5 同时插入一个 "1" 码。这个就是后面要变为 B00V 破坏点的两个 "1" 码。

(7) 两个 B 脉冲间有奇数个脉冲时，$JC13 = \overline{JC7} \cdot JC5 + JC7 \cdot \overline{JC5} = 1$，使 JC8 多翻转一次，使后面 JC2 的"1"到来时产生同极性，产生一个破坏点，如图 3.2.12(b)所示。

(8) 两个 B 脉冲间有偶数个脉冲时，$JC13 = \overline{JC7} \cdot JC5 + JC7 \cdot \overline{JC5} = 0$，使 JC8 少翻转一次，使后面 JC2 的"1"到来时产生同极性，产生一个破坏点。

2. HDB3 码译码

HDB3 码译码硬件电路如图 3.2.17 所示；工作波形如图 3.2.18 所示。

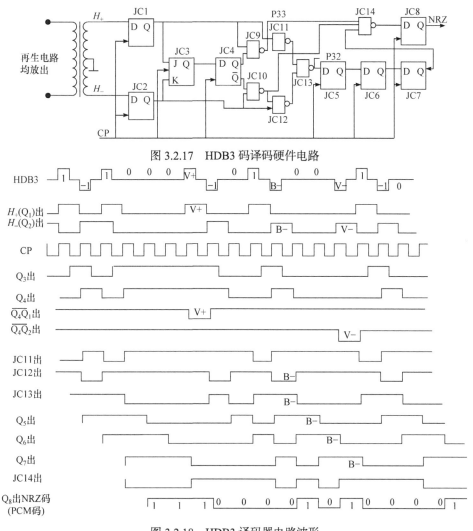

图 3.2.17　HDB3 码译码硬件电路

图 3.2.18　HDB3 译码器电路波形

(1) 通过 JK 触发器先识别 V 码。

(2) 用 4 个与非门与原信号比较去除 V 码。

(3) 用 3 个 D 触发器延时，即用 4 个"0"中的第一个"0"与识别 V 码进行比较去除加进去的 B 码。

(4) 重新判决还原 NRZ。

3. HDB3 码位定时提取

HDB3 码位定时提取硬件电路如图 3.2.19 所示。

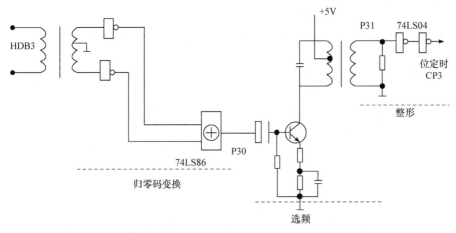

图 3.2.19　HDB3 码位定时提取硬件电路

HDB3 码主要应用范围是 PCM 一次群、二次群、三次群电缆传输码型变换。这是国际电报电话咨询委员会(CCITT)建议的统一标准接口，通信中应用非常广泛。

4. HDB3 码实际应用介绍

目前，大量采用型号为 CD22103 的 CMOS 大规模集成电路的 HDB3 编码器和译码器，它可将编码器和解码器两大功能电路集成在一个大规模电路里。可将发送来的 NRZ 码变为 HDB3 码，也可将接收到的 HDB3 码还原为 NRZ 码，如图 3.2.20 所示。

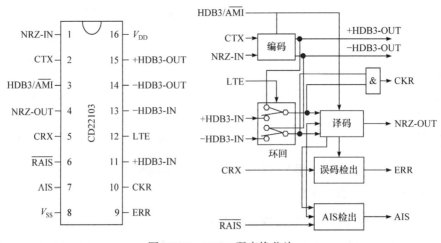

图 3.2.20　HDB3 码变换芯片

CD22103 实现的 HDB3 码变换与定时提取电路，如图 3.2.21 所示。

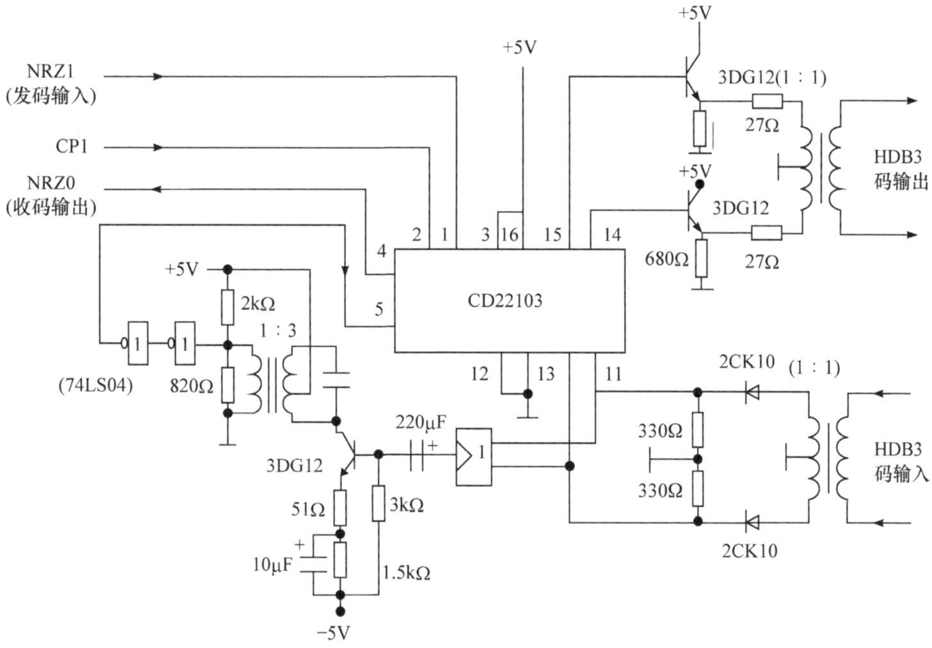

图 3.2.21　HDB3 码变换与定时提取电路

3.2.7　CMI 码

1. CMI 码编码规则和波形

CMI 码是传号反转码的简称，**编码规则**是："1"码交替用"11""00"两位表示；"0"码固定用"01"表示。其波形变换如图 3.2.22 所示。

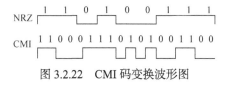

图 3.2.22　CMI 码变换波形图

2. CMI 码的特点

CMI 码含有丰富的定时信息，此外"10"为禁用码组，不会出现 3 个以上连码，这个规律可以用于宏观检错，但基带信号频谱已经加倍。

CMI 码易于实现，且具有上述特点，**因此是 CCITT 推荐的 PCM 高次群采用的光纤接口码型**，在速率低于 8.448Mbit/s 的光纤传输系统中有时也用作线路传输码型。

3. CMI 码编/译码变换硬件电路图和波形

工程中，CMI 码编/译码变换硬件电路图和波形如图 3.2.23 所示。

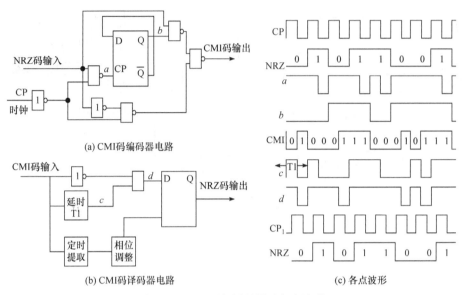

(a) CMI码编码器电路

(b) CMI码译码器电路

(c) 各点波形

图 3.2.23　CMI 编/译码器及各点波形

3.2.8　双相码(曼彻斯特码)

双相码的编码规则如下："1"码用"10"表示；"0"码用"01"表示。其最长连"0"、连"1"个数为 2。定时信息很丰富。

图 3.2.24 展示出了代码序列为 11010010 时变换的双相码波形。码元速率比输入信码提高了一倍。双相码极性反转时会引起译码错误，为解决此问题，可以先把绝对码转换为差分码，然后进行分相，称为**条件分相码**。

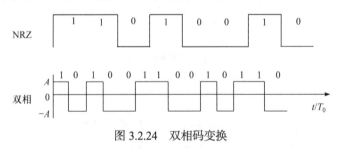

图 3.2.24　双相码变换

双相码主要应用于数据短距离传输，本地数据网常作为传输码型，信息速率可以达到 10Mbit/s。**以太网采用分相码作为传输码型**。

3.2.9　多电平码(多进制码)

(1) 多电平码波形取值不是 2 个电平，而是 3 个电平以上。

如图 3.2.25 所示是一个四进制码元信号。

一个四进制信号有 4 个电平，每个码元包
含 2 个二进制数。一个八进制信号有 8 个电平，
每个码元包含 3 个二进制数。以此类推。进制
数越多，每个码元携带的二进制数(信息量)越
多，传输效率越高。

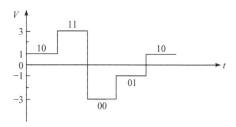

图 3.2.25　四进制码元波形

(2) 多电平码(多进制码)应用场合。

多电平码主要应用于**光纤高速数据载波传
输**压缩数码率，压缩传输频带。应用于信道特性比较稳定、干扰噪声比较小的有线传
输场合，如数字电视信号光纤载波传输用 64 进制数。

(3) 多进制码特点。

进制数越多，携带的信息容量越多，但收端的误码率越高。因为电平数越多，噪
声容限越小，判决时越容易引起误码。为了获得与二进制相同的信噪比，**必须增加发
射功率。**

数字通信中，传输效率和误码率是一对矛盾的量，这是一个很重要的概念。

3.2.10　m 序列

1. m 序列的定义

m 序列是最长线性反馈移位寄存器序列的简称。它是由带线性反馈的移位寄存器
产生的周期最长的序列，如图 3.2.26 所示。

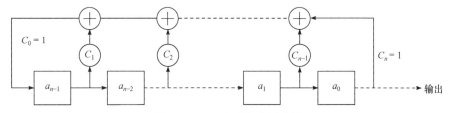

图 3.2.26　m 序列产生原理图

**若初始状态为全"0"，则移位后得到的仍为全"0"状态。这就意味着在这种反
馈移存器中应该避免出现全"0"状态，否则移存器的状态将不会改变。**一个 n 级线
性反馈移存器可能产生的最长周期等于 $2^n - 1$，将这种最长的序列称为最长线性反馈

移存器序列(maximal linear feedback shift register sequence)，简称 m 序列。如图 3.2.27 所示，只要写出电路的逻辑关系，就很容易推出其输出序列。

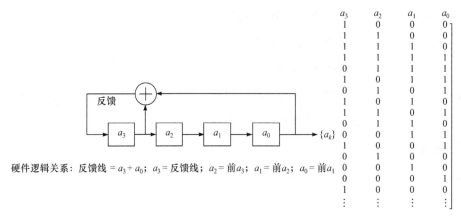

$$
\begin{array}{cccc}
a_3 & a_2 & a_1 & a_0 \\
1 & 0 & 0 & 0 \\
1 & 1 & 0 & 0 \\
1 & 1 & 1 & 0 \\
1 & 1 & 1 & 1 \\
0 & 1 & 1 & 1 \\
1 & 0 & 1 & 1 \\
0 & 1 & 0 & 1 \\
1 & 0 & 1 & 0 \\
1 & 1 & 0 & 1 \\
0 & 1 & 1 & 0 \\
0 & 0 & 1 & 1 \\
1 & 0 & 0 & 1 \\
0 & 1 & 0 & 0 \\
0 & 0 & 1 & 0 \\
0 & 0 & 0 & 1 \\
1 & 0 & 0 & 0 \\
\vdots & \vdots & \vdots & \vdots
\end{array}
$$

硬件逻辑关系：反馈线 $= a_3 + a_0$；$a_3 =$ 反馈线；$a_2 =$ 前 a_3；$a_1 =$ 前 a_2；$a_0 =$ 前 a_1

图 3.2.27　m 序列产生分析图

2. m 序列发生器的产生条件

定义线性反馈移位寄存器的特征多项式，用多项式 $f(x)$ 来描述线性反馈移位寄存器的反馈连接状态：

$$
f(x) = c_0 + c_1 x + \cdots + c_n x^n = \sum_{i=0}^{n} c_i x^i
$$

若一个 n 次多项式 $f(x)$ 满足下列条件：

(1) $f(x)$ 为既约多项式(不能分解因式的多项式)；

(2) $f(x)$ 可整除 $X^p + 1$，$p = 2^n - 1$；

(3) $f(x)$ 除不尽 $X^q + 1$，$q < p$。

则称 $f(x)$ 为本原多项式。**只有本原多项式生成的序列才能称为 m 序列。**

3. 寻找本原多项式

本原多项式一般由数学家寻找，部分本原多项式如表 3.2.1 所示。

表 3.2.1　部分本原多项式

n	本原多项式		n	本原多项式	
	代数式	八进制表示		代数式	八进制表示
2	$x^2 + x + 1$	7	5	$x^5 + x^2 + 1$	45
3	$x^3 + x + 1$	13	6	$x^6 + x + 1$	103
4	$x^4 + x + 1$	23	7	$x^7 + x^3 + 1$	211

n	本原多项式		n	本原多项式	
	代数式	八进制表示		代数式	八进制表示
8	$x^8+x^4+x^3+x^2+1$	435	17	$x^{17}+x^3+1$	400011
9	x^9+x^4+1	1021	18	$x^{18}+x^7+1$	1000201
10	$x^{10}+x^3+1$	2011	19	$x^{19}+x^5+x^2+x+1$	2000047
11	$x^{11}+x^2+1$	4005	20	$x^{20}+x^3+1$	4000011
12	$x^{12}+x^6+x^4+x+1$	10123	21	$x^{21}+x^2+1$	10000005
13	$x^{13}+x^4+x^3+x+1$	20033	22	$x^{22}+x+1$	20000003
14	$x^{14}+x^{10}+x^6+x+1$	42103	23	$x^{23}+x^5+1$	40000041
15	$x^{15}+x+1$	100003	24	$x^{24}+x^7+x^2+x+1$	10000207
16	$x^{16}+x^{12}+x^3+x+1$	210013	25	$x^{25}+x^3+1$	20000011

本原多项式一般给出八进制数表示方法，如 23，转换表达式如下：

十进制	2	3
八进制的二进制	0 1 0	0 1 1
	x^4	$x^1\ x^0$

代数式　　　　　　　　$f(x)=x^4+x+1$

现以 $n=4$ 为例来说明 m 序列产生器的构成。用 4 级线性反馈移位寄存器产生的 m 序列，**其周期为 $p=2^4-1=15$**。

如何寻找本原多项式？先将 $x^{15}+1$ 分解因式：

$$x^{15}+1=(x+1)(x^2+x+1)(x^4+x+1)(x^4+x^3+1)(x^4+x^3+x^2+x+1)$$

其特征多项式 $f(x)$ 是 4 次本原多项式，能整除 $x^{15}+1$，使各因式为既约多项式，再寻找 $f(x)$ 为 4 次项的因式。

选用 $f(x)=x^4+x+1$ 或 $f(x)=x^4+x^3+1$ 均可产生一个 m 序列。而选用 $f(x)=x^4+x^3+x^2+x+1$ 不能产生 m 序列，因为它可以整除 x^5+1，不是一个本原多项式，不满足本原多项式条件(3)：$f(x)$ 除不尽 x^q+1，$q<p$。

$$
x^4+x^3+x^2+x+1 \enclose{longdiv}{} \begin{array}{r} x+1 \\ \hline x^5+1 \\ x^5+x^4+x^3+x^2+x+1 \\ \hline x^4+x^3+x^2+x+1 \\ x^4+x^3+x^2+x+1 \\ \hline 0 \end{array}
$$

注意：这里"+"是模二加，加一个或减一个效果是一样的，所以都统一写成"+"。

4. m 序列硬件设计

图 3.2.28 选用的逻辑表达式为 $f(x)=x^4+x+1$。

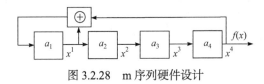

图 3.2.28　m 序列硬件设计

设计方法：

(1) 先确定 m 序列代数式。

(2) 最高次幂为 n，则用 n 个移位寄存器串联。

(3) m 序列输出端为 x^n，向左递减，每隔一个移位寄存器幂次减"1"。

(4) x 之间有"+"的引出接入异或门输入端，异或门输出端与第一个移位寄存器输入端相连接。

但这样还不能产生一个 m 序列，为什么呢？因为 m 序列产生的条件有一条规定：必须防止全零状态，如图 3.2.29 所示，m 序列通过硬件设计预防全零的出现。

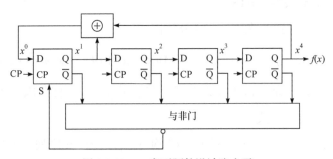

图 3.2.29　m 序列硬件设计防全零

若 4 个移位寄存器都为"0"，则 $\overline{Q}$ 同为"1"，与非门输出"0"，送第一个移位寄存器置位端使其置"1"。图 3.2.30 是实验中拍摄的 m 序列照片。

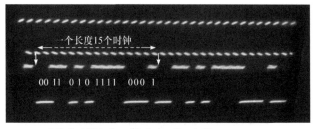

(a) 上线为时钟波形；下线为$n=4$的m序列001101011110001

(b) 下线为时钟波形；上线为$n=5$的m序列$f(x)=x^5+x^3+1$

图 3.2.30　实验中拍摄的 m 序列照片

5. m 序列的性质

1) 均衡特性(平衡性)

m 序列每一周期中"1"的个数比"0"的个数多 1 个。由于 $p=2^n-1$ 为奇数，因而在每一周期中"1"的个数为 $(p+1)/2=2^{n-1}$，为偶数，而"0"的个数为 $(p-1)/2=2^{n-1}-1$，为奇数。图 3.2.27 中 $p=15$，"1"的个数为 8，"0"的个数为 7。当 p 足够大时，在一个周期中"1"与"0"出现的次数基本相等。

2) 游程特性(游程分布的随机性)

把一个序列中取值(1 或 0)相同、连在一起的元素合称为一个游程。在一个游程中元素的个数称为游程长度。例如，图 3.2.27 中给出的 m 序列：

$$\{a_k\}=0\,0\,0\,1\,1\,1\,1\,0\,1\,0\,1\,1\,0\,0\,1\cdots$$

在其一个周期的 15 个元素中，共有 8 个游程，其中长度为 4 的游程一个，即 1 1 1 1；长度为 3 的游程 1 个，即 0 0 0；长度为 2 的游程 2 个，即 1 1 与 0 0；长度为 1 的游程 4 个，即 2 个"1"与 2 个"0"。

m 序列的一个周期 ($p=2^n-1$) 中，游程总数为 2^n-1。其中长度为 1 的游程个数占游程总数的 1/2；长度为 2 的游程个数占游程总数的 $1/2^2=1/4$；长度为 3 的游程个数占游程总数的 $1/2^3=1/8$……一般地，长度为 k 的游程个数占游程总数的 $1/2^k=2^{-k}$，其中 $1\leqslant k\leqslant n-2$。而且，在长度为 k 的游程中，连"1"游程与连"0"游程各占一半，

长为 $n-1$ 的游程是连"0"游程，长为 n 的游程是连"1"游程。

3) 移位相加特性(线性叠加性)

m 序列和它的位移序列模二相加后所得序列仍是该 m 序列的某个位移序列。设 m_r 是周期为 p 的 m 序列，m_p 是 m_r 延迟移位后的序列，那么

$$m_p \oplus m_r = m_s$$

4) 自相关特性

m 序列具有非常重要的自相关特性。在 m 序列中，常用+1 代表 1，用–1 代表 0。此时定义长为 p 的 m 序列记作

$$a_1, a_2, a_3, \cdots, a_p (p = 2^n - 1)$$

经过 j 次移位后，m 序列为

$$a_{j+1}, a_{j+2}, a_{j+3}, \cdots, a_{j+p}$$

以上两序列的对应项相乘然后相加，利用所得的总和

$$a_1 \cdot a_{j+1} + a_2 \cdot a_{j+2} + a_3 \cdot a_{j+3} + \cdots + a_p \cdot a_{j+p} = \sum_{i=1}^{p} a_i \cdot a_{j+i}$$

来衡量一个 m 序列与它的 j 次移位序列之间的相关程度，并把它称为 m 序列的自相关函数，记作

$$R(j) = \sum_{i=1}^{p} a_i \cdot a_{j+i}$$

当采用二进制数字 0 和 1 代表码元的可能取值时，上式可表示为

$$R(j) = \frac{A - D}{A + D} = \frac{A - D}{p}$$

式中，A、D 分别是 m 序列与其 j 次移位序列在一个周期中对应元素相同、不相同的数目。上式可改写为

$$R(j) = \frac{[a_i \oplus a_j = 0]\text{的数目} - [a_i \oplus a_j = 1]\text{的数目}}{p}$$

由移位相加特性可知，$a_i \oplus a_{i+j}$ 仍是 m 序列的函数，所以上式分子就等于 m 序列中一个周期中"0"的数目与"1"的数目之差。

另外，由 m 序列的均匀性可知，在一个周期中"0"比"1"的个数少一个，故得

$A-D=-1$（ j 为非零整数时）或 p（ j 为零时）。因此得

$$R(j)=\begin{cases}1, & j=1 \\ \dfrac{-1}{p}, & j=\pm1,\pm2,\cdots,\pm(p-1)\end{cases}$$

m 序列的自相关函数只有两种取值（1 和 $-1/p$）。 $R(j)$ 是一个周期函数，即

$$R(j)=R(j+kp)$$

式中， $k=1,2,\cdots$ ， $p=2n-1$ 为周期。而且 $R(j)$ 是偶函数，即

$$R(j)=R(-j), \quad j= 整数$$

m 序列相关特性如图 3.2.31 所示。

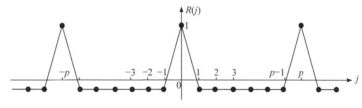

图 3.2.31　m 序列自相关函数

5) 伪噪声特性

对一个正态分布白噪声取样，若取样值为正，则记为+1，若取样值为负，则记为 -1 ，将每次取样所得极性排成序列，可以写成：

$$\cdots,+1,-1,+1,+1,+1,-1,-1,+1,-1,\cdots$$

这是一个随机序列，它具有如下基本性质。

(1) 序列中+1 和-1出现的概率相等。

(2) 序列中长度为 1 的游程约占 1/2，长度为 2 的游程约占 1/4，长度为 3 的游程约占 1/8……一般地，长度为 k 的游程约占 $1/2^k$ ，而且+1、 -1 游程的数目各占一半。

(3) 由于白噪声的功率谱为常数，因此其自相关函数为冲激函数 $\delta(\tau)$ 。把 m 序列与上述随机序列进行比较，当周期长度 p 足够大时，m 序列与随机序列是十分相似的。可见 m 序列是一种伪噪声特性较好的伪随机序列，且易产生，因此在通信中应用广泛。

6. m 序列的应用

(1) 扩展频谱通信如图 3.2.32 所示。

(2) 码分多址如图 3.2.33 所示。

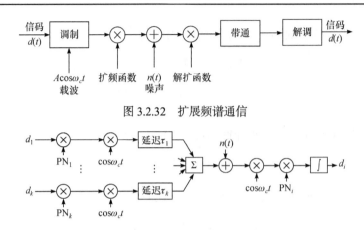

图 3.2.32　扩展频谱通信

图 3.2.33　码分多址(CDMA)

(3) 通信加密如图 3.2.34 所示。

(4) 误码率测量如图 3.2.35 所示。

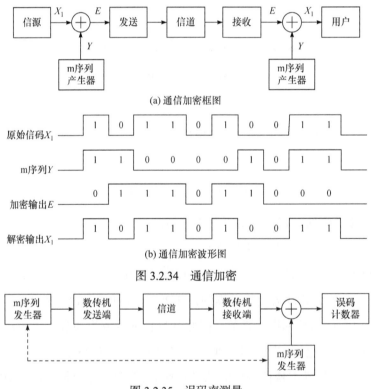

(a) 通信加密框图

(b) 通信加密波形图

图 3.2.34　通信加密

图 3.2.35　误码率测量

3.3　基带脉冲传输与码间干扰

模拟信号传输,希望波形经信道传输以后能够尽可能保持原状。

数字信号传输，不要求被传输的波形保持原状，即使经传输后的信号波形严重失真，只要接收设备能够正确判断各个码元的出现，就能完全无误地将被传输的数字信号恢复出来，**在数字基带信号传输中，只要研究特别时刻的波形值如何无失真地传送，而不必要求整个波形不变。**

基带传输模型如图 3.3.1 所示，其传输特性 $H(\omega)$ 不是单指"信道"这部分，而是包含发送滤波、信道、接收滤波整个部分。

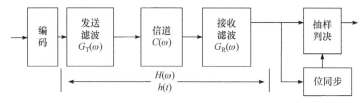

图 3.3.1　基带传输模型

3.3.1　基带特性分析

设基带传输系统的总传输特性为理想低通特性，如图 3.3.2 所示。

$$H(\omega) = G_T(\omega)C(\omega)G_R(\omega)$$

$$|H(\omega)| = \begin{cases} T_s, & |\omega| \leqslant 2\pi F_m \\ 0, & |\omega| > 2\pi F_m \end{cases}$$

$H(\omega)$ 为一理想低通滤波器。它的冲激响应为

$$h(t) = \frac{1}{2\pi}\int_{-\infty}^{\infty} H(\omega)e^{j\omega t}d\omega$$

$$h(t) = \frac{\sin 2\pi F_m(t-\tau)}{2\pi F_m(t-\tau)}$$

上面的理论推导说明，在**传输带宽受限**的理想低通前面加入一个矩形脉冲，其输出是 $\sin x/x$ 函数的波形，在邻近码元有严重的拖尾，如图 3.3.3 所示。

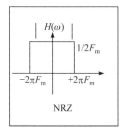

图 3.3.2　基带特性

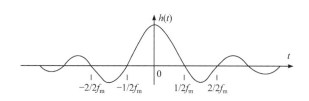

图 3.3.3　理想低通冲激响应

为什么输入矩形波，通过理想低通滤波器后输出不是矩形波呢?

由于矩形波是由基波和很多高次谐波合成的。**实际的传输系统，任何信道的带宽都不可能是无限的。为了尽量减少干扰，一般设计只通过基波分量。所以，无限带宽的信号通过有限带宽的信道传输，信号的高频分量被滤除，因而产生拖尾。**

发送的信号序列可表示为

$$S(t) = \sum_{n=-\infty}^{\infty} a_n \delta(t - nT_S)$$

这里 T_S 为码元周期。

由于线性系统具有叠加性，输出信号应是输入信号各分量之和。假定等效理想低通特性截止频率为 f_m。

第一种情况：发生码间干扰(发送码元速率大于 $2f_m$)。

如果发送的码元速率大于 $2f_m$，只考虑 $n=1$、2 的情况，则会得到如图 3.3.4 所示的响应情况。

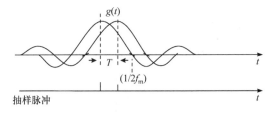

图 3.3.4 抽样脉冲有码间干扰的情况

此时，两个输入脉冲的响应总是互相影响。在判决前一个脉冲时刻，有后一个脉冲的响应加入。在判决后一个脉冲时刻，有前一个脉冲的响应加入。这一影响称为符号间干扰，或码间干扰。产生的原因是传输系统的带限，使输出信号产生无限长的拖尾所致。

第二种情况：不发生码间干扰。

如果发送的码元速度等于 $2f_m$，即以 $2f_m$ 的速率发送脉冲，只考虑 $n=1$、2 的情况，则会得到如图 3.3.5 所示的响应情况。

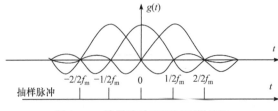

图 3.3.5 抽样脉冲无码间干扰情况

在所有 $t = n/2f_m$（n 为不等于 0 的正整数）时间点上，$h(t)$ 的取值均为零；如果我们发送码元的间隔为 $T = 1/2f_m$，并在接收端与发送端同步的速率 $t = K/2f_m$ 时间点上对输出序列 $g(t)$ 进行抽样，则第 K 个抽样值将只与第 K 个码元输入值有关，而与 $n \neq K$ 的其他码元无关，因为其他码元冲激响应在该时间点上均为零，即系统不存在码间干扰。

3.3.2 奈奎斯特第一准则

当基带传输系统具有 f_m 理想低通特性时，若以其截止频率两倍的速率（$2f_m$）传输数字信号，并以 $T = 1/2f_m$ 的时间间隔在适当的时刻对接收序列进行抽样判决，就能完全消除码间干扰。

这里 $T = 1/2f_m$ 称为奈奎斯特间隔；f_m 称为奈奎斯特带宽；$2f_m$ B 称为奈奎斯特速率。

系统的频带利用率，即单位带宽的码元速率等于 2B/Hz。

请注意：2B/Hz 是二进制系统的极限传输速率。

奈奎斯特采样定理与奈奎斯特第一准则表面上看似乎是一样的，容易混淆。列表比较其差异，如表 3.3.1 所示。

表 3.3.1 奈奎斯特采样定理与奈奎斯特第一准则比较

奈奎斯特采样定理	奈奎斯特第一准则
讨论连续信号与抽样值的关系，为了用抽样值来表示一个带限 f_m 连续信号而不丢信息，对信号的取样频率必须大于或等于 $2f_m$，而且可以在上述范围任意取值。例如，PCM 的 $f_m = 3.4$kHz，取样频率选 8kHz，也可以选 8.1kHz、10kHz 或 8.05kHz	讨论波形传输问题，为了不产生码间干扰，对于 f_m 理想带宽，码元速率只能小于或等于 $2f_m$，而且不能任意取值，用 $2f_m/n$ 速率，n 为大于零的整数时可得无码间干扰，n 不为整数时则有码间干扰

[例 3.3.1] 基带传输系统理想带宽为 2000Hz，为了不产生码间干扰，下列哪些速率信号可以进行传输：6000B、1500B、800B、40B？

解 最大传输速率 $= 2 \times 2000 = 4000$(B)

$n = (2f_m)/$要传输的速率。n 为大于零的整数时无码间干扰。

$n = [(2 \times 2000)/6000] \approx 0.67$，6000B 大于极限传输速率，不能传送。

$n = [(2 \times 2000)/1500] \approx 2.67$，不为整数，1500B 不能传送。

$n = [(2 \times 2000)/800] = 5$，为整数，800B 可以传送。

$n = [(2 \times 2000)/40] = 100$，为整数，40B 可以传送。

3.4 工程上无码间干扰的实现方法

1. 增加传输频带，减小拖尾

根据 3.3 节的论述，码间干扰是由传输系统响应拖尾产生的，而拖尾是由限带传输引起的。为了减小拖尾，工程上不是按理想传输带宽设计，而是按等效理想带宽来设计，即把传输系统的频带适当地加宽一些，如图 3.4.1 所示。

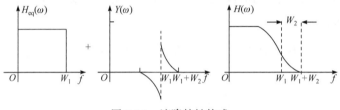

图 3.4.1 滚降特性构成

只要图 3.4.1 中的 $Y(\omega)$ 具有对 W_1 呈奇对称的振幅特性，$H(\omega)$ 即为所要求的。这种设计也可看成是理想低通特性按奇对称条件进行"圆滑"的结果，上述的"圆滑"，通常称为"滚降"。

定义滚降系数 α 为

$$\alpha = \frac{W_2}{W_1}$$

其中，W_1 是无滚降时的截止频率；W_2 为滚降部分的截止频率。

实际工程中常采用升余弦频谱特性，这时，$H(\omega)$ 可表示为

$$H(\omega) = \begin{cases} \dfrac{T_S}{2}\left(1+\cos\dfrac{\omega T_S}{2}\right), & |\omega| \leqslant \dfrac{2\pi}{T_S} \\ 0, & |\omega| > \dfrac{2\pi}{T_S} \end{cases}$$

其单位冲激响应为

$$h(t) = \frac{\sin \pi t/T_S}{\pi t/T} \cdot \frac{\cos \pi t/T_S}{1-4t^2/T_S}$$

根据奈奎斯特第一准则，升余弦滚降系统的 $h(t)$ 满足抽样值上无串扰的传输条件，其尾部衰减较快，如图 3.4.2 所示，这有利于减小码间干扰和位定时误差的影响。**但这种系统的频谱宽度是 $\alpha = 0$ 的 2 倍，因而频带利用率为 1B/Hz，是最高利用率的一**

半。若 $0 < \alpha < 1$ 时，带宽 $B = (1+\alpha)/2T_S\,\mathrm{Hz}$，频带利用率 $\eta = 2/(1+\alpha)\,\mathrm{B/Hz}$。

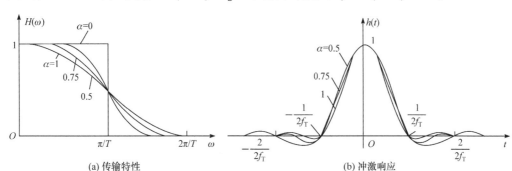

图 3.4.2　余弦滚降系统

结论：

码元间隔为 T，余弦滚降滤波特性要消除码间干扰，必须以 π/T 为奇对称点，从理想低通延伸的那部分刚好补偿理想低通少去的那部分，则没有码间干扰。

注：升余弦滤波器设计方法请参见 **3.8** 节的内容。

2. 传输数据速率与传输频带之间必须满足奈奎斯特准则

根据图 3.3.5 无码间干扰条件，必须在前一个脉冲响应完成后，才能发送后一个脉冲。系统的理想传输频带 f_m 给定以后，其响应就是一条固定曲线，反过来，发送的数据速率确定以后，实现无码间干扰所需的理想传输频带 f_m 也是一个确定的值。必须严格按照奈奎斯特第一准则确定发送脉冲的速率，**码元速率只能小于或等于 $2f_m$**，而且不能任意取值，用 $2f_m/n$ 速率，n 为大于零的整数时可得无码间干扰，n 不为整数时则有码间干扰。**因为只有 n 为整数时，响应拖尾的过零点才能重合，才能消除码间干扰。**

3.5　信道均衡原理

一个实际的基带传输系统不可能完全满足理想的无失真传输条件，难免存在滤波器设计误差和信道特性的变化，当码间干扰严重时，必须对整个系统的传输函数进行校正，使其接近无失真传输条件。这种校正可以采用串接一个滤波器的方法，以补偿整个系统的幅频和相频特性，这种校正方法称为均衡。均衡可以分为频域均衡和时域均衡，时域均衡一般用横向滤波器实现。

3.5.1　频域均衡

频域均衡是从校正系统的频率特性出发，使包括均衡器在内的基带系统的总特性满足无失真传输条件。**频域均衡在信道特性不变且传输低速数据时是适用的。**

3.5.2　时域均衡

时域均衡可以根据信道特性的变化进行调整，能够有效地减小码间干扰，**故在高速数据传输中得以广泛应用，通常采用横向滤波器来实现**，如图 3.5.1 所示。

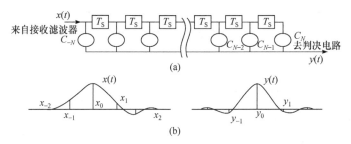

图 3.5.1　有限长横向滤波器及其输入、输出单脉冲响应波形

它的功能是将接收滤波器输出端抽样时刻上有码间干扰的响应波形变换成抽样时刻上无码间干扰的响应波形。由于横向滤波器的均衡原理是建立在响应波形上的，故把这种均衡称为时域均衡。

$$y_k = \sum_{i=-N}^{N} C_i x_{k-i}$$

当输入波形 $X(t)$ 给定，即各种可能的 x_{k-i} 确定时，通过调整 C_i 使指定的 y_k 等于零是容易办到的，但同时要求所有的 y_k（除 $k = 0$ 外）都等于零却是一件很难的事。下面通过图 3.5.2 所示的例子来说明。

[例 3.5.1]　设有一个三抽头的横向滤波器，其 $C_{-1} = -1/4$，$C_0 = 1$，$C_1 = -1/2$；均衡器输入 $x(t)$ 在各抽样点上的取值分别为 $x_{-1} = 1/4$，$x_0 = 1$，$x_1 = 1/2$，其余都为零。试求均衡器输出 $Y(t)$ 在各抽样点上的值。

$x(t)$ 经过延迟后，在 q 点和 r 点分别得到 $x(t-T)$ 和 $x(t-2T)$，如图 3.5.2(c)和(d)所示。若此滤波器的三个抽头增益调制为

$$C_{-1} = -\frac{1}{4}, \quad C_0 = 1, \quad C_1 = -\frac{1}{2}$$

则调整后的三路波形如图 3.5.2(e)中虚线所示。三者相加得到最后的输出 $Y(t)$。其最大值 y_0 出现的时刻比 $x(t)$ 的最大值滞后 T，此输出波形在各抽样点上的值为

$$y_{-2} = C_{-1}x_{-1} = -\frac{1}{4} \times \frac{1}{4} = -\frac{1}{16}$$

$$y_{-1} = C_{-1}x_0 + C_0x_{-1} = -\frac{1}{4} \times 1 + 1 \times \frac{1}{4} = 0$$

$$y_0 = C_{-1}x_1 + C_0x_0 + C_1x_{-1} = \left(-\frac{1}{4} \times \frac{1}{2}\right) + 1 \times 1 + \left(-\frac{1}{2}\right) \times \frac{1}{4} = \frac{3}{4}$$

$$y_1 = C_0x_1 + C_1x_0 = 1 \times \frac{1}{2} + \left(-\frac{1}{2}\right) \times 1 = 0$$

$$y_2 = C_1x_1 = -\frac{1}{2} \times \frac{1}{2} = -\frac{1}{4}$$

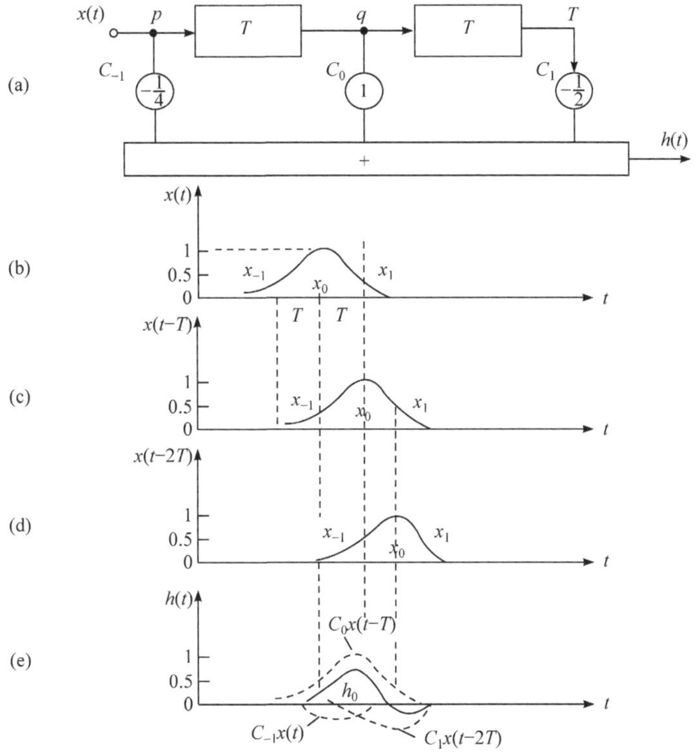

图 3.5.2 横向滤波器工作原理

除 y_0 有值外，y_{-1}、y_1 均为零，y_2、y_{-2} 不为零，只能使串扰达到最小值。理论上增加横向滤波器的个数，$N \to \infty$ 时，消除码间干扰是有可能的。

3.5.3 均衡器的实现与调整

均衡器按照调整方式，可分为预置式均衡器和自适应均衡器。

1. 预置式均衡器——一般用于恒参(有线)信道

预置式均衡，是在实际数据传输之前，发送一种预先规定的低重复频率的单脉冲序列，然后按照"迫零"调整原理，根据测试脉冲得到的样值序列自动或手动调整各抽头系数，直至误差小于某一允许范围。调整好后，再传送数据，在数据传输过程中不再调整。

图 3.5.3 给出一个预置式自动均衡器的原理方框图。它的输入端每隔一段时间送入一个来自发送端的测试单脉冲波形，当该波形每隔 T_S 依次输入时，在输出端就将获得各样值为 $Y_k (k = -N, -N+1, \cdots, N-1, N)$ 的波形，若得到的某一 Y_k 为正极性，则相应的抽头增益 C_k 下降一个适当的增量Δ；若 Y_k 为负极性，则相应的 C_k 增加一个增量Δ。为了实现这个调整，在输出端将每个 Y_k 依次进行抽样并进行极性判决，判决的两种可能结果以"极性脉冲"表示，并将极性脉冲加到控制电路上，经过多次调整，就能达到均衡的目的。显然，Δ越小，精度就越高，但需要的调整时间就越长。

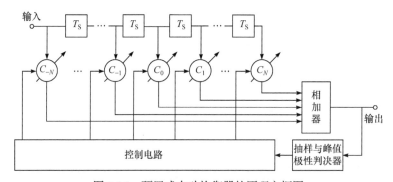

图 3.5.3　预置式自动均衡器的原理方框图

2. 自适应均衡器——用于变参(无线)信道

自适应均衡器是在传输数据期间借助信号本身来调整增益，从而实现自动均衡的目标。由于数字信号通常是一种随机信号，所以自适应均衡器的输出波形不再是单脉冲响应，而是实际的数据信号。因此，自适应均衡器一般按最小均方误差准则来计算。

设发送序列为 $\{a_k\}$，均衡器输入为 $X(t)$，均衡后输出的样值序列为 $\{Y_k\}$，此时误差信号为

$$e_k = y_k - a_k$$

均方误差定义为

$$\overline{e^2} = \sum_{k=-n}^{n} (y_k - a_k)^2$$

可见，均方误差 $\overline{e^2}$ 是各抽头增益的函数。我们期望对于任意的 k，都应使均方误差最小，故将上式对 C_i 求偏导数，有

$$\frac{\partial \overline{e^2}}{\partial C_i} = 2\sum_{k=-N}^{N}(e_k x_{k-i})$$

式中

$$e_k = y_k - a_k = \sum_{i=-N}^{N}C_i x_{k-i} - a_k$$

这就说明，抽头增益的调整可以借助对误差 e_k 和样值 x_{k-i} 乘积求统计平均值。若这个平均值不等于零，则应通过增益调整使其向零值变化，直到其等于零为止。

图 3.5.4 给出了一个按最小均方误差算法调整的 3 抽头自适应均衡器原理框图。由于自适应均衡器的各抽头系数可随信道特性的时变而自适应调节，故调整精度高，不需要预调时间。在高速数传系统中，普遍采用自适应均衡器来克服码间干扰。

在实际系统中预制式均衡器常与自适应均衡器混合使用。可以设置先进行预制式均衡，然后转入自适应均衡。自适应均衡是一门复杂的专门技术，限于篇幅，本章仅介绍其基本原理，有兴趣的读者可以参考有关文献。

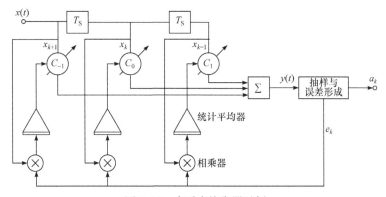

图 3.5.4　自适应均衡器示例

3.6　基带信号的相关编码

数字通信有很多的优点，但也有一个缺点，就是占据信号的频带要比模拟通信宽很多，这个问题在无线通信中特别突出，频率资源是有限的，而我们的应用是无限的。另外，从信息论的观点，数字通信的许多优点是以占据更宽的频带换来的。研究人员一直在寻找解决问题的方法，能否找到一种既有数字通信的全部优点，又有模拟信号

占据频带窄的优点的调制方法？**例如，在短波调频信道中，模拟信道规定传输带宽为 25kHz。为防止对相邻信道频带的干扰，带外辐射必须小于 60dB**。可喜的是：奈奎斯特第三准则为我们指明了一种方法。

3.6.1 奈奎斯特第三准则

奈奎斯特指出，如果在一个码元间隔内接收波形面积正比于发送矩形脉冲的幅度，而其他码元间隔的发送脉冲在此码元间隔内的面积为零，则接收端也能无失真地恢复原始信码。这称为奈奎斯特第三准则。

奈奎斯特研究表明，为了实现脉冲波形保持不变这一无失真条件，要求传递函数为 $x/\sin x$ 函数的截短形式，其数学表述式为

$$H(\omega) = \begin{cases} \dfrac{(\omega T/2)}{\sin(\omega T/2)}, & |\omega| \leqslant \dfrac{\pi}{T} \\ 0, & |\omega| > \dfrac{\pi}{T} \end{cases} \tag{3.6.1}$$

它的冲激响应为

$$h(t) = \frac{1}{2\pi} \int_{-\frac{\pi}{T}}^{\frac{\pi}{T}} \frac{\omega T/2}{\sin(\omega T/2)} e^{j\omega t} d\omega \tag{3.6.2}$$

在 $\dfrac{2n-1}{2}T$ 与 $\dfrac{2n+1}{2}T$ 之间，一个码元时间间隔内对 $h(t)$ 求积分，即得脉冲波形的面积 A 为

$$A = \int_{\frac{2n-1}{2}T}^{\frac{2n+1}{2}T} h(t) dt \tag{3.6.3}$$

将式(3.6.2)代入，并交换积分顺序，可得

$$\begin{aligned} A &= \int_0^{\pi/T} \frac{\sin\left[(2\pi+1)\omega T/2\right] - \sin\left[(2\pi-1)\omega T/2\right]}{(2\pi+1)\sin(\omega T/2)} d\omega \\ &= \frac{T}{\pi} \int_0^{\pi/T} \cos(nT\omega) d\omega = \begin{cases} 1, & n=0 \\ 0, & n \neq 0 \end{cases} \end{aligned} \tag{3.6.4}$$

上述结果表明，如果传递函数确实满足式(3.6.1)的条件，则在每个码元间隔内除了本码元信号之外，其他信号的面积恒为零。这就证明了奈奎斯特第三准则的正确性。

**奈奎斯特第三准则的重大意义表明：数字通信传输时，没有必要像模拟通信一样保持原来信号的形状，可以转换为另一种波形传输，只要满足奈奎斯特准则就可以完

整地、无失真地恢复原来的信号。这也就为把数字信号转换为模拟信号来调制载频，而接收端解调后重新恢复为数字信号的这种通信方式指明了可实现的方向。

3.6.2 部分响应

在国内的大部分教材中，有下列 5 类相关编码的方法可压缩基带信号的频带，如表 3.6.1 所示。

表 3.6.1 部分响应类别

类别	R1	R2	R3	R4	R5	$g(t)$	$\|G(\omega)\|,\|\omega\|\leqslant\frac{\pi}{T_b}$	二进输入时 C_1 的电平数
0	1							2
I	1	1					$2T_b\cos\dfrac{\omega T_b}{2}$	3
II	1	2	1				$4T_b\cos\dfrac{\omega T_b}{2}$	5
III	2	1	−1				$2T_b\cos\dfrac{\omega T_b}{2}\sqrt{5-4\cos\omega T_b}$	5
IV	1	0	−1				$2T_b\sin\omega T_b$	3
V	−1	0	2	0	−1		$4T_b\sin^2\omega T_b$	5

现在工程上类似于模拟通信要求一样性能的，只有第 II 类，而其他几类都无法达到带外衰减 60dB 的严格要求，无法应用，所以只要讨论第 II 类相关编码就可以了。

下面以 TFM 调制方式来简述。

一个调频信号表达式：

$$\sin[\omega_c t + \phi(t)] = \cos\phi(t) \cdot \sin\omega_c t + \cos\omega_c t \cdot \sin\phi(t)$$

该式表明，可以把数字信号转换为对应的模拟相位 $\sin\phi(t)$、$\cos\phi(t)$ 曲线，基带信号的频谱就可以被压缩。

3.6.3　相关编码的设计方法和硬件设计

根据缓慢调频(tamed freguency modulation，TFM)原理，选取相位变化为

$$\phi(t) = K_0 \int_{-\infty}^{t} \left[\sum_{n=-\infty}^{+\infty} a_n g(\tau - nT) \right] \mathrm{d}\tau + C \tag{3.6.5}$$

相位增量相关编码的规则为

$$\Delta\phi = \frac{\pi}{2}\left(\frac{a_{n-1}}{4} + \frac{a_n}{2} + \frac{a_{n+1}}{4} \right)$$

相位变化权值为 1、2、1，属于第 II 类部分响应。

$$\Delta\phi = \phi(mT_b + T_b) - \phi(mT_b)$$

$\Delta\phi$ 是第 a_n 码元内的相位变化，定义初始相位：

当 $a_0 a_1 = +1$ 时，$\phi(T_b) = 0$；当 $a_0 a_1 = -1$ 时，$\phi(T_b) = \frac{\pi}{4}$；即第 n 个码元内相位变化值不仅与第 n 个码元相关，而且与前后相邻码元 a_{n-1}、a_{n+1} 有关。当 a_{n-1}、a_n、a_{n+1} 前后 3 个码元为：

+1、+1、+1 时，相位增加 90°；

−1、−1、−1 时，相位减少 90°；

+1、+1、−1 时，相位增加 45°；

−1、+1、+1 时，相位增加 45°；

−1、−1、+1 时，相位减少 45°；

+1、−1、−1 时，相位减少 45°；

+1、−1、+1 时，相位保持不变；

−1、+1、−1 时，相位保持不变。

实现这种相位变化的原理要使用预调制滤波器，如图 3.6.1 所示。

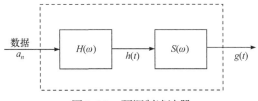

图 3.6.1　预调制滤波器

选取

$$H(\omega)=\begin{cases}\dfrac{(\omega T/2)}{\sin(\omega T/2)}, & |\omega|\leqslant\dfrac{\pi}{T}\\[4mm]0, & |\omega|>\dfrac{\pi}{T}\end{cases} \tag{3.6.6}$$

$$S(\omega)=\frac{\pi}{8K_0}(\mathrm{e}^{-\mathrm{j}\omega T}+2+\mathrm{e}^{+\mathrm{j}\omega T})=\frac{\pi}{2K_0}\cos^2\frac{\omega T}{2} \tag{3.6.7}$$

由于 $S(\omega)$ 是在 $H(\omega)$ 基础上进行处理,所以必须满足奈奎斯特第三准则。式(3.6.6)的冲激响应为

$$h(t)=\frac{1}{2\pi}\int_{-\frac{\pi}{T}}^{\frac{\pi}{T}}\frac{\omega T/2}{\sin(\omega T/2)}\mathrm{e}^{\mathrm{j}\omega t}\mathrm{d}\omega \tag{3.6.8}$$

由式(3.6.7)可得

$$s(t)=\frac{\pi}{8K_0}\Big[\delta(t-T)+2\delta(t)+\delta(t+T)\Big]$$

则 $g(t)=s(t)*h(t)$,

$$g(t)=\frac{\pi}{8K_0}\Big[h(t-T)+2h(t)+h(t+T)\Big] \tag{3.6.9}$$

由上面的分析可知,只要能找出式(3.6.8)中的 $h(t)$ 就可以计算出 $\phi(t)$。**但式(3.6.6)积分是不可求取的**,奈奎斯特没有给出 $h(t)$ 的解析表达式。

本书作者提供了一种近似积分方法,选取收敛级数较快的泰勒级数取代进行积分。将 $H(\omega)$ 展开成泰勒级数:

$$f(x)=f(x_0)+\frac{f'(x_0)}{1!}(x-x_0)+\frac{f''(x_0)}{2!}(x-x_0)^2+\frac{f'''(x_0)}{3!}(x-x_0)^3+\cdots$$

由傅里叶变换,式(3.6.2)可近似为

$$H(\omega)\cong\begin{cases}1+\dfrac{\omega^2 T^2}{24}, & |\omega|\leqslant\dfrac{\pi}{T}\\[4mm]0, & |\omega|>\dfrac{\pi}{T}\end{cases}$$

$$h(t) = \frac{1}{2\pi}\int_{\pi}^{\frac{\pi}{T}} H(\omega)\mathrm{e}^{\mathrm{j}\omega t}\mathrm{d}\omega = \frac{1}{2\pi}\int_{\pi}^{\frac{\pi}{T}}\left(1+\frac{\omega^2 T^2}{24}\right)\mathrm{e}^{\mathrm{j}\omega t}\mathrm{d}\omega$$

利用分部积分法可求得

$$h(t) = \begin{cases} \dfrac{1}{T}\left[\dfrac{\sin\frac{\pi t}{T}}{\frac{\pi t}{T}} - \dfrac{\pi^2}{24}\dfrac{2\sin\frac{\pi t}{T} - 2\frac{\pi t}{T}\cos\frac{\pi t}{T} - \left(\frac{\pi t}{T}\right)^2\sin\frac{\pi t}{T}}{\left(\frac{\pi t}{T}\right)^2}\right], & |t| \leqslant \dfrac{\pi}{2} \\[6mm] 0, & |t| > \dfrac{\pi}{2} \end{cases} \quad (3.6.10)$$

可以验证：用式(3.6.10)求得脉冲面积近似为 0.98。基本上符合奈奎斯特准则(刘灼群 等，1987)。

根据式(3.6.5)，可以依据输入码元变化，获取相位变化的数据和曲线。

例如，输入 10011111001 码，TFM 的相位变化如表 3.6.2 所示。

表 3.6.2　TFM 相位变化表

输入数据 a_n		1	0	0	1	1	1	1	1	0	0	1
差分码 b_n	1	0	0	0	1	0	1	0	1	1	1	0
发送相位 $\phi(t)=mT_b$		0	$-\frac{\pi}{2}$	$-\frac{3\pi}{4}$	$-\frac{3\pi}{4}$	$-\frac{3\pi}{4}$	$-\frac{3\pi}{4}$	$-\frac{3\pi}{4}$	$-\frac{\pi}{2}$	0	$\frac{\pi}{4}$	

用式(3.6.10)、式(3.6.9)、式(3.6.5)可进行计算机程序设计。选取前后 5 位相关码元进行计算：用 3 位码确定相位增量；5 位码确定相位轨迹；1 位码确定初始相位；2 位码作为象限记忆；每个码元相位变化取 8 个样值，即要用 3 位码表示相位变化曲线，用计算机获取共 11 位地址码的全部数据。11 位地址码安排如表 3.6.3 所示。

表 3.6.3　由 5 位码生成 11 位地址码

11 位地址码			
B1 B2	B3	A1　A2　A3　A4　A5	C1　C2　C3
相　限 记　忆 00.01 10.11	初始 相位	由这 5 位码确定 B1 B2 B3	每个相位增量变化读取 8 次数据 000～111

获取的数据存入 ROM 正弦和余弦表。当有数据输入时，将其作为地址码，直接读出 $\sin\phi$、$\cos\phi$ 相位变化数据曲线，通过 D/A 转换和低通滤波，产生 $\sin\phi$、$\cos\phi$ 模拟

相位变化曲线。实现预调制滤波器 E 硬件设计原理图如图 3.6.2 所示。

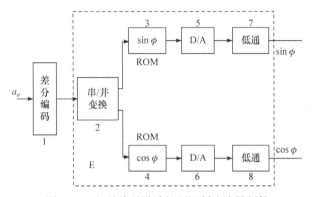

图 3.6.2 相关编码设计的预调制滤波器硬件

当输入 8 位码 0 0 0 0 1 1 1 0 循环时，相应的正弦、余弦相位变化曲线如图 3.6.3 所示。相位变化数据显示，用式(3.6.10)获得了较好的相关编码性能，±90°、±45°均能准确实现，0°不变点有些小波动，但最大误差不超过 2°。请注意，变换后的信号有 5 个电平。+90°、+45°、0°、-45°、-90°五个电平完全符合第二类部分响应性能。这个是以软件实现硬件功能的典型例子。

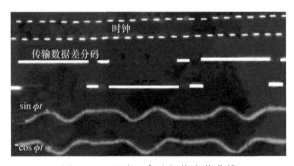

图 3.6.3 正弦、余弦相位变化曲线

有兴趣的读者可查阅《TFM 信号预调制滤波器的程序设计》(刘灼群 等，1987)和《奈奎斯特第三准则响应函数的求取方法》(刘灼群，1991)，这两篇论文完整地叙述了获取相位变化数据的流程和程序设计方法，给出了奈奎斯特响应函数的近似解析表达式，完善了奈奎斯特第三准则，对于读者进一步理解相关编码的方法有极好的作用，也为读者日后参与频带压缩工作提供了参考资料。

3.6.4 相关编码的误码扩散

从图 3.6.2 可看出，在预调制滤波器相关编码前面还要先进行差分编码，为什么呢？这是因为相关编码在接收端判决时会产生误码扩散，如果有一个码元出错，后面全部码元跟着都会出错。

设输入二进制码元序列 $\{a_k\}$，并设 a_k 在抽样点上取值为+1 和−1。当发送 a_k 时，接收波形 $g(t)$ 在抽样时刻取值为 c_k，则

$$c_k = a_k + a_{k-1}$$

c_k 的取值可能为 0、−2 和 2 这三种数值。如果有一个码元在传输时发生错误，这种错误会相继影响后面码元的接收，而造成判决上的错误。这种现象称为误码扩散。

为了消除差错传播现象，通常将绝对码变换为相对码，之后再进行部分响应编码。也就是说，将 a_k 先变为 b_k，其规则为

$$a_k = b_k \oplus b_{k-1}$$
$$b_k = a_k \oplus b_{k-1}$$

把 $\{b_k\}$ 发送给发送滤波器输入码元序列，形成前述的部分响应波形 $g(t)$。

$$c_k = b_k + b_{k-1}$$

然后对 c_k 进行模 2 处理，便可直接得到 a_k，即

$$c_k = b_k + b_{k-1} = a_k + b_{k-1} + b_{k-1} = a_k$$

上述整个过程不需要预先知道 a_{k-1}，故不存在错误传播现象。通常，把 a_k 变成 b_k 的过程称为**预编码**，而把 $c_k = b_k + b_{k-1}$ (或 $c_k = a_k + a_{k-1}$)关系称为**相关编码**，如图 3.6.4 所示。

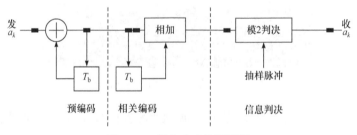

图 3.6.4　部分响应的预编码

3.7　眼　　图

在码间干扰和噪声同时存在的情况下，评价和计算基带传输系统性能引起的误码率是非常困难的，**因此，在实际应用中需要用简便的实验方法来定性测量系统的性能，其中一个有效的实验方法是观察接收信号的眼图。**

观察眼图的方法是：用一个示波器跨接在接收滤波器的输出端，然后调整示波器

水平扫描周期，使其与接收码元的周期同步。此时可以从示波器显示的图形上看到，在传输二进制信号波形时，示波器显示的图形很像人的眼睛，故名"眼图"。可以观察码间干扰和噪声的影响，从而估计系统性能的优劣程度。

　　图 3.7.1(a)是接收滤波器输出的**无码间干扰**的双极性基带波形，用示波器观察它，并将示波器扫描周期调整到码元周期 T_S，由于示波器的余辉作用，扫描所得的每一个码元波形将重叠在一起，形成如图 3.7.1(b)所示的迹线细而清晰的大"眼睛"。

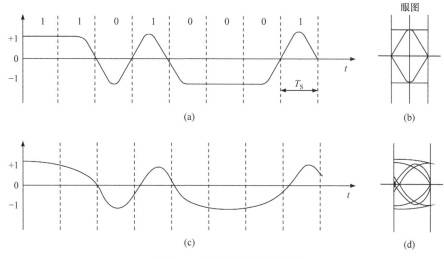

图 3.7.1　基带信号波形及眼图

　　图 3.7.1(c)是**有码间干扰**的双极性基带波形，由于存在码间干扰，此波形已经失真，示波器的扫描迹线就不完全重合，于是形成的眼图线迹杂乱，"眼睛"张开得较小，且眼图不端正，如图 3.7.1(d)所示。

　　对比图 3.7.1(b)和图 3.7.1(d)可知，眼图的"眼睛"张开得越大，且眼图越端正，表示码间干扰越小；反之，表示码间干扰越大。

　　应该注意，从图形上并不能观察到随机噪声的全部形态，例如，出现机会少的大幅度噪声，由于它在示波器上一晃而过，因而用人眼是观察不到的。**所以，在示波器上只能大致估计噪声的强弱；眼图可以定性反映码间干扰的大小和噪声的大小；眼图可以用来指示接收滤波器的调整达到最佳状态，以减小码间干扰，改善系统性能。**

　　为了说明眼图和系统性能之间的关系，把眼图简化为一个模型，如图 3.7.2 所示，由该图可以获得以下信息。

　　(1) 最佳抽样时刻应是"眼睛"张开度最大的时刻。此时噪声容限最大，定时抖动误差灵敏度最小，不容易引起误码。这是收端调机、故障检修的最重要的依据。

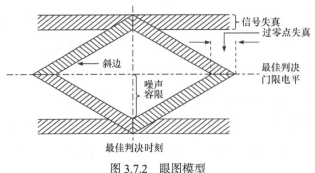

图 3.7.2　眼图模型

(2) 眼图交点中央的横轴位置对应于最佳判决门限电平。此电平噪声容限最大，不容易引起误码。这是收端调机、故障检修的第二重要的依据。

(3) 眼图中倾斜阴影带与横轴相交的区间表示接收波形零点位置的变化范围，即过零点畸变(即相频特性畸变)，理想状态应交为一点。当利用信号过零点来提取定时信息时，过零点畸变范围越大，所提取的脉冲前、后沿的抖动也越大。这个也是收端调机、故障检修的第三重要的依据。

(4) 眼图上、下的阴影区的垂直高度表示信号幅频特性的畸变范围；理想状态应为一条直线。这是收端调机、故障检修的第四重要的依据。

快速观察眼图的方法是示波器"同步触发"法，必须用提取的同步时钟信号。

图 3.7.3 是无码间干扰理想眼图和有码间干扰眼图的对比照片。

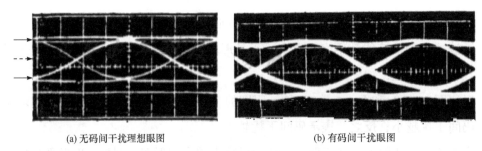

(a) 无码间干扰理想眼图　　　　　　　　　　(b) 有码间干扰眼图

图 3.7.3　眼图照片

图 3.7.4 是 FSK 实验中，判决时刻处于眼图张开度最大位置时还原正确基带信号的照片。

图 3.7.5 是 FSK 实验中，判决时刻处于眼图过零点位置时还原基带信号有很多误码的照片。

图 3.7.6 是 FSK 实验中传输频带变窄，不满足奈奎斯特准则后测量的眼图，此时拖尾严重，码间干扰严重。眼图过零点发散宽，位定时抖动严重。

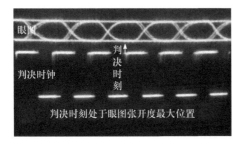 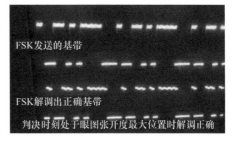

图 3.7.4　FSK 实验中眼图照片(判决时刻处于眼图张开度最大位置)

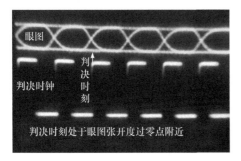 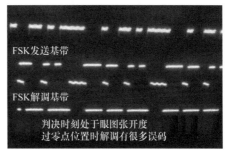

图 3.7.5　FSK 实验中眼图照片(判决时刻处于眼图过零点位置)

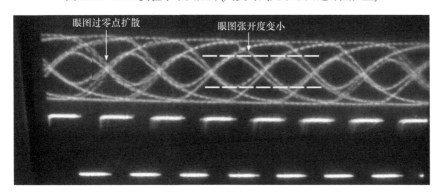

图 3.7.6　FSK 实验中传输频带变窄后测量的眼图

　　特别要强调的是：眼图在数字通信中占据非常重要的地位，它是判断一个通信系统好坏的唯一标准。不是看数学公式、理论推导得多好，程序编得多好，最终检验的标准就是眼图，眼图好就是好，眼图不好就是不好，它是设计、检修故障的重要依据。

3.8　基带信号无失真滤波器设计

　　相频畸变对模拟语音信号通信影响不显著，因为人耳对相频畸变不灵敏，但数字通信传输中，尤其是传输速率比较高时，相频畸变会引起严重的码间干扰，对通信带来很大的危害。相频畸变对波形的影响如图 3.8.1 所示。

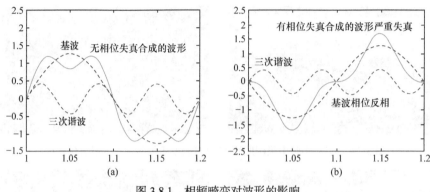

图 3.8.1　相频畸变对波形的影响

如图 3.8.1(a)所示波形，若通过滤波器后基波相位反相变成图 3.8.1(b)，合成的波形则有严重失真，判决肯定有误。

在数字通信、自动控制、航空系统控制的信息处理过程中，经常要从数模转换器里获得平滑的模拟控制信号；或者接收端解调信号滤除噪声时要用到模拟低通滤波器，这些滤波器的设计要求比较高，不但要求信号的滤波特性好，而且对通带内的信号必须进行无失真传输。

3.8.1　信号无失真传输的条件

无失真传输，即要求线性网络的输出信号是输入信号的精确复制品。若线性网络的输入信号为 $V_i(t)$ ，则无失真传输时要求网络的输出信号 $V_o(t)$ 为

$$V_o(t) = K_0 V_i(t - t_d) \tag{3.8.1}$$

式中，K_0 为某一常数，它表示放大或衰减一个固定值；t_d 为输出信号滞后于输入信号的一个固定时间。根据傅里叶变换，可求得

$$H(\omega) = K_0 \mathrm{e}^{-\mathrm{j}\omega t_d}$$

即

$$\left| H(\omega) \right| = K_0 \tag{3.8.2}$$

$$\varPhi(\omega) = -\omega t_d \tag{3.8.3}$$

由此可见，无失真传输的条件是：网络的**幅频特性**在全频率范围内是一条水平亮线，高度为 K；网络的**相频特性**在全频率范围内是一条通过原点的直线，直线的斜率为 $-t_d$ ，网络特性如图 3.8.2 所示。

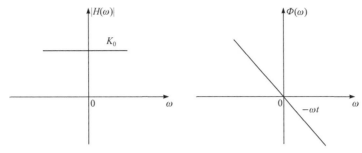

图 3.8.2　无失真传输幅频、相频特性

由于信号的频率严格限制在 $0 \sim \omega_H$ 范围内，网络无失真传输的条件无须在整个范围内满足，而只须在 $0 \sim \omega_H$ 范围内满足即可。

信道的相频特性还经常采用**群迟延频率特性** $\tau(\omega)$ 来表示，即相频特性的导数：

$$\tau(\omega) = \frac{\mathrm{d}\Phi(\omega)}{\mathrm{d}\omega} \tag{3.8.4}$$

如果 $\Phi(\omega)$-ω 呈线性关系，则 $\tau(\omega)$-ω 将是一条水平直线，此时信号的频率成分将有相同的延迟，因而信号经过传输后不产生畸变。 图 3.8.3 示出了理想的相频、群迟延特性。

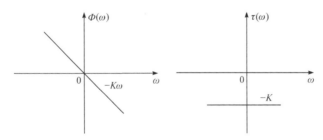

图 3.8.3　无失真传输的相频、群迟延特性

3.8.2　无失真滤波器的设计方法

为了更好地说明其设计方法，还是以小规模 IC 滤滤器为例来分析，如图 3.8.4 所示。

贝塞尔低通滤波器具有最好的线性相频特性，而幅频截止特性却最差。高阶切比雪夫低通滤波器虽有较好的截止频率特性，但相频特性较差。因此，线性相频特性和信号频带边缘的陡峭特性是低通滤波器的一对矛盾。

计算机和数据处理过程的输出是一系列二进制的数字信号。在 D/A 转换过程中，其等量空间空隙就是时钟周期，在每个时钟周期里面输出都保持常数，而开关信号到来时快速转换到下一个数值。这些阶梯波形在许多应用场合是不允许的。而这时时钟频率分量很大，要滤除干净还比较困难。

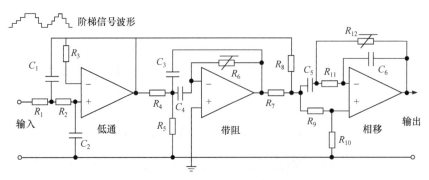

图 3.8.4　从数模转换获取无失真滤波器硬件电路

采用图 3.8.4 所示的滤波电路组合能较好地解决这个问题。三级电子滤波可以从数模转换(DAC)中取得平滑输出，平滑输出的信号能跟踪随步级阶梯信号的相位。

电路第一部分是一个同相切比雪夫二阶低通滤波器，其幅频特性具有升余弦函数特性，而相频特性也较好。第二部分是反相放大带阻滤波器，主要负责滤除阶梯信号的结构频率，即时钟频率。第三部分是一个同相二阶相移网络放大器，用于消除滤波器输出端平滑信号和输入端阶梯信号之间的相位漂移。

为了获取线性相频特性，必须用计算机进行设计，选取最佳的参数和元件。可按下述步骤进行。

(1) 在给定的截止频率下，根据《有源滤波器精确设计手册》(约翰逊 等，1984)，选取切比雪夫二阶低通滤波器的元件参数，并且写出其传输函数，求取低通滤波器的相频特性 $\Phi_1(\omega)$ ，幅频特性表达式 $|H_1(\omega)|$ 。

(2) 根据数模转换时钟频率和滤波器设计手册，选取以时钟频率为阻带的滤波器的元件参数，并且写出其传输函数，求取带阻滤波器的相频特性 $\Phi_2(\omega)$ ，幅频特性表达式 $|H_2(\omega)|$ 。

(3) 根据相网络的传输函数，求取相移表达式 $\Phi_3(\omega)$ 。

(4) 用计算机求取总的相频特性 $\Phi_0(\omega)$ 。

$$\Phi_0(\omega) = \Phi_1(\omega) + \Phi_2(\omega) + \Phi_3(\omega) \tag{3.8.5}$$

根据式(3.8.1)编写计算机程序，改变相移网络的参数，**求取相频特性，确保在通带内为一直线**，如图 3.8.5 所示。

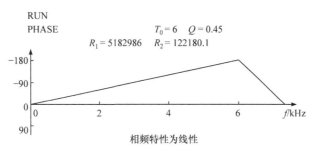

图 3.8.5　无失真滤波器总的相频特性

为了获得较理想的线性相频特性，可同时观察幅频特性 $|H_0(\omega)|$ 修改参数。这里

$$|H_0(\omega)|=|H_1(\omega)|\cdot|H_2(\omega)|$$

计算机设计选定的参数只能作为参考，真正要实现无失真传输，电路的调试也非常关键。

这种滤波器，其性能相当于三至四级的滤波器特性，除了 $R_9 \sim R_{12}$ 以外，全部零件允许 5% 的误差，不需要精确的电容。校准也很容易，**只要输入正弦波时钟频率信号，并且调整 R_6 和 R_4，直至零输出为止**，说明阻带滤波器已经调试完毕。

要特别注意第三级相移放大器的调整，R_{12} 为可调电位器，被滤波的信号从第一级输入，示波器的另一线接第三级输出，调节这个电位器可以使总的传输特性从余弦滚降至升余弦变化，**观察眼图，并使眼图的交点会聚为一个点，即相频无失真的传输特性已经满足**。实践证明：要满足这些条件，整个滤波器的幅频特性必须满足升余弦特性，如图 3.8.6 所示。

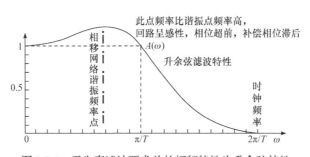

图 3.8.6　无失真滤波要求总的幅频特性为升余弦特性

图 3.8.7 显示了按此方法设计，从输入信号经过无失真滤波传输后测得的眼图，**请注意：计算机仿真只是前提工作，不是仿真完就做好了，此时大概只完成了一半工作量。特别是模拟电路设计，后面硬件设计和调试还有很多工作。最终检验结果以眼图为准。**

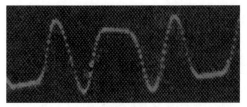
(a) 输入信号

(b) 输出眼图

图 3.8.7 实验波形

习 题

1. 选择基带码型变换方法。

(1) PCM 一、二、三次群电缆通信_____。

(2) 数据无线调相通信_____。

(3) 光纤数据传输_____。

2. 在多进制调制信号中，调制的进制数越多，则系统的传输效率_____，但其收端误码率_____，抗干扰能力_____。

3. 时域均衡是按_____原理进行补偿的。

4. 2B/Hz 是二进制系统的_____速率。

5. 对于 $a_n = (01001100001011100001)$ 数字序列：

(1) 画出对应的单极性 NRZ 码、RZ 码、AMI 码、HDB3 码波形。

(2) 画出绝对码和相对码相互转换的数字电路及初态为"1""0"的差分编码、译码波形图。

6. 设码元周期为 T，扫描周期为 $2T$：

(1) 画出在实验中看到的 2DPSK 信号解调眼图。

(2) 标出最佳判决时刻和最佳判决电平、噪声容限。

(3) 指出理想状态下的图形中反映幅频特性的地方。

(4) 指出理想状态下的图形中反映相频特性的地方。

7. 某基带系统如下图所示，回答以下问题：

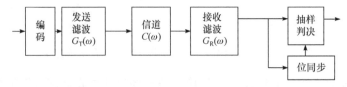

(1) 标出图中无码间干扰 $H(\omega)$ 传输特性指的是哪一部分？

(2) 请描述码间干扰形成的原因。

(3) 码元间隔为 T，余弦滚降滤波特性如何才没有码间干扰？

(4) 若通带为 2000Hz，选 $\alpha=1$。对于 1000B 信号速率能否进行无码间干扰传输？

8. 设计 m 序列，本原序列多项式八进制系数为 51。

(1) 写出此 m 序列代数式。

(2) 设计其硬件电路。

(3) 设寄存器初始状态为 10000，求末级输出序列。

9. 设计一个周期为 1023 的 m 序列发生器，画出它的硬件设计图。

10. NRZ 码为 10110001，画出 CMI 码波形图。

11. 基带传输系统理想带宽为 3000Hz，为了不产生码间干扰，下列哪些速率信号可以进行传输：6800B、1500B、800B、60B？

12. 叙述基带信号无失真传输的条件，说出相频补偿的原理。

13. 问希望在 PCM 一次群系统中传输可视电话，为了不产生码间干扰，可以选择的数据速率应该是多少？

14*. 设计题：用 Quartus Ⅱ 7.2 软件，晶体频率为 4.096MHz。

(1) 时钟频率为 256kHz，设计时钟分频硬件电路，并仿真输出波形。

(2) 本原多项式八进制系数为 45，设计一个 256Kbit/s 的 m 序列，并且仿真其输出序列波形。

(3) 设计一个差分编码硬件电路，m 序列作为 NRZ 码，仿真出对应的差分码输出序列。注：请保留设计资料，后续还有很多设计内容。

15*. 把仿真结果下载到 SYT-2020 扩频实验箱验证结果，并拍下照片。

16*. 整理设计资料，仿真波形，下载波形照片，写一个小总结。

第4章 数字频带传输

> 2ASK 调制解调原理

> 2FSK 调制解调原理

> 2PSK、2DPSK 调制解调原理

> 二进制数字调制系统的性能比较

> 多进制数字调制系统

> 数字调制系统的性能比较

> 数据通信中的调制解调器

数字信号对载波振幅调制为振幅键控(ASK)；对载波的频率调制称为 FSK；对载波的相位调制称为 PSK。数字信号可以是二进制的，也可以是多进制的。

在实际数字有线传输中用哪一种调制，视具体情况选择，国际电报电话咨询委员会(CCITT)对利用电话线路进行数据传输提出了一般建议，它规定：在传输数码率 R 为 $200\sim1200$bit/s 时采用 2FSK；在 R 为 $1200\sim2400$bit/s 时采用 2PSK；在传输数码率 R 为 $2400\sim4800$bit/s 或更高的速率时采用多进制相移键控，如 4PSK、8PSK；ASK 在工程上因效率低基本不用。

数字调制**无线传输**为压缩频带传输，视不同应用采用 TFM、GMSK、扩频调制、OFDM、QAM 调制方式。这些内容放在第 6 章讨论。

4.1 二进制振幅键控

二进制振幅键控(2ASK)在工程上基本不用,主要原因是抗干扰性能很差,效率低。但我们还是要介绍其工作过程，因为后面讲的 2FSK 相当于两个 2ASK 信号之和；多进制 PSK 相当于多个 ASK 信号之和。

2ASK 系统类似于 100%调制的模拟调幅系统。二进制振幅键控信号可表示为

$$S_{2ASK}(t) = \sum_n a_n g(t - nT_S)\cos\omega_c t$$

二进制振幅键控信号的产生方法如图 4.1.1 所示,图 4.1.1(a)采用模拟调制法实现,图 4.1.1(b)采用数字键控法实现。

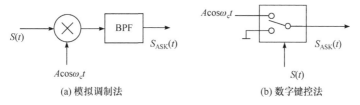

(a) 模拟调制法　　　　　　　　　(b) 数字键控法

图 4.1.1　2ASK 产生原理图

二进制振幅键控信号时间波形如图 4.1.2 所示。2ASK 信号的时间波形 $S_{2ASK}(t)$ 随二进制基带信号 $S(t)$ 的通断变化。

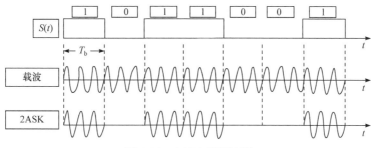

图 4.1.2　2ASK 调制波形

2ASK 信号的频谱如图 4.1.3 所示。

$$P_{2ASK}(f) = \frac{T_S}{16}\left\{S_a^2\left[\pi(f + f_0)T_S\right] + S_a^2\left[\pi(f - f_0)T_S\right]\right\}$$
$$+ \frac{1}{16}\left[\delta(f + f_0) + \delta(f - f_0)\right]$$

2ASK 信号的功率谱由连续谱和离散谱组成,频谱中把占主要部分两个零点间的带宽定义为 2ASK 信号的带宽。

$$B_{2ASK} = 2f_S$$

2ASK 信号的频带利用率为 $\frac{1}{2}$ bit/Hz。

由图 4.1.1 可以看出,2ASK 系统类似于 100%调制的模拟调幅系统。所以,对 2ASK 信号也能够采用包络检波法解调,如图 4.1.4(a)所示,解调过程的时间波形如图 4.1.4(b)所示。

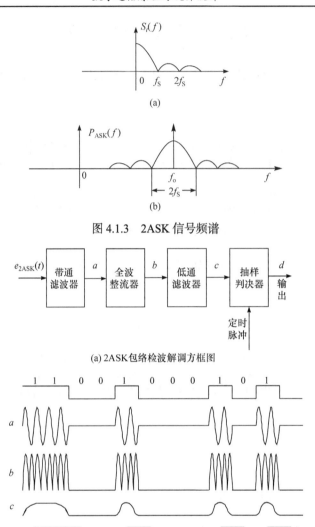

图 4.1.3　2ASK 信号频谱

(a) 2ASK包络检波解调方框图

(b) 2ASK信号包络检波解调时间波形

图 4.1.4　2ASK 信号包络检波解调框图及时间波形

4.2　二进制频移键控

4.2.1　2FSK 调制原理

二进制频移键控(2FSK)中，二进制数字为"1"码对应发送载波频率 f_1，"0"码对应发送载波频率 f_2。

$$\mathrm{FSK}(t) = A_1\cos(\omega_1 t + \Phi_1) \text{ —— 发"1"码}$$
$$= A_2\cos(\omega_2 t + \Phi_2) \text{ —— 发"0"码}$$

一般 $f_2 > f_1$，即 "0" 码频率比 "1" 码高。

频差：

$$\Delta f = f_2 - f_1$$

定义偏移宽度(**频偏**)：

$$D = \Delta f \times T_S \quad (T_S \text{ 为码元宽度})$$

频偏越大，抗衰落信号越强，但占据频带越宽。2FSK 可以看成是两个不同载频调制的 2ASK 信号之和，因此 2FSK 又分为相位不连续 2FSK 和相位连续 2FSK。

4.2.2　相位不连续 2FSK 调制

相位不连续 2FSK 发送端硬件方框图如图 4.2.1(a)所示，波形图如 4.2.1(b)所示。由于采用两个独立的信号源进行调制，因此转换点相位是不连续的。

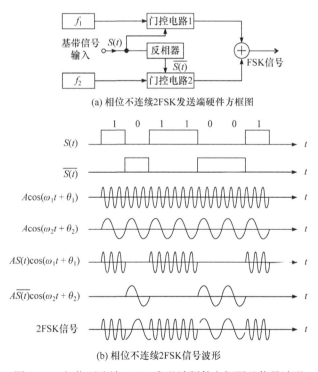

(a) 相位不连续2FSK发送端硬件方框图

(b) 相位不连续2FSK信号波形

图 4.2.1　相位不连续 2FSK 发送端硬件方框图及信号波形

4.2.3　相位不连续 2FSK 信号的频谱

相位不连续 2FSK 信号相当于 2 个 2ASK 信号之和，如图 4.2.2 所示，其占用频带 B 为

$$B = |f_2 - f_1| + 2f_S$$

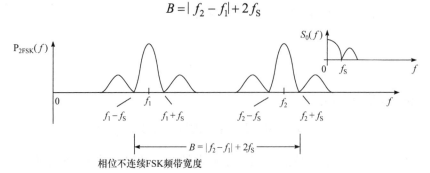

相位不连续FSK频带宽度

图 4.2.2　相位不连续 2FSK 信号频谱特性

实际中为节约频带和提高系统抗噪声性能而采用动态滤波器接收,它实际上是一种正交分割复用方式,将 Δf 选为 f_S 的整数倍。

$$\Delta f = |f_2 - f_1| = mf_S$$

式中,m 为正整数。

$m = 1$ 时有最窄频带,此时,带宽 $B_{min} = f_S + 2f_S = 3f_S$。

相位不连续 2FSK 信号的最小带宽为数字信号速率的3倍,频带利用率为 $\dfrac{1}{3}$ bit/Hz,这时一个码元频谱的最大值刚好为另一个码元的零点,如图 4.2.3 所示。

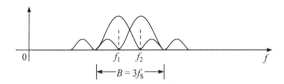

图 4.2.3　相位不连续 2FSK 最窄频谱

4.2.4　相位连续 2FSK 调制和频谱

相位连续 2FSK 硬件电路如图 4.2.4 所示。两个频率由于采用同一个振荡器,因而转换点相位是连续的。

"1" 码时,V_1、V_2 截止,$f_1 = \dfrac{1}{2\pi\sqrt{LC_2}}$;

"0" 码时,V_1、V_2 导通,C_1 接入谐振回路,$f_2 = \dfrac{1}{2\pi\sqrt{LC_2 + C_0}}$,$C_0$ 为 C_1 折合到振荡回路两端的等效电容。在码元转换瞬间,振荡频率发生突跳,由于回路电感、电容上的电压、电流不能突变,故相位是连续的,如图 4.2.5 所示。

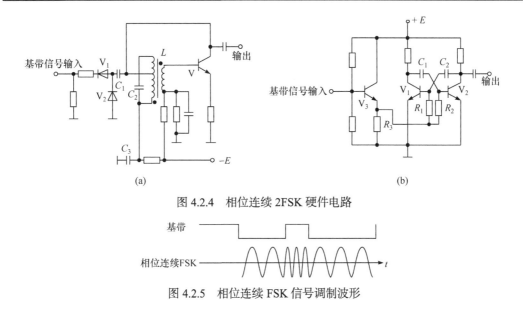

图 4.2.4 相位连续 2FSK 硬件电路

图 4.2.5 相位连续 FSK 信号调制波形

相位连续 2FSK 信号频谱，$h = (f_2 - f_1)/R_B$，采用不同的 h 时，频谱差异比较大。$h = 0.5$ 时频谱特性为单峰；$h = 0.7$ 时频谱出现双峰，h 越大，两峰距离越远，如图 4.2.6 所示。

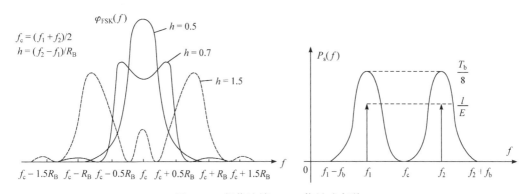

图 4.2.6 相位连续 2FSK 信号功率谱

4.2.5 2FSK 信号解调

2FSK 信号解调方式比较多，比较常用的有模拟鉴频法、差分检波法、过零检测法、最佳非相干检测——动态滤波法。

1. 模拟鉴频法

模拟鉴频曲线如图 4.2.7 所示，与模拟鉴频器工作原理相同，鉴频器的中心频率设为 $\dfrac{f_1 + f_2}{2}$，鉴频器对输入的频率 f_1、f_2 会产生不同的输出电平，这两个不同的电

平对应数码 "1" 和 "0"。这种解调方式很少应用。

2. 差分检波法

差分检波法原理图如图 4.2.8 所示，相当于鉴频法，主要应用于卫星通信系统。

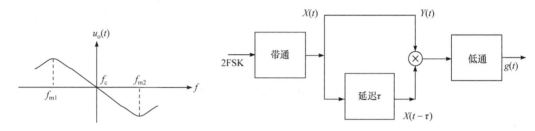

图 4.2.7　模拟鉴频曲线　　　　　　　　图 4.2.8　差分检波法原理图

$$X(t) = A\cos(\omega_c + \Delta\omega)t$$

$$Y(t) = X(t) \cdot X(t-\tau) = A\cos(\omega_c + \Delta\omega)t \cdot A\cos(\omega_c + \Delta\omega)(t-\tau)$$

$$= \frac{A^2}{2}\cos(\omega_c + \Delta\omega)\tau + \frac{A^2}{2}\cos\left[2(\omega_c + \Delta\omega)t - (\omega_c + \Delta\omega)\tau\right]$$

低通滤波输出 $g(t) = \dfrac{A^2}{2}\cos(\omega_c + \Delta\omega)\tau$。

设计延时网络使 $\omega_c\tau = -\dfrac{\pi}{2}$，有

$$g(t) = \frac{A^2}{2}\left[\underbrace{\cos\omega_c\tau \cdot \cos\Delta\omega\tau}_{0} - \underbrace{\sin\omega_c\tau \cdot \sin\Delta\omega\tau}_{-1}\right] = \frac{A^2}{2}\sin\Delta\omega\tau$$

如果频偏很小，则 $g(t) \approx \dfrac{A^2}{2}\Delta\omega\tau$。

差分检波电路的输出电压与输入信号的频偏成正比，电路具有鉴频特性。

电路优点：对信道延迟失真不敏感。信道延迟失真较大时，差分检波优于普通鉴频法。**对卫星通信信号延迟较大的场合比较合适。**

电路难点：设计一个精确带宽的相移网络。如果信道延迟失真为零，差分检波法不如普通鉴频法。

3. 过零检测法

过零检测法解调原理图和波形如图 4.2.9 所示，"1" 码和 "0" 码平均直流分量与输入信号的频率成正比，为节省频带，FSK 调制的两个频率差不可能做得很大，导致收端解调识别有一定难度。**过零检测法的工作原理是：设法通过倍频变换拉大两个频**

率之间的距离，使得两个频率易于识别。这是一种最简单、最常用的解调方式。

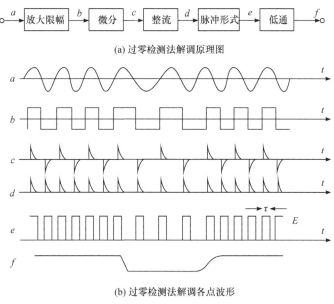

(a) 过零检测法解调原理图

(b) 过零检测法解调各点波形

图 4.2.9 过零检测法解调原理图和波形

4. 最佳非相干检测——动态滤波法

动态滤波法解调 2FSK 信号是一种最佳非相干检测方法，但只有特定条件下才能正常工作，工作条件是 $\Delta\omega=\dfrac{2n\pi}{T_{\mathrm{b}}}$，即频差为码元速率的整数倍。动态滤波器工作原理方框图如图 4.2.10 所示，其工作原理分析如下。

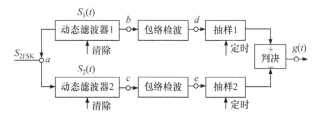

图 4.2.10 动态滤波器解调 2FSK 信号方框图

(1) 设数字调频信号在某一码元持续时间传送的信号为

$$\begin{cases} S_1(t)=A\cos\omega_1 t, & 0\leqslant t\leqslant T_{\mathrm{b}} \\ S_2(t)=A\cos\omega_2 t, & 0\leqslant t\leqslant T_{\mathrm{b}} \end{cases}$$

这里 T_{b} 为码元宽度。通过匹配滤波器，输出信号为

$$\begin{cases} h_1(t)=kA\cos\big[\omega_1(t_0-t)\big] \\ h_1(t)=kA\cos\big[\omega_1(t_0-t)\big] \end{cases}$$

式中，k 是任意常数；t_0 是选定的获得最大信噪比时刻。

取 $t_0 = T_b$，有

$$\begin{cases} \omega_1 T_b = 2n\pi, & n = 0, \pm 1, \pm 2 \\ \omega_2 T_b = 2n\pi, & n = 0, \pm 1, \pm 2 \end{cases}$$

$$\begin{cases} h_1(t) = kA\cos\omega_1 t, & 0 \leqslant t \leqslant T_b \\ h_2(t) = kA\cos\omega_2 t, & 0 \leqslant t \leqslant T_b \end{cases}$$

结论：冲激响应为余弦振荡的滤波器可以作为数字调频信号的匹配滤波器。

(2) 如何实现匹配滤波器硬件设计？一个并联谐振回路，如果回路 Q 值不是太高，其冲激响应幅度是逐渐衰减的，如图 4.2.11 所示。

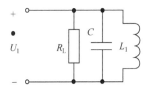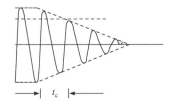

图 4.2.11　并联谐振回路响应

如果回路电阻很小，Q 值很高，自由振荡衰减很慢，在一个码元 T 里面幅度恒定。因而高 Q 并联谐振回路就可近似认为是数字调频信号的匹配滤波器，如图 4.2.12 所示。

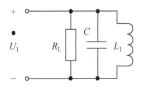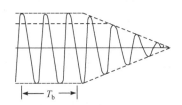

图 4.2.12　高 Q 并联谐振回路响应

(3) 动态滤波器对调频信号的响应为

$$S_1(t) = \cos(\omega t + \theta), \quad 0 \leqslant t \leqslant T_b$$

式中，ω 为信号输入角频率；ω_0 为回路谐振角频率；T_b 为码元宽度。

$$\begin{aligned} S_0(t) &= S_1(t) * h_1(t) \\ &= \int_0^t S_1(\tau) h_1(t-\tau) \mathrm{d}\tau \\ &= \int_0^t A\cos(\omega\tau + \theta)\cos(\omega_0 t - \omega_0\tau) \mathrm{d}\tau \quad 0 \leqslant t \leqslant T_b \end{aligned}$$

令 $\Delta\omega = \omega - \omega_0$，$\dfrac{\Delta\omega}{\omega_0} \ll 1$，有

$$S_0(t) = H(\omega, t)\cos[\omega_0 t + \varPhi(\omega, t)]$$

其中，$H(\omega,t) = \dfrac{At}{2} \cdot \dfrac{\sin\dfrac{\Delta\omega t}{2}}{\dfrac{\Delta\omega t}{2}}$ 为动态滤波器振幅；$\varPhi(\omega,t) = \dfrac{\Delta\omega}{2}t + \varphi$ 为动态滤波器相位。

结论：动态滤波器的振幅和相位是输入信号频率的函数。

(4) 动态滤波器振幅特性 $|H(\omega,t)|$。

① 当 $\Delta\omega = 0$，即 $\omega = \omega_0$，频差为零时，有

$$|H(\omega,t)| = \lim_{\Delta\omega \to 0} \frac{At}{2} \cdot \left| \frac{\sin\dfrac{\Delta\omega t}{2}}{\dfrac{\Delta\omega t}{2}} \right| = \frac{At}{2}$$

$$|H(\omega,t)| = \frac{AT_b}{2}$$

结论：当输入信号的载频与回路自然谐振频率一致时，动态滤波器输出振幅随时间线性增长，在码元结束时 $(t = T_b)$ 幅度达到最大值，如图 4.2.13(a)所示。

② 当 $\Delta\omega \neq 0$ 时，即有频差情况下，$t = T_b$ 时，有

$$|H(\omega,t)| = \frac{At}{2} \cdot \left| \frac{\sin\dfrac{\Delta\omega t}{2}}{\dfrac{\Delta\omega t}{2}} \right| = \frac{At}{2}$$

若 $\Delta\omega = \dfrac{2n\pi}{T_b}$，$n$ 为非零整数时，$|H(\omega,t)| = 0$。

而当 $n = 1$，$t = \dfrac{T_b}{2}$ 时，$\dfrac{\Delta\omega T_b}{2} = \dfrac{\dfrac{2\pi}{T_b} \cdot \dfrac{T_b}{2}}{2} = \dfrac{\pi}{2}$ 有最大值。响应波形如图 4.2.13(b)所示。

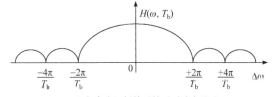

(a) 动态滤波器频差等于零响应振幅特性

(b) 动态滤波器频差不等于零响应波形

图 4.2.13　动态滤波器频差

结论：在 $t = T_b$ 时刻，对于 $n = 0$ 频差为零的信号有最大输出。对于 $n \neq 0$，即有频差的信号无信号输出。响应波形如图 **4.2.14** 所示。

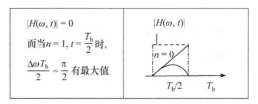

图 4.2.14　频差不等于零动态滤波器响应波形

根据上述原理，2FSK 动态滤波器解调方框图及工作各点波形如图 4.2.15 所示。

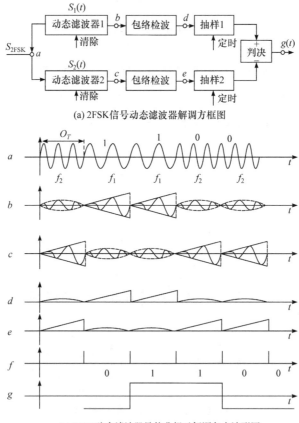

(a) 2FSK信号动态滤波器解调方框图

(b) 2FSK动态滤波器最佳非相干解调各点波形图

图 4.2.15　2FSK 动态滤波器解调方框图及工作各点波形

(5) 动态滤波器的使用条件。

请注意：在上面推导公式过程中，使用了一个条件：

$$\Delta\omega = \frac{2n\pi}{T_b}, \quad n \text{ 为非负整数}$$

即要求频差为码元速率的整数倍，否则没有这种波形。

(6) 动态滤波器与并联谐振回路的区别。

动态滤波器：并联谐振回路高 Q 值，码元结束添加清洗脉冲。

并联谐振回路：回路高 Q 值较低，码元结束时无清洗脉冲。

如果没有清洗脉冲，并联谐振回路输出波形如图 **4.2.16** 所示，拖尾会影响后面码元的判决。

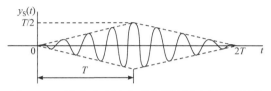

图 4.2.16　没有清洗脉冲时并联谐振回路输出波形

(7) 动态滤波器硬件电路设计如图 4.2.17 所示。

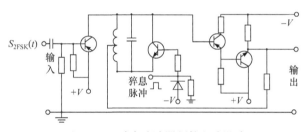

图 4.2.17　动态滤波器硬件电路设计

由于匹配滤波器具有输出信噪比最大的特性，因此利用匹配滤波器构成的接收机，就是按照最大输出信噪比准则建立起来的最佳接收机，它在数字通信中得到广泛应用。

实用中，FSK 载频差选 $\Delta f = f_2 - f_1 = \dfrac{1}{T_b}$，并用相应的动态滤波器接收这些载频信号，在抽样时刻，各个滤波器只对与其谐振频率相同的载频信号有响应，而对其他载频信号没有响应，这种现象称为抽样正交性。

如图 4.2.3 所示，正交调制 f_1 和 f_2 信号载频两部分频谱实际上已经重叠，用普通滤波器无法将它们分开，但利用动态滤波器抽样时刻正交响应可以把两个频率分开。

4.3　二进制相移键控

二进制数字调相分为绝对调相 2PSK 调制和相对调相 2DPSK 调制。

4.3.1　2PSK 调制——绝对调相

在 2PSK 调制信号中，信号的相位变化是以未调制载波的相位作为参考，用载波相位绝对值来表示数字信息的，所示又称为绝对调相：对应"0"码发载波相位 0°，"1"码发载波相位 180°。发送的频率是一样的，载频幅度是恒定的。波形如图 4.3.1 所示。数学表达式为

$$e_{2PSK}(t) = \begin{cases} \cos\omega_c t, & \text{发送"0"码} \\ -\cos\omega_c t, & \text{发送"1"码} \end{cases}$$

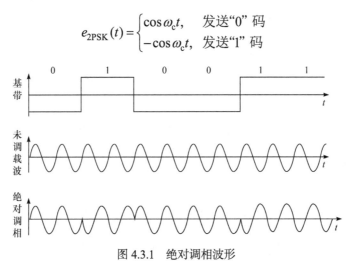

图 4.3.1　绝对调相波形

二进制相移键控信号的调制原理图如图 4.3.2 所示。其中，图 4.3.2(a)是采用模拟调制的方法产生 2PSK 信号，图 4.3.2(b)是采用数字键控的方法产生 2PSK 信号。

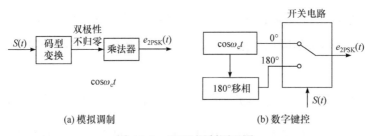

(a) 模拟调制　　　　　　　　　　(b) 数字键控

图 4.3.2　2PSK 调制原理图

PSK 信号发送端是以一个固定参考相位载波为基准的，因而解调时必须有一个参考相位固定的载波。如果参考相位发生了"倒相"，则恢复的数码就会发生"0"码和"1"码反向，这种现象称为反向工作，使解调的数据存在不确定性。

DPSK 中，只与相对相位有关，即使参考相位反相，经过差分译码也能正确解调信号，所以工程实际中都采用 DPSK 调制。

4.3.2 2DPSK 调制——相对调相

2DPSK 调制是利用前后相邻码元载波相位的相对变化来表示信息的,所以又称为

相对调相。如果前后码元相位差为 0,表示数字信息为 "0" 码;如果前后码元相位差为π,表示数字信息为 "1" 码。硬件电路原理图与 2PSK 类似,只要把调制信号的绝对码转换为差分码,然后进行绝对调相即可,如图 4.3.3 所示。

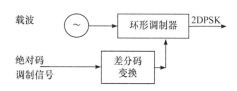

图 4.3.3 2DPSK 调制原理方框图

2DPSK 调制信号的波形如图 4.3.4 所示。图 4.3.5 展示了实验中测量的 2DPSK 调制信号照片。

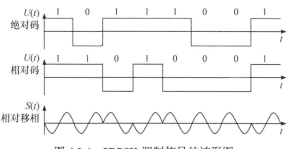

图 4.3.4 2DPSK 调制信号的波形图

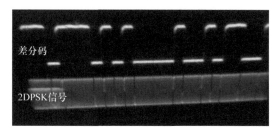

图 4.3.5 实验中测量的 2DPSK 调制信号照片

4.3.3 环形调制器工作原理

2DPSK 调制电路采用环形调制器(或称抑载调制器)。由于调制信号中不含有载频分量,所以又称为抑载调制器、平衡调制器,其硬件原理图如图 4.3.6 所示。

工作条件：$S(t)$调制信号是双极性不归零信号,如图 4.3.6 所示,并且 $S(t)$信号强度远大于载波强度；**二极管是导通还是截止状态,是由调制信号决定的**。电路特点是无基带信号时无调制载波输出；有基带信号时有调制载波输出。各种状态工作原理如下。

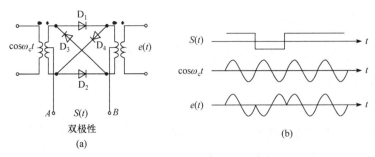

图 4.3.6　平衡调制器硬件原理图

1. 无调制信号时无调制载波输出

(1) 载波正半周，D_1、D_4 导通，D_3、D_2 截止，I_{BQ} 产生的电流方向相反，互相抵消，载波输出为 0。也可以认为输出被 D_1、D_4 短路，如图 4.3.7 所示。

(2) 载波负半周，D_1、D_4 截止，D_3、D_2 导通，I_{QC} 产生的电流方向相反，互相抵消，载波输出为 0。也可以认为输出被 D_3、D_2 短路，如图 4.3.8 所示。

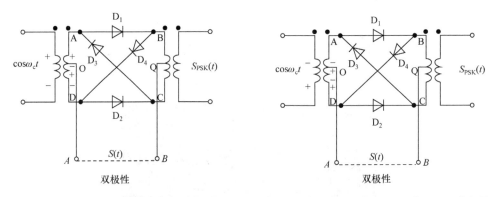

图 4.3.7　载波正半周，无调制信号，无载频输出　　图 4.3.8　载波负半周，无调制信号，无载频输出

2. 有基带信号时有调制载频输出

(1) **载波正半周，调制信号正半周**，O 正、Q 负，D_1、D_2 导通，D_3、D_4 截止，$V_{D1} = V_{AO} + V_{OQ}$ 同相相加；$V_{D2} = -V_{DO} + V_{OQ}$ 反相相加；V_{D1} 大于 V_{D2}，I_{BQ} 大于 I_{CQ}，有同相 0° 调制载波信号输出，如图 4.3.9 所示。输出波形如图 4.3.1 所示。

(2) **载波正半周，调制信号负半周**，O 负、Q 正，D_1、D_2 截止，D_3、D_4 导通，$V_{D3} = -V_{OA} + V_{QO}$ 反相相加；$V_{D4} = V_{DO} + V_{QO}$ 同相相加；V_{D4} 大于 V_{D3}，I_{QB} 大于 I_{QC}，有反相 180° 调制载波信号输出，如图 4.3.10 所示。输出波形如图 4.3.1 所示。

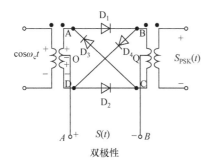

双极性

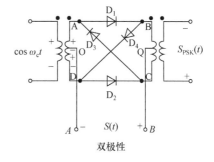

双极性

图 4.3.9　调制信号正极性, 有调制载波输出　　图 4.3.10　调制信号负极性, 有调制载波输出

4.3.4　2PSK(2DPSK)信号的功率谱

2PSK 与 2DPSK 的区别仅在于参考相位不同, 故两者频谱结构完全一样。

2PSK 信号可表示为双极性不归零二进制基带信号与正弦载波相乘, 则 2PSK 信号的功率谱为

$$P_{\text{PSK}}(f) = \frac{T_{\text{S}}}{4}\left\{S_a^2\left[\pi(f-f_0)T_{\text{S}}\right] + S_a^2\left[\pi(f+f_0)T_{\text{S}}\right]\right\}$$

2DPSK 信号带宽与 2ASK 相同, 是基带信号带宽的 2 倍, 频带利用率为 $\frac{1}{2}$ bit/Hz。但比 2ASK 少了载频离散谱, 如图 4.3.11 所示。

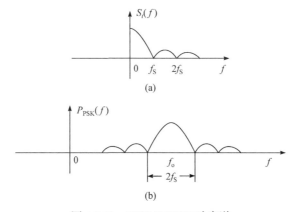

图 4.3.11　2PSK(2DPSK)功率谱

特别注意: 由于 2DPSK 信号本身不含载频分量, 接收机采用相干解调提取载波时, 不能直接从 2DPSK 信号中提取相干载波, 必须经过变换以后才能提取相干载波。

在模拟通信中, 调相与调频很相似。

在数字通信中, 调相与调幅更相似。

4.3.5　2DPSK 信号的解调

由于 2DPSK 调制是以载波相位作为参考的。所以 2DPSK 解调方式只能采用相干解调，接收端必须提取与发送端同频同相的相干载波才能完成正确的解调。在信噪比低时常用相干解调方式；在信噪比高时常用差分相干解调方式。载波提取在第 5 章叙述。

1. 2DPSK 相干解调——低信噪比时用

2DPSK 相干解调方框原理图如图 4.3.12 所示。在相干解调过程中需要用到与接收的 2DPSK 信号同频同相的相干载波，**有关相干载波的恢复问题将在第 5 章中介绍。**

2DPSK 输入信号为

$$X(t) = A\cos(\omega_c t + \varphi), \quad \varphi 为 0 或 \pi$$

乘法器输出：

$$X(t) \cdot \cos\omega_c t = A\cos(\omega_c t + \varphi) \cdot \cos\omega_c t$$

$$= \frac{A}{2}\cos\varphi + \frac{A}{2}\cos(2\omega_c t + \varphi)$$

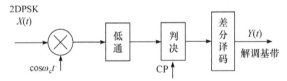

图 4.3.12　2DPSK 相干解调方框原理图

经低通输出：

$$Y(t) = \frac{A}{2}\cos\varphi$$

即解出原信号，如图 4.3.13 所示。

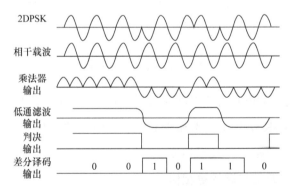

图 4.3.13　2DPSK 信号相干解调原理和各点时间波形

若相干载波反相为 $-\cos\omega_c t$，则解出反相基带信号。

$$Y(t) = -\frac{A}{2}\cos\varphi \text{——称反向工作}$$

当恢复的相干载波产生 $180°$ 倒相时，解调出的数字基带信号将与发送的数字基带信号正好相反，**经判决和差分译码后，仍然可以恢复原信号。**

2. 2DPSK 信号差分相干解调——高信噪比时用

在信噪比比较高的场合，2DPSK 信号也可以采用差分相干解调方式(相位比较法)，解调器原理图和解调过程各点时间波形如图 4.3.14 所示。

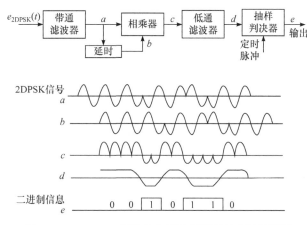

图 4.3.14　2DPSK 信号差分相干解调器各点时间波形

其解调原理是直接比较前后码元的相位差，把前一比特 2DPSK 信号延迟一比特时间 T_b 作为这一比特的相干基准信号，从而恢复发送的二进制数字信息。由于解调的同时完成了码型反变换作用，故解调器中不需要码型反变换器。由于差分相干解调方式不需要专门的相干载波，因此是一种非相干解调方法。

请注意：判决后可直接输出，不用再经过差分译码，差分译码功能在延迟相乘的过程中已经完成。

设计难点：宽带 1bit 延迟线制作，容易受干扰，只能用在信噪比高的场合。

特点：不用产生本地载波，解调与差分译码同时完成。

4.4　二进制数字调制系统的性能比较

在数字通信中，误码率是衡量数字通信系统的重要指标之一，误码率比较曲线如图 4.4.1 所示。

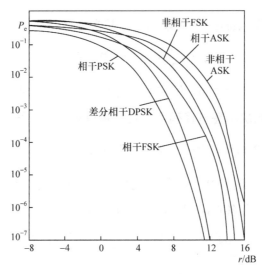

图 4.4.1　数字调制系统误码率比较曲线

二进制数字调制方式有 2ASK、2FSK、2PSK 及 2DPSK，每种数字调制方式又有相干解调方式和非相干解调方式。

若都采用相干解调方式，在误码率 P_e 相同的情况下，2ASK 所需要的信噪比要比 2FSK 高 3dB，2FSK 比 2PSK 高 3dB，2ASK 比 2PSK 高 6dB。

若都采用非相干解调方式，在误码率 P_e 相同的情况下，所需要的信噪比 2ASK 比 2FSK 高 3dB，2FSK 比 2DPSK 高 3dB，2ASK 比 2DPSK 高 6dB。

反过来，若信噪比 r 一定，2PSK 系统的误码率低于 2FSK 系统，2FSK 系统的误码率低于 2ASK 系统。

在相同的信噪比 r 下，相干解调的 2PSK 系统的误码率 P_e 最小。

通过从几个方面对各种二进制数字调制系统进行比较可以看出，对调制和解调方式的选择需要考虑的因素较多。通常，只有对系统的要求进行全面的考虑，并且抓住其中最主要的要求，才能作出比较恰当的选择。

在恒参信道传输中，如果要求较高的功率利用率，应选择相干 2PSK 和 2DPSK，而 2ASK 最不可取。

如果要求较高的频带利用率，则应选择相干 2DPSK，而 2FSK 最不可取。

若传输信道是随参信道，则 2FSK 具有更好的适应能力。

4.5　多进制数字调制系统

4.5.1　多进制数字调制的特点和选用

二进制数字调制系统是数字通信系统最基本的方式，具有较好的抗干扰能力。由于二进制数字调制系统频带利用率较低，其在实际应用中受到一些限制。**在信道频带受限时，为了提高频带利用率，通常采用多进制数字调制系统。其代价是增加信号功率和实现上的复杂性。**

由信息传输速率 R_b、码元传输速率 R_B 和进制数 M 之间的关系：

$$R_B = \frac{R_b}{\log_2 M}$$

可知，在信息传输速率不变的情况下，通过增加进制数 M，可以降低码元传输速率，从而减小信号带宽，节约频带资源，提高系统频带利用率。 由关系式可以看出，在码元传输速率不变的情况下，通过增加进制数 M，可以增大信息传输速率，从而在相同的带宽中传输更多的信息量。

在多进制数字调制中，每个符号时间间隔 $0 \le t \le T_S$，可能发送的符号有 M 种，分别为 $s_1(t), s_2(t), \cdots, s_M(t)$。在实际应用中，通常取 $M = 2^N$，N 为大于 1 的正整数。

多进制数字振幅调制——MASK 应用很少。

原因：多电平数每增加一倍，信噪比需增加 6dB，才能使误码率与 2ASK 相当，不经济。

多进制数字频率调制——MFSK 一般不采用。

原因：多频制占据较宽的频带，信道利用率很低，且抗噪声性能低于 2FSK。

多进制数字相位调制——MPSK 常用。

原因：多相制信号可看成是 m 个振幅及频率相同、初相不同的 2ASK 信号之和，码元速率相同时，MASK 带宽与 2ASK 相同，信息速率是 2ASK(2PSK)的 $\log_2 M$ 倍，频带利用率高，抗噪声性能比多进制振幅、频率调制好。

多进制数字调制系统广泛应用于 4DPSK(卫星通信)，8DPSK、16DPSK 以上不用，改为 QAM。

请特别注意：多进制传输信息速率的提高是以降低抗误码性能为代价换来的。进制数越多，噪声容限越小，抗误码性能越差。

4.5.2 多进制数字相位调制系统

1. 多进制数字相位调制(MPSK)信号的表示形式

多进制数字相位调制，是利用载波的多种不同相位来表征数字信息的调制方式。与二进制数字相位调制相同，多进制数字相位调制也有绝对相位调制 MPSK 和差分相位调制 MDPSK 两种。

MPSK 信号可以用矢量图来表示，在矢量图中通常以 0° 载波相位作为参考矢量。图 4.5.1 分别画出了 $M=2$，$M=4$，$M=8$ 的三种情况下的矢量图。当采用相对移相时，矢量图表示的相位为相对相位差。因此图中用虚线表示基准相位，在相对移相中，这个基准相位也就是前一个调制码元的相位。对同一种相位调制也可能有不同的方式，如图 4.5.1(a)和(b)所示，例如，四相可分为 π/2 相移系统和 π/4 相移系统。

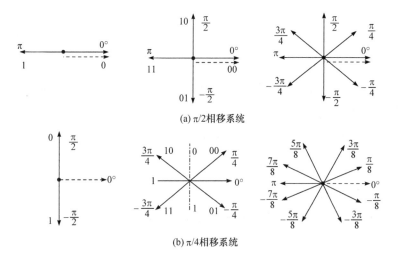

(a) π/2 相移系统

(b) π/4 相移系统

图 4.5.1　多相制的两种矢量图

表 4.5.1 列出了四进制双比特码元与对应调制载波相位变化情况。

表 4.5.1　双比特码元与载波相位关系

双比特	π/2 相移系统	π/4 相移系统 (A)定义："0"——0° "1"——π	π/4 相移系统 (B)定义："1"——0° "0"——π
0　0	0	π/4	−3π/4
1　0	π/2	3π/4	−π/4
1　1	π	−3π/4	π/4
0　1	−π/2	−π/4	3π/4

注意：如果参考相位反过来，"1" 码对应 0°相位；"0" 码对应 π 相位。11 与 00、

01 与 10 相位正好对称换过来。下面以 4PSK(QPSK)为例来说明多相制的工作原理。

二进制数字相位调制信号矢量图，以 0°载波相位作为参考相位。载波相位只有 0 和 π 两种取值，它们分别代表信号 1 和 0。

四相制是用载波的 4 种不同相位来表征数字信息。输入的二进制序列应该先进行分组，将两个比特编为一组，可以有四种组合(00、01、10、11)，然后用载波的四种相位来分别表示它们。表 4.5.1 是双比特码元与载波相位的对应关系；图 4.5.2 是产生 4PSK (QPSK)信号的硬件原理图。

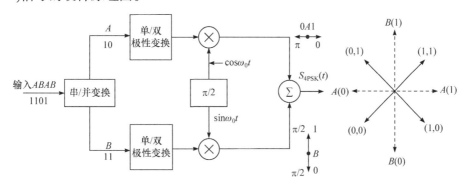

图 4.5.2　调相法产生 4PSK 信号

注意：两个 π/2 绝对调相合成载波 π/4 系统的 4PSK 信号。

2. 4DPSK 信号的码型变换

四相相对移相调制也是利用前后码元之间的相对相位变化来表示数字信息。若以前一码元相位作为参考，并令 $\Delta\phi$ 作为本码元与前一码元相位的初相差，双比特码元对应的相位差仍用表 4.5.1 所列形式，它们之间的矢量关系也可用图 4.5.1 表示。4DPSK 硬件实现原理如图 4.5.3 所示。图中，串/并变换将输入的二进制序列分为速率减半的两个并行序列 A 和 B，再通过差分编码器将其编为四进制差分码 C 和 D，然后分两路用绝对调相的调制方式，把两路调制信号合成 4DPSK 信号。

4DPSK 码型变换有两种方式：自然差分编码和循环码(格雷码)差分编码。可以证明循环码差分编译码时，系统具有最小的误码扩散。因此仅介绍循环码的 4DPSK 编译码原理。

在循环码 4DPSK 调制系统中，首先把串行的二进制数字绝对码变为并行的双比特码流 a_n、b_n，再进行绝对码变换为相对码 c_n、d_n 的逻辑变换，然后用相对码 c_n、d_n 分别对两路正交载波($\sin\omega_0 t$ 和 $\cos\omega_0 t$)进行二相绝对调相，最后把两路已调载波合成 4DPSK 信号。

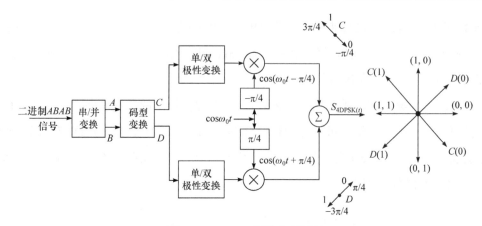

图 4.5.3　4DPSK 硬件实现原理

循环码 4DPSK 码型变换规则如下。

设第 n 个码元的绝对值为 a_n、b_n，相对码为 c_n、d_n，a_n、b_n、c_n、d_n 前一状态为 a_{n-1}、b_{n-1}、c_{n-1}、d_{n-1}。

循环码 4DPSK 编码变换规则如表 4.5.2 所示。硬件实现原理如图 4.5.4 所示；循环码 4DPSK 译码变换规则如表 4.5.3 所示；硬件实现原理图如图 4.5.5 所示。

表 4.5.2　循环码 4DPSK 编码方程

变换条件	当 $c_{n-1} \oplus d_{n-1} = 0$ 时	当 $c_{n-1} \oplus d_{n-1} = 1$ 时
变换方程	$c_n = a_n \oplus c_{n-1}$ $d_n = b_n \oplus d_{n-1}$	$c_n = b_n \oplus c_{n-1}$ $d_n = a_n \oplus d_{n-1}$

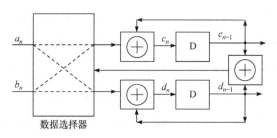

图 4.5.4　循环码 4DPSK 编码硬件设计

表 4.5.3　循环码 4DPSK 译码方程

变换条件	当 $c_{n-1} \oplus d_{n-1} = 0$ 时	当 $c_{n-1} \oplus d_{n-1} = 1$ 时
变换方程	$a_n = c_n \oplus c_{n-1}$ $b_n = d_n \oplus d_{n-1}$	$a_n = d_n \oplus d_{n-1}$ $b_n = c_n \oplus c_{n-1}$

图 4.5.4 和图 4.5.5 中二选一数据选择器的逻辑是：当控制端为"0"码时，输入的两路信号直通；当控制端为"1"码时，输入的两路信号交叉接至输出端。因此可

以把表 4.5.2 和表 4.5.3 的方程重写成以下形式：

$$当 c_{n-1}=0, d_{n-1}=0 时，\ c_n=a_n, d_n=b_n;$$

$$当 c_{n-1}=1, d_{n-1}=1 时，\ c_n=\overline{a_n}, d_n=\overline{b_n};$$

$$当 c_{n-1}=1, d_{n-1}=0 时，\ c_n=\overline{b_n}, d_n=a_n;$$

$$当 c_{n-1}=0, d_{n-1}=1 时，\ c_n=b_n, d_n=\overline{a_n}。$$

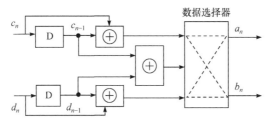

图 4.5.5　循环码 4DPSK 译码硬件设计

容易看出，编码电路可用 D(延迟元件)和双四选一选择器实现，c_{n-1}、d_{n-1} 作为控制信号。实际编码电路如图 4.5.6 所示，译码电路如图 4.5.7 所示。**这是一种最简单的 4DPSK 编译码电路。**

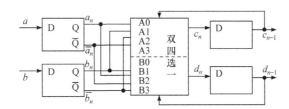

图 4.5.6　循环码 4DPSK 编码电路

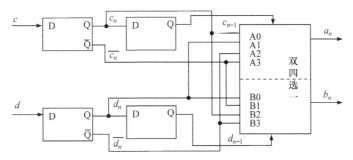

图 4.5.7　循环码 4DPSK 译码电路

3. 4DPSK 信号的解调

常用的 4DPSK 信号的解调方法为相干解调法，如图 4.5.8 所示。当载波频率是码元速率的整数倍时也可以用差分相干解调法，如图 4.5.9 所示。

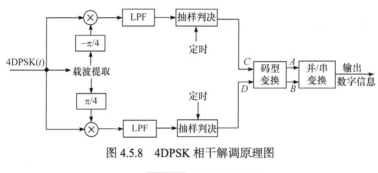

图 4.5.8   4DPSK 相干解调原理图

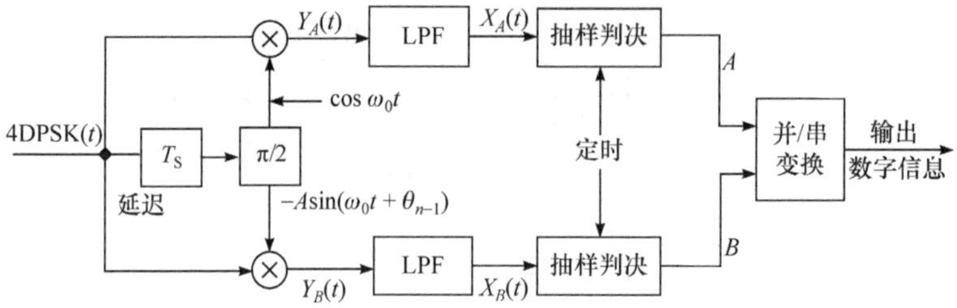

图 4.5.9   4DPSK 差分相干解调方框图

4.6   数字调制系统性能比较

4.6.1   共同点

(1) 输入信噪比增加时，系统的误码率降低。

(2) 同一调制方式，相干检测优于非相干检测。

(3) 误码率：2PSK 优于 2FSK；2FSK 优于 2ASK。

(4) 占用频带：2FSK 频带利用率最低。

4.6.2   多进制

(1) M 一定，信噪比 ρ 越大，误码率越小。

(2) 信噪比 ρ 一定，M 越大，误码率越大。

(3) M 相同，相干检测优于非相干检测，常用 4DPSK。

(4) 信号功率受限而带宽不限的场合多用 MFSK；功率不受限的场合用 MDPSK。

(5) 信道有严重衰落时，通常用非相干检测或差分相干检测，因为这时不易得到参考信号。

(6) 发射机有严格功率限制时(如卫星通信)则可以考虑采用相干解调，因为相干解调所要求的信噪比较非相干解调小。

(7) 设备复杂性：①2DPSK 最复杂，2FSK 次之，2ASK 最简单；②多进制数字调制、解调比二进制复杂很多。

(8) 数字调制频带特性比较如图 4.6.1 所示，MPSK 方式系统的误码率性能曲线如图 4.6.2 所示。

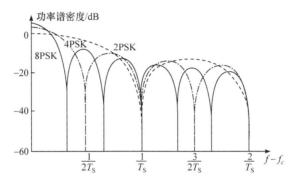

图 4.6.1　数字调制频带特性比较

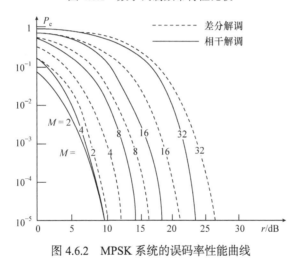

图 4.6.2　MPSK 系统的误码率性能曲线

4.7　数据通信中的调制解调器

随着计算机与数据终端的普及，人们对数据通信的需求日益迫切，数据通信的应用也更加广泛，最方便与经济实用的方法是利用数据调制解调器(MODEM)及借助现有的模拟电话公用交换网进行数据传输。

4.7.1　CCITT 关于话路频带 MODEM 的建议

MODEM 的主要任务是完成数据信号的调制和解调，将数据信号转换成适合在话路中传输的模拟信号，实现与数据终端设备(DTE)及数据电路终接设备(PCE)之间的匹配。它除了完成 D/A、A/D 变换外，还应具有定时、波形形成、位同步与载波恢复及相应的接口控制功能。有的 MODEM 还含有 AGC 和线路特性均衡器等单元，以提高数据传输的质量和可靠性。利用 MODEM 进行通信的典型系统如图 4.7.1 所示。

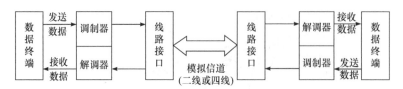

图 4.7.1　典型数据通信系统

目前各种速率的通用 MODEM 已经趋于标准化。表 4.7.1 给出了 CCITT 的主要建议和标准。低速 MODEM 通常用 FSK；中速 MODEM 用 DPSK；高速 MODEM 则用正交调幅(QAM)或网格编码调制(TCM)。

4.7.2　常用 MODEM 芯片

表 4.7.1 列出了 CCITT 的主要建议和标准，目前已经实现了话带(300～3400Hz)低、中速 MODEM(速率为 0～4800bit/s)和高速 MODEM(速率为 9600bit/s、14400bit/s、19200bit/s、33600bit/s、5600bit/s)的单片集成，片内含有定时逻辑电路、调制器、解调器及相应的接口与控制电路。

表 4.7.1　CCITT 的主要建议和标准

CCITT 建议	数据率/(bit/s)	调制方式	工作方式	信道	相应的 BELL 标准
V.21	～200/300	FSK	双工	交换电路	103
V.22	1200	4DPSK	双工	交换电路和租用电路	212
V.23	～600/1200	FSK	半双工	交换电路	202
V.26	2400	4DPSK	全双工	四线租用电路	203
V.26bis	2400/1200	4/2DPSK	半双工	交换电路	201
V.27	4800	8DPSK	全、半双工	租用电路(手动均衡)	208
V.27bis	4800/2400	8/4DPSK	全、半双工	四/二线租用电路(自动均衡)	208
V.26ter	4800/2400	8/4DPSK	半双工	交换电路(自动均衡)	208
V.29	9600	16APSK	全、半双工	租用电路(自动均衡)	209
V.32	9600/4800	TCM	全双工	二线交换或租用电路(自动均衡)	
V.33	14400/1200	TCM	全双工	四线租用电路	
V.34	33.6K	QAM	全、半双工	二线交换或租用电路(自动均衡)	

续表

CCITT 建议	数据率/(bit/s)	调制方式	工作方式	信道	相应的 BELL 标准
V.35	48K	抑制边带 AM	半双工	宽带电路(60~108kHz)	
V.36	64K	抑制边带 AM	半双工	宽带电路(60~108kHz)	
V.90	56K	QAM	全双工	二线交换或租用电路(自动均衡)	

目前，MODEM 集成化的主要发展趋势是：实现 CCITT V.32、V.33、V.32bis、V.34、V.90 等建议要求，研制话路频带高速(速率为 9600bit/s、14400bit/s、19200bit/s、33600bit/s、5600bit/s)芯片。例如，V.32 的建议是话路频带二线全双工 9600(4800)bit/s 的 MODEM，采用 32/16QAM 或 TCM。为了实现这个建议，采用扰码、差分编码、卷积纠错编码与 QAM 或 TCM 调制方式、自适应回波抵消、自适应均衡等技术措施，具有相应的定时逻辑和控制接口功能。

目前常用 MODEM 的芯片有 MOTOROLA 公司的 MC6860、MC14412、MC145450、MC6172、MC6173 及 Intel 公司的 I2970 和 AMD 公司的 AM7910 等。下面仅以 MC14412 为例，简单介绍此类芯片的工作情况。

MC14412 是 MOTOROLA 公司生产的 0~600bit/s 通用 MODEM，采用 FSK 调制方式，符合 CCITT 建议和 BELL 标准，广泛应用于低速数据通信领域。电路的基本特性如下。

(1) 可外接晶体，使用片内振荡电路。

(2) 可产生单音以训练回波抑制器。

(3) 发送呼叫/应答功能兼容，可工作于单工、双工、半双工方式。

(4) 片内含正弦波发生器，具有自环测试功能。

(5) 数据率可在 0~300bit/s 或 0~600bit/s 自选。

其功能框图如图 4.7.2 所示，工作原理为：在 OSC_1 和 OSC_0 端接入 1.0MHz 振荡器即可利用片内振荡电路产生参考时钟(也可从 OSC_1 端输入 1.0MHz 参考时钟信号)，经分频后提供给芯片各部分作为工作时钟。

7 级频率计数器、调制频率译码器和正弦波发生器联合构成调制器，调制频率译码器根据此时的调制数据和 MS、TS、ECH 三端的状态控制 7 级频率计数器输出适当频率的计数信号，再经正弦波发生器输出合成的正弦波。

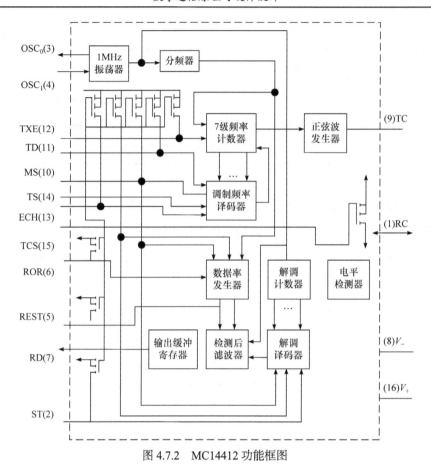

图 4.7.2　MC14412 功能框图

电平检测器、解调计数器、解调译码器、检测后滤波器、输出缓冲寄存器五部分联合构成解调器,输入的 FSK 信号经过电平检测后进入解调计数器,根据信号频率输出计数结果。解调译码器根据此结果和当前 MS、TS 端的状态输出解调数据,再经检测后滤波器和缓冲从 AD 端串行输出,整个过程的数据率发生器为 MODEM 提供合适的数据率。

数据调制解调品种繁多、技术更新快是当前 MODEM 的两大特点,各种新式的 MODEM 具有复杂的特性和更强的通信能力,而且各种新产品大体上经过一年就过时了,这无异给用户选择 MODEM 带来了困难。**MODEM 如此繁多的品种,随着新技术的发展还会有新特性的 MODEM 出现,当前不是所有 MODEM 都具备所有特性,也不是各种应用都需要所有特性。在实际工作中,应根据不同的应用需求选择具有相应特性的 MODEM。**

习 题

1. 比较 2ASK、2FSK、2PSK、2DPSK 调制性能的优缺点。

2. 输入信号为 10111001，码元速率为 1200B，载频为 2400Hz，画出 2DPSK 波形。

3. 实验中，FSK 的载波分别为 125kHz、100kHz，基带时钟频率为 25kHz。计算其所需的接收带宽。

4. 设一数字传输系统传送二进制信号，码元速率 $R_{B2} = 4800B$，试求该系统的信息速率 $R_{b2} = ?$ 若该系统改为 16 进制信号，码元速率不变，则此时的系统信息速率为多少？

5. 2FSK 调制信号，$f_1 = 100kHz$，$f_2 = 135kHz$，基带速度 25Kbit/s，问：

(1) 可以用动态滤波器最佳非相干检测方法解调信号吗？

(2) 如果用 $f_2 = 125kHz$，可以用动态滤波器解调信号吗？

(3) 画出解调方框原理图。

(4) 画出各点波形图。

6. 填空

(1) 在恒参信道传输中，如果要求较高的功率利用率，则应选择_____调制；而_____调制最不可取。

(2) 如果要求较高的频带利用率，则应选择_____调制，而_____调制最不可取。

(3) 若传输信道是随参信道，则_____调制具有更好的适应能力。

(4) 在信息传输速率不变的情况下，通过增加_____，可以降低码元传输速率，从而减小信号带宽，节约频带资源，提高_____。

(5) 在卫星通信中，最常用的多进制调制是_____。

(6) 在多进制调制信号中，调制的进制数越多，则系统的传输效率_____，但其收端误码率_____，抗干扰能力_____。

7. 问答题

(1) 为什么多进制数字振幅调制(MASK)应用很少？

(2) 为什么多进制数字频率调制(MFSK)一般不采用？

(3) 为什么多进制数字相位调制(MPSK)常用？

(4) 二进制数字通信有哪些共同点？

(5) 多进制数字调制有哪些共同点？特点是什么？

8. 2PSK、2DPSK 调制信号中有载频分量吗？

9. 工程上为什么不用 2PSK 调制？

10. 信噪比低时，2DPSK 信号解调可以用差分相干解调法吗？请画出差分解调方框原理图。

11. 卫星通信中，2FSK 信号解调最适合用哪种解调方式？

12. 动态滤波器与并联谐振回路有什么区别？动态滤波器为什么要加猝息脉冲？

13. 设计题：接第 3 章，用 Quartus Ⅱ 7.2 软件设一个 256Kbit/s 的 m 序列硬件电路作为调制基带信号，进行 2DPSK 调制。设计条件：晶体频率为 4.096MHz、10MHz。设计其硬件电路，并仿真出波形。

14※. 把仿真结果下载到 SYT-2020 扩频实验箱验证结果，并拍下照片。

15※. 整理设计资料，仿真波形，下载波形照片，写一个小总结。

第5章 同步理论

> 同步概述
> 模拟锁相环
> 载波同步
> 位同步
> 群同步

5.1 同步概述

同步是通信系统中一个非常重要的实际问题,是进行信息传输的前提和基础,同步性能的好坏直接影响通信系统的性能。

数字通信中,同步问题包括载波同步、位同步、群同步和网同步。

(1) **载波同步**。当采用同步解调或相干检测时,**接收端需要提供一个与发射端调制载波同频同相的相干载波**。这个载波的获取就称为载波提取或载波同步。

(2) **位同步**。在数字通信系统中,接收端需要对接收到的信息进行判决,必须产生**与发送码元同频同相的定时脉冲序列**的过程称为码元同步或位同步。

(3) **群同步**。数字通信中的消息数字流总是由若干码元组成"字",若干"字"又组成"句",接收时需要知道"字""句"的起止时刻。**在接收端产生与发送端"字""句"起止时刻相一致的定时脉冲序列**的过程,称为"字"同步和"句"同步,统称群同步或帧同步,用于分清各路信号。

(4) **网同步**。为了保证通信网络中各用户之间可靠地进行数据交换,还必须实现网同步,**使整个通信网内有一个统一的时间标准**,用于分清网属信号。

同步也是一种信息,按照获取和传输同步信息方式的不同,又可分为外同步法和自同步法。

1. 外同步法

由发送端发送专门的同步信息(常称为导频)，接收端把这个导频提取出来作为同步信号的方法，称为外同步法。

2. 自同步法

发送端不发送专门的同步信息，接收端设法从收到的信号中提取同步信息的方法，称为自同步法。

自同步法是人们最希望的同步方法，因为可以把全部功率和带宽分配给信号传输。在载波同步和位同步中，两种方法都有采用，但自同步法正得到越来越广泛的应用。**而群同步一般都采用外同步法。**

特别强调，这里讲的同步不仅要频率同步，而且要相位同步，因此模拟锁相环是本章最重要的基础知识，很有必要重新复习主要基本知识。

5.2　模拟锁相环

5.2.1　鉴相与鉴频的区分

锁相环路与自动频率控制电路的工作过程十分相似，二者都是用误差信号来控制压控振荡器的频率。**但二者之间有着根本的差别。**

(1) **在自动频率控制电路中，采用的是鉴频器，f_R 与 f_V 之间没有恒定的相位差。**它所输出的误差电压与两个相比较的信号的频率差成比例，达到稳定状态时，f_R 与 f_0 两个频率不能完全相等，**仍有剩余频差存在。**鉴频器(AFC)的方框原理图如图 5.2.1 所示。

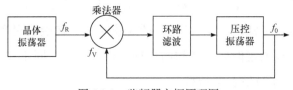

图 5.2.1　鉴频器方框原理图

(2) **在锁相环路中，采用的是鉴相器，f_V 与 f_R 之间有恒定的 90°相位差。**它所输出的误差电压与两个相比较的信号的相位差成比例，当达到最后锁定状态时，**被锁定的频率 f_0 与 f_R 是同频同相信号关系。而 f_V 与 f_R 之间有恒定的 90°相位差。**锁相环路是通过相位来控制频率的。锁相环(APC)的方框原理图如图 5.2.2 所示。

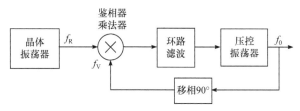

图 5.2.2 锁相环方框原理图

5.2.2 鉴相器三大部件工作特性

1. 鉴相器(PD)

鉴相器可以用二极管来设计，也可以用三极管设计，或者用 IC 来设计，统称为乘法器。鉴相器输出的特性曲线如图 5.2.3(a)所示，电路工作数学模型如图 5.2.3(b)所示。设 f_R 为基准频率，f_0 为压控振荡器频率。鉴相器工作特性如表 5.2.1 所示。

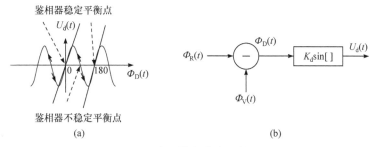

图 5.2.3 鉴相器特性曲线和数学模型

表 5.2.1 鉴相器工作特性

相位比较	鉴相器输出相位	鉴相器输出电压
$f_R > f_0$	$\Phi_D(t) > 0$	输出"正"电压
$f_R < f_0$	$\Phi_D(t) < 0$	输出"负"电压
$f_R = f_0$	$\Phi_D(t) = 0$	输出电压 = 0

从表 5.2.1 和图 5.2.3 可以看出，鉴相特性有 0、π 两个稳定点，鉴相器可以锁定在 0°参考频率相位，也可以锁定在 180°参考频率相位。两个都是稳定的。这就是锁相环的相位模糊度。即相位变化与横轴交点斜率为正，则为稳定平衡点；相位变化与横轴交点斜率为负，则为不稳定平衡点。

2. 环路滤波器(LF)

常用的环路滤波器主要有一阶 RC 低通滤波器、无源比例积分滤波器和有源比例积分滤波器，它们的原理电路图如图 5.2.4 所示。

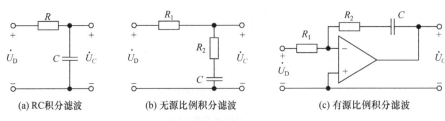

(a) RC积分滤波　　　　　(b) 无源比例积分滤波　　　　　(c) 有源比例积分滤波

图 5.2.4　环路滤波器三种电路结构

从图 5.2.4 可以看出，环路滤波器结构并不复杂，无源比例积分是比较常用的电路，但 R_1、R_2、C 的选择非常关键，对环路的同步带、捕捉带影响很大，$R_1C > R_2C$。设计锁相环就是选取这 3 个参数，鉴相器、压控振荡器都在 IC 芯片里面。要设计一个工作稳定的锁相环有一定的难度。有源比例积分滤波方案对低频信号有放大作用，对锁相环同步带、捕捉带有较大的改善。

3. 压控振荡器(VCO)

压控振荡器的工作原理主要是在振荡回路里面接入一个变容二极管，当变容二极管两端加反向电压时，其电容量随电压降低。即变容二极管两端反向电压越高，电容量越小；反向电压越低，电容量越大，如图 5.2.5 所示。

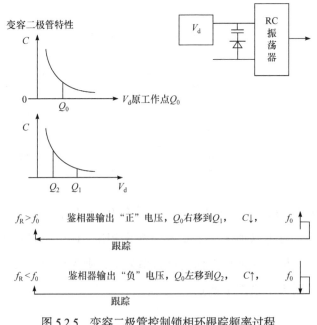

图 5.2.5　变容二极管控制锁相环跟踪频率过程

参照图 5.2.5，假设变容二极管原来的工作点在 Q_0，当参考频率 f_R 大于压控振荡器输出频率 f_0 时，鉴相器输出一个正电压，使变容二极管工作点向右移到 Q_1 点。电容量减小，振荡频率升高，跟踪参考频率 f_R。假设变容二极管原来的工作点在 Q_0，当参考频率 f_R 小于压振荡器输出频率 f_0 时，鉴相器输出一个负电压，使变容二极管的工作点向左移到 Q_2 点。电容量加大，振荡频率降低，跟踪参考频率 f_R。

4. 锁相环的主要特性

锁相环的主要特性是同步带和捕捉带，其定义参照图 5.2.6。

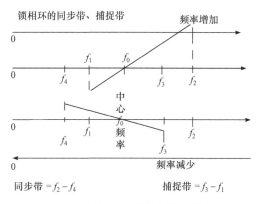

图 5.2.6　锁相环同步带与捕捉带定义

当压控振荡器锁定的中心频率为 f_0 时，频率从低端 f_4 向高端 f_2 连续变化。当 f_4 升高到 f_1 时，锁相环即刻锁定在 f_0 中心频率，压控振荡器继续升高至 f_2 才会失锁；然后反过来从压控振荡器频率高端 f_2 下降至 f_3，锁相环即刻进入锁定中心频率 f_0，继续往下调至 f_4 频率才会失锁。

$$锁相环的同步带 = f_2 - f_4$$
$$锁相环的捕捉带 = f_3 - f_1$$

锁相环的同步带一定大于捕捉带，而且两者是矛盾的，同步带越宽，捕捉带越窄；捕捉带越宽，同步带越窄。

5. 锁相环的正确调整方法

当环路已经处于失锁状态，从频率高端或者低端向中心频率靠近，环路进行锁定状态时，不能停止，要继续按此方向调整，使压控振荡器振荡频率尽量靠近中心频率。以后由于温度变化，振荡频率漂移还在捕捉带范围内，这样锁相环才能处于稳定工作状态。如果锁相环进入锁定状态后立刻停止调整，锁相环工作在捕捉带边沿。很容易受温度变化影响，振荡频率漂移不能进入捕捉带而失锁，锁相环工作是不稳定的。

5.3 载波同步

5.3.1　自同步法

载波自同步法是设法从接收信号中提取同步载波。有些信号，如 DSB-SC、PSK 等，它们本身虽然不直接含有载波分量，但经过某种非线性变换后，将具有载波的谐波分量，因而可从中提取出载波分量。下面介绍几种常用的方法。

1. 平方环法

平方环载波提取广泛用于建立抑制载波的双边带信号的载波同步。设调制信号 $X(t)$ 无直流分量，则抑制载波的双边带信号为

$$S(t) = X(t)\cos\omega_c t \tag{5.3.1}$$

接收端将该信号经过平方律器件进行非线性变换后，得到

$$A(t) = \left[X(t)\cos\omega_c t\right]^2 = \frac{1}{2}X^2(t) + \frac{1}{2}X^2(t)\cos 2\omega_c t$$

上式的第二项包含载波的 $2f_c$ 倍频分量。若用一个窄带滤波器将 $2f_c$ 频率分量滤除，再进行二分频，就可获得所需的相干载波。方框图如图 5.3.1 所示。

图 5.3.1　平方环提取载波原理方框图

在二进制系统中，由于 $X(t) = \pm 1$，所以 $A(t)$ 可以写为

$$A(t) = \left[X(t)\cos\omega_c t\right]^2 = \frac{1}{2} + \frac{1}{2}\cos(2\omega_c t) \tag{5.3.2}$$

应当注意：载波提取中使用了一个二分频电路，由于分频 D 触发器初始状态有"0"码和"1"码不确定性，输出载波对发送端有 180° 相位模糊度，如图 5.3.2 所示。可能出现解出的数据有"反向工作"问题，解决办法是对调制的基带信号做差分码变换，并解调后进行差分译码恢复信号。

工程应用中，为了使恢复的相干载波更为纯净，窄带滤波器常用锁相环代替，如图 5.3.3 所示。

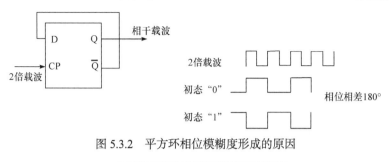

图 5.3.2 平方环相位模糊度形成的原因

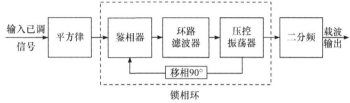

图 5.3.3 平方环使用锁相环提纯

2. 同相正交环法

(1) 同相正交环工作原理。

同相正交环法又称为科斯塔斯(Costas)环,原理方框图如图 5.3.4 所示。压控振荡器(VCO)提供两路互为正交的载波,与输入接收信号分别在乘法器 1 和乘法器 2 做乘法运算产生正交的基带信息,经低通滤波之后的输出均含调制信号,两者再做乘法(鉴相)后可以消除调制信号的影响,经环路滤波器得到仅与相位差有关的控制压控,从而准确地对压控振荡器进行调整。

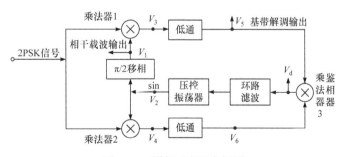

图 5.3.4 同相正交环方框图

设输入的抑制载波双边带信号为 $X(t)\cos\omega_c t$,并假定环路锁定,则 VCO 输出的两路互为正交的本地载波分别为

$$V_1 = \cos(\omega_c t + \theta)$$
$$V_2 = \sin(\omega_c t + \theta) \tag{5.3.3}$$

2DPSK 输入信号 $X(t)\cos\omega_c t$ 分别与 V_1、V_2 相乘后得

$$V_3 = X(t)\cos\omega_c t \cdot \cos(\omega_c t + \theta) = \frac{1}{2}X(t)\big[\cos\theta + \cos(2\omega_c t + \theta)\big]$$

$$V_4 = X(t)\cos\omega_c t \cdot \sin(\omega_c t + \theta) = \frac{1}{2}X(t)\big[\sin\theta + \sin(2\omega_c t + \theta)\big]$$

环路锁定时 $\theta = 0$ 经低通滤波后分别为

$$V_5 = \frac{1}{2}X(t)\cos\theta = \frac{1}{2}X(t)$$

$$V_6 = \frac{1}{2}X(t)\sin\theta$$

请注意：锁定时，$\theta = 0$，V_1 就是提取的相干载波，V_5 就是解调的基带信号。

(2) 同相正交环法解调载波相位模糊度如何产生？

V_5 和 V_6 信号有常定的 90°相位差，所以这个乘法器又称为鉴相器。低通滤波器应该允许 $X(t)$ 通过。V_5、V_6 相乘产生误差信号，鉴相特性：

$$V_d = \frac{1}{8}X^2(t)\sin 2\theta$$

$$V_d = K_d \sin 2\theta$$

鉴相特性如图 5.3.5 所示，鉴相特性曲线与横轴的交点斜率为正则为稳定平衡点，所以同相正交环锁定的载波相位可以是 0°，也可以是 180°。图 5.3.6(a)和(b)两张照片显示，解调的数据有不确定性，有时解出与发送端相同的数据，而有时又解出与发送端反相的数据，提取的载波有相位模糊度，必须用差分编/译码办法解决。

鉴相特性曲线与横轴的交点斜率为正则为稳定平衡点，
故有"0""π"两个平衡点

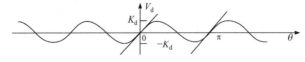

由 $\sin 2\theta$ 产生载波相位模糊

图 5.3.5　同相正交环鉴相特性

平方环工作在 2 倍载频，显然当载波频率较高时，硬件设计比较困难，例如，卫星通信中频为 70MHz，2 倍载频为 140MHz。而同相正交环路工作频率为载频，硬件设计较易实现；其次，当环路正常锁定后，电路具有载波提取(V_1)和相干解调(V_5)两种功能，而平方环只有载波提取功能。

(a) 实验中测量的锁定频率和解调的反相数据

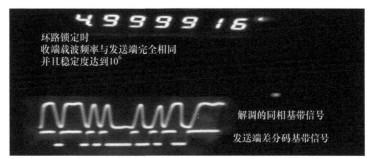

(b) 实验中测量的锁定频率和解调的同相数据

图 5.3.6　实验中测量的锁定频率和解调的数据

3※. 逆调制环

逆调制环常用于 PSK 信号的载波提取,它的优点是具有去除无线传输中寄生调幅的功能,同时又具有载波提取和相干解调两种功能。电路的主要特点是在环路中增设了相位检测器和判决器,方框图如图 5.3.7 所示。相干解调器对 PSK 信号进行相位解调,经过判决,恢复基带数字信号 $X(t)$,再用它对二相 PSK 信号进行逆调制,得到无调制的载波,经过锁相环路进一步提纯后,作为相位解调器的相干载波。

设环路已经锁定:

$$U_{\mathrm{P}}(t) = K_{\mathrm{P}} X(t) \cos(\theta_2 - \theta_1) \tag{5.3.4}$$

进入锁定的相位差 $\theta_2 - \theta_1$ 所处的象限来对 $X(t)$ 进行判决:

若 $\theta_2 - \theta_1$ 处于第一、四象限,判输出 $+X(t)$;

若 $\theta_2 - \theta_1$ 处于第二、三象限,判输出 $-X(t)$;

K_{P} 为电路决定的增益常数。

基带数字信号波形 $\pm X(t)$ 对输入二相 PSK 进行再次调制后消除调制包络,得到 $\pm U_1 \cos(\omega_{\mathrm{c}} t + \theta)$,再送到环路鉴相器,经鉴相并取直流输出为

$$U_d = \pm K_d \sin(\theta_2 - \theta_1) = \pm K_d \sin\theta_0 \tag{5.3.5}$$

其中，K_d 为电路有关的鉴相灵敏度，它前面的"$\pm$"取决于锁定时 $\theta_2 - \theta_1$ 所处的象限。

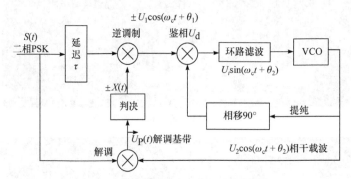

图 5.3.7　逆调制环方框原理图

如果在逆调制环中增加取样再生信息码的电路，构成再生型逆调制环，则相干载波的质量可以进一步改善。如图 5.3.8 所示，它是利用相位解调获得的基带数字波形 $\pm \hat{X}(t)$ 对 VCO 的 $U_2 \sin(\theta_2 - \theta_1)$ 进行调制，得到二相 PSK 信号作为环路鉴相器的参考信号，与输入的 2DPSK 信号鉴相，就可以消除调制信息，恢复出相干载波。在这个电路中，被调相的 VCO 输出为

$$\pm X(t)\sin(\omega_c t + \theta)$$

其"$\pm$"也由 $\theta_2 - \theta_1$ 所处象限决定。

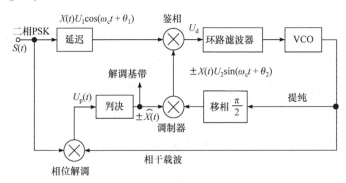

图 5.3.8　再生型逆调制环

鉴相的输出取低频分量：

$$U_d = \pm K_d \sin(\theta_2 - \theta_1) = \pm K_d \sin\theta_0 \tag{5.3.6}$$

式中，K_d 及其正负号与式(5.3.5)相同。

由式(5.3.5)和式(5.3.6)可见，逆调制环的两种电路跟踪功能相同，而且在提取载

波的过程中同时完成 2PSK 信号解调。逆调制环可以更有效地抑制调制连续谱对相干载波的干扰，所以性能是比较好的。逆调制环鉴相特性如图 5.3.9 所示。

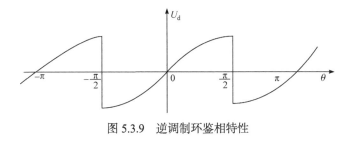

图 5.3.9　逆调制环鉴相特性

从图 5.3.9 可以看出，逆调制环载波提取同样有"相位模糊度"，必须用差分编/译码电路去解决。

4※. 判决反馈环

判决反馈环已经应用于数字微波系统中。它是逆调制环的变形，只要将逆调制过程改在基带完成，便构成判决反馈环，其原理如图 5.3.10 所示。输入的 2DPSK 信号 $S(t)=X(t)\cos(\omega_c t+\theta)$，在环路进入锁定条件下，I 相位和 Q 相位解调输出的基带波形分别为是

$$U_{\mathrm{I}}=K_{\mathrm{I}}X(t)\cos(\theta_2-\theta_1)$$

$$U_{\mathrm{Q}}=K_{\mathrm{Q}}X(t)\sin(\theta_2-\theta_1)$$

式中，K_{I}、K_{Q} 是电路有关的增益常数。同相解调输出 U_{I} 经判决恢复出数字信息波形：

$$\hat{U}_{\mathrm{I}}=+\hat{X}(t)，\quad 当 \theta_2-\theta_1 在第一、四象限时$$

$$\hat{U}_{\mathrm{I}}=-\hat{X}(t)，\quad 当 \theta_2-\theta_1 在第二、三象限时$$

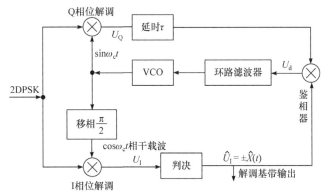

图 5.3.10　判决反馈环

将判决的结果 $\hat{U}_I$ 与 U_Q 再次相乘可得到环路的误差电压为

$$U_d = \pm K_d \sin(\theta_2 - \theta_1) = \pm K_d \sin\theta_0 \qquad (5.3.7)$$

式中，K_d 为鉴相灵敏度，正负号取法与式(5.1.6)相同。

由式(5.3.7)和式(5.3.5)、式(5.3.6)可见，判决反馈环与逆调制环的鉴相特性相同，同时具有载波提取和相干解调功能，载波提取同样有相位模糊度，必须用差分编/译码电路解决。

5※. 多进制相干载波提取

对于多进制调制信号，可以参考科斯塔斯环来恢复载波。例如，以四进制 4PSK 为例。锁相环方框图如图 5.3.11 所示。

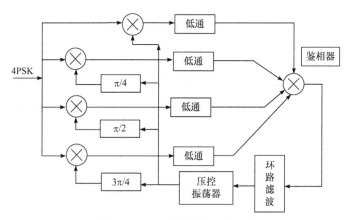

图 5.3.11　4 相科斯塔斯环锁相环

5.3.2　插入导频法

在抑制载波的双边带(如 DSB、2PSK、SSB、VSB 等)信号本身不含有载波的频率分量，对这些信号的载波提取，可以用插入导频法，插入导频法又分为频域插入导频法和时域插入导频法。

1. 频域插入导频

频域插入导频，就是在已调信号频谱中额外插入一个低功率的线谱，以便接收端作为载波同步信号加以恢复，此线谱对应的正弦波称为导频信号。

频域插入导频法应注意：插入的导频并不是加于调制器的载波，**而是将该载波移相 90°后的"正交载波"**，如图 5.3.12 所示。

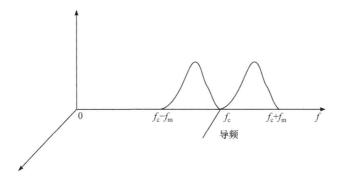

图 5.3.12　抑制载波双边带信号的导频插入

发端插入导频方框图如 5.3.13 所示。设调制信号 $f(t)$ 中无直流分量，被调制载波为 $A\sin\omega_c t$，将它移相 90° 形成插入导频(正交载波) $-A\cos\omega_c t$，其中 A 是插入导频的振幅。于是输出信号为

$$u_0(t) = Af(t)\sin\omega_c t - A_c\cos\omega_c t \qquad (5.3.8)$$

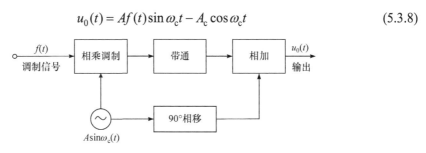

图 5.3.13　发端插入导频方框图

收端 $u_0(t)$ 信号，用一个中心频率为 f_c 的窄带滤波器提取导频 $-A\cos\omega_c t$，再将它移相 90°后得到与调制载波同频同相的相干载波 $\sin\omega_c t$，收端的解调方框图如图 5.3.14 所示。

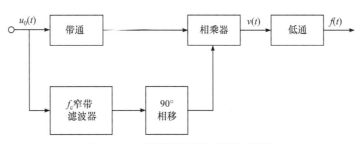

图 5.3.14　收端提取插入导频方框图

插入导频为什么要正交呢? 原因解释如下。

由图 5.3.13 可知，解调输出为

$$v(t) = u_0(t) \cdot \sin\omega_c t = [Af(t)\sin\omega_c t - A_c\cos\omega_c t]\sin\omega_c t$$

$$= \frac{A}{2}f(t) - \frac{A}{2}f(t)\cos(2\omega_c t) - \frac{A_c}{2}\sin(2\omega_c t)$$

经低通滤波，输出 $\frac{A}{2}f(t)$ 就是解调的有用信号。

如果发端加入的导频不是正交载波，而是调制载波，则收端解调 $v(t)$ 中还有一个不需要的直流成分，这个直流成分通过低通滤波器对数字信号判决会产生影响。

$$u_0(t) = Af(t)\sin\omega_c t - A_c\sin\omega_c t$$

$$v(t) = u_0(t) \cdot \sin\omega_c t = [Af(t)\sin\omega_c t - A_c\sin\omega_c t]\sin\omega_c t$$

$$= \frac{A}{2}f(t) - \frac{A}{2}f(t)\cos 2\omega_c t + \frac{A_c}{2} - \frac{A_c}{2}\sin 2\omega_c t$$

除了有用信号 $\frac{A}{2}f(t)$ 之外，还有多余的 $\frac{A_c}{2}$ 直流分量影响码元的判决。这就是发端需要插入正交导频的原因。

2. 时域插入导频

时域插入导频方法在时分多址通信卫星中应用较多，插入导频是按照一定的时间顺序，在指定的时间内发送载波标准，即把载波标准插到每帧的数字序列开头位置，如图 5.3.15(a)所示。图中，$t_2 \sim t_3$ 就是插入载波导频的时间，它一般插在群同步脉冲之后。这种插入使插入的导频是断续传送的。只是在每帧的一小段时间内才出现载波标准，在接收端用控制信号将载波标准取出。

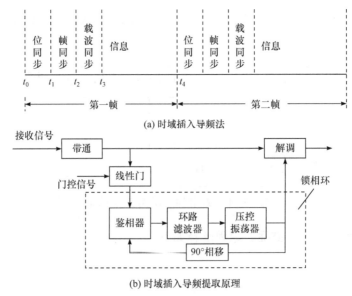

(a) 时域插入导频法

(b) 时域插入导频提取原理

图 5.3.15　时域插入导频法及其提取原理

收端载波提取必须在群同步系统正常情况下，当同步载波到来时，用一个门电路取出断续导频信号，然后通过锁相环来提取同步载波。方框图如图 5.3.15(b) 所示。

5.4 位 同 步

收端解调的基带信号，我们必须重新判决还原发送端发出的数据，这个判决的时钟必须与发送端时钟同频而相位相差 90°。提取的这个判决时钟称为**位同步**，或称**码元同步**，它是在数字通信的诸多同步之中的首要问题，如果位不同步，群一定不同步，就无从解出传输的数字信息。**位同步是接收端还原发送端数据正确取样判决的基础。**一般采用从传输基带信号中直接提取的方法。位同步提取必须具有三大步骤，如图 5.4.1 所示。对于数据中连 "0" 码数不多的情况，如 HDB3 码，窄带滤波可以用并联谐振回路、模拟锁相环路选出位同步信号；但对于数据中连 "0" 码数比较多的场合，**窄带滤波必须用数字锁相环取代才能取出位同步信号。**

图 5.4.1 位同步提取三大步骤方框图

5.4.1 谐振回路提取位同步

1. 归零码变换

归零码变换是位同步提取中最重要的一步。因为不归零的随机二进制序列，不论是单极性还是双极性的，都没有 $f=1/T$ 线谱，因而不能直接滤除 $f=1/T$ 的位同步信号分量，如图 5.4.2 所示。

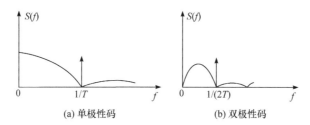

(a) 单极性码   (b) 双极性码

图 5.4.2 未归零的单极性和双极性功率谱

若对该信号进行某种变换，例如，变成归零的单极性脉冲，其频谱中就含有 $f=1/T$ 的分量，如图 5.4.3 所示，然后才能提取位同步信号，所以归零码变换是位同步提取最重要的一步。

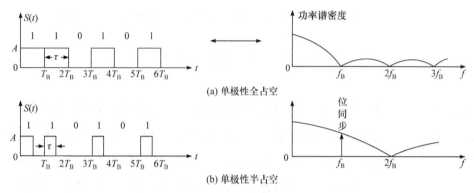

(a) 单极性全占空

(b) 单极性半占空

图 5.4.3　归零码单极性脉冲功率谱

2. 窄带滤波

位同步提取的第二步是从归零码信号中滤除位同步分量，对于连"0"码数较少的基带信号，例如，HDB3 码可用并联谐振回路提取位同步分量，称为**模拟滤波法**。但对于连"0"码数较多的基带信号，必须用数字锁相才能提取到位同步信号，称为**数字锁相环滤波法**。

3. 整形移位

位同步提取的第三步是对提取的位同步分量进行整形和移位，因为位同步是作为码元判决的，所以要通过整形把它变为脉冲信号；提取的位同步信号为什么还要移位呢？**根据眼图的基本原理，码元最佳判决时刻是眼睛张开度最大的位置，**还原的误码才最小，如果判决时刻选在脉冲边缘，误码率是很高的。所以即使位同步分量提取出来了，如果相位不对，误码率同样是非常高的。**所以同步是相位同步，不是频率同步。**

4. 位同步提取的例子

(1) 通信实验中测到的 FSK 位同步波形变换如图 5.4.4 所示。

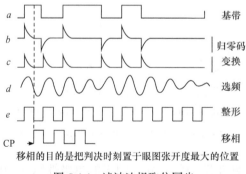

移相的目的是把判决时刻置于眼图张开度最大的位置

图 5.4.4　滤波法提取位同步

(2) 通信实验中测到的 HDB3 码位同步提取电路及波形变换如图 5.4.5 所示。

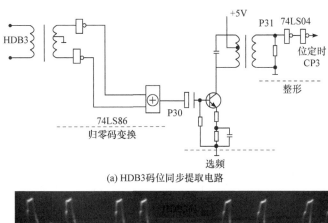

(a) HDB3 码位同步提取电路

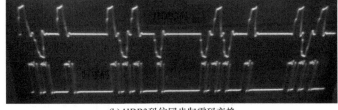

(b) HDB3 码位同步归零码变换

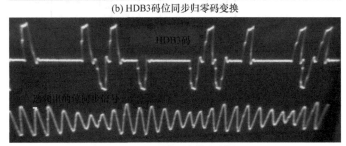

(c) HDB3 码位同步提取选频

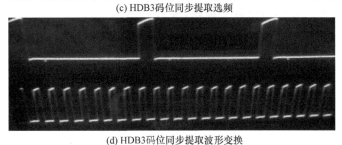

(d) HDB3 码位同步提取波形变换

图 5.4.5 HDB3 码位同步提取电路及波形变换

归零码变换由变压器、非门、74LS86 完成。晶体管、谐振回路组成选频网络。整形由 74LS04 完成。移位由谐振回路完成。

5.4.2 用全数字锁相环代替窄带滤波

全数字锁相环提取位同步是通信中应用最多、最广的一种方法，电路原理图如图 5.4.6 所示。位同步锁相环是采用高稳定度的振荡器(信号钟)，从鉴相器所获得的与同步误差成比例的误差信号不是直接用于调整振荡器，而是通过一个控制器在信号钟输出的脉冲序列中附加或扣除一个或几个脉冲，这样同样可以调整加或减相器上的位同步脉冲序列的相位，达到同步的目的。这种电路可以完全用数字电路构成全数字锁相环路。

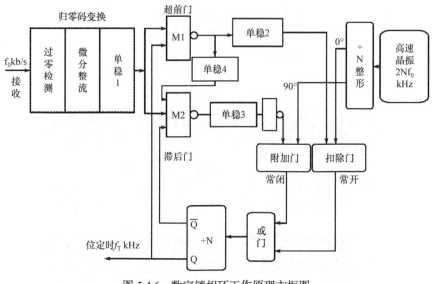

图 5.4.6　数字锁相环工作原理方框图

在数字锁相环中，由于误差控制信号是离散的数字信号而不是模拟电压，因而受控的输出相位的改变是离散的而不是连续的；此外，环路组成部件也全用数字电路实现，故而这种锁相环就称为全数字锁相环(DPLL)。

由于这种环路对位同步信号相位的调整不是连续的，而是存在一个最小的调整单位，也就是说对位同步信号相位进行量化调整，故这种位同步环又称为量化同步器。

工作原理：参照电路原理图 5.4.6，码元速率为 f_0，晶体振荡频率必须为 $2Nf_0$，这里 N 必须是大于 0 的整数，否则电路无法工作。2 分频整形后产生 0 相、$\pi/2$ 相窄脉冲，再经 N 分频后即得本地定时时钟频率 f_T。这个频率与接收信号的时钟频率肯定是相同的，但其相位必须经接收的基准脉冲进行校正，N 越大，锁定后的相位误差越小。

1. 高速晶振频率选择

如果码元速率为 f_0，晶体振荡频率必须为 $2Nf_0$，这里 N 必须是大于 0 的整数，**N 越大**，锁定后的相位误差就越小，否则电路无法工作。**工程上通常取 $N \geqslant 32$。**

2. 窄脉冲形成硬件电路设计

÷2 窄脉冲形成的硬件电路设计如图 5.4.7 所示,产生 0°和 90°两个频率相同的窄脉冲信号。

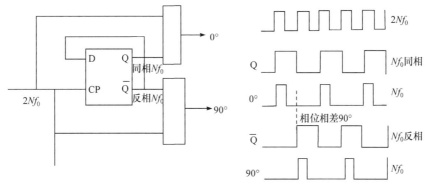

图 5.4.7　窄脉冲形成

3. 归零码变换

全数字锁相环位同步提取也要先做归零码变换,其原理与谐振回路选频完全相同,给相位比较器提供一个位同步的基准参考相位。

4. 相位比较器

将接收脉冲序列位同步基准相位与位同步输出信号 f_T 进行相位比较,若相位超前就输出一个超前负脉冲;若相位滞后就输出一个滞后正脉冲,如图 5.4.8 所示。

5. 可变分频器

可变分频器由图 5.4.9 虚线框内器件组成。

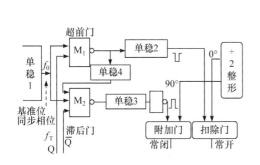

图 5.4.8　相位比较器工作原理

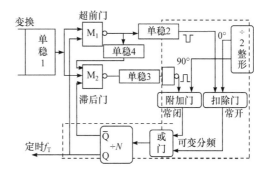

图 5.4.9　可变分频器工作原理

超前脉冲到来时,这个低电位使常开门扣除一个 0°高频窄脉冲,由于后面 ÷N 计数分频数 N 恒定,本地定时推后一个相位出现。

滞后脉冲到来时，这个高电位使常闭门打开并添加一个 90°高频窄脉冲，由于后面 ÷N 计数分频数 N 恒定，本地定时提前一个相位出现。

可变分频器工作相位调整原理如图 5.4.10 所示。

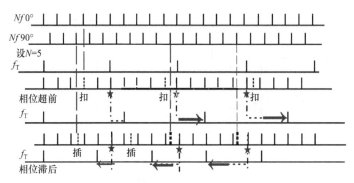

图 5.4.10　数字锁相环相位调整工作原理

6. 数字锁相环工作状态的定义

数字锁相环工作状态的定义如下：相位超前的定义参考图 5.4.11；相位滞后的定义参考图 5.4.12；环路锁定的定义参考图 5.4.13。

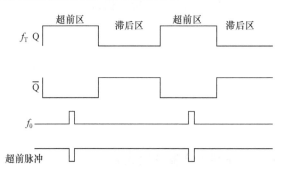

f_0 落在 f_T 高电平定义相位超前，鉴相器输出一个负脉冲，扣除一个 0 相位高频脉冲

图 5.4.11　相位超前工作波形

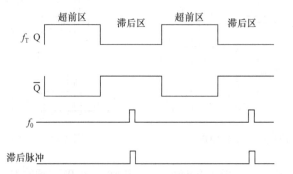

f_0 落在 f_T 低电平定义相位滞后，鉴相器输出一个正脉冲，添加一个 π/2 的高频脉冲

图 5.4.12　相位滞后工作波形

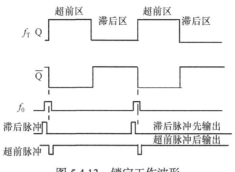

图 5.4.13　锁定工作波形

通过相位调整，使位同步脉冲对准基准同步脉冲，环路处于锁定状态时，f_0 落在 f_T Q 端低电平，滞后门**先输出**一个正脉冲，添加一个 $\pi/2$ 相位的高频窄脉冲；紧接着 f_0 落在 f_T Q 端高电平，超前门**后输出**一个负脉冲，扣除一个 0°相位的高频窄脉冲；正好互相抵消，电路达到平衡，即环路已经锁定。

7. 单稳 4 的作用：防止假锁

如果 f_0 落在 f_T 脉冲的后沿，这时超前门先输出一个负脉冲，扣除一个 0°相位的窄脉冲；紧接着滞后门输出一个正脉冲，添加一个 $\pi/2$ 相位的窄脉冲，电路也处于平衡状态，这种情况称为**假锁**，如图 5.4.14 所示。这是不需要的，这种工作状态的特点是超前门先输出，利用这个特点，把超前门的输出通过单稳 4 封锁滞后门输出，这样就可以破坏这种平衡，使其相位不断推后，直至 f_0 对准 f_T 脉冲前沿。

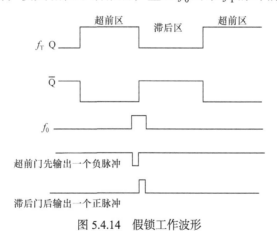

图 5.4.14　假锁工作波形

5.4.3　数字滤波器提高抗噪性能

数字锁相环电路中，由于噪声的干扰，接收到的码元转换时间产生随机抖动甚至产生虚假的转换，相应在鉴相器输出端就有随机的超前或滞后脉冲，这导致锁相环来回进行不必要的调整，引起位同步信号的相位抖动。仿照模拟锁相环鉴相器后加有环路滤波器的方法，在数字锁相环鉴相器后加入一个数字滤波器。插入数字滤波器的作用就是滤除这些随机的超前、滞后脉冲，提高环路的抗干扰能力。常用的数字滤波器有"N先于M"滤波器和"随机徘徊"滤波器两种。

1. N先于M滤波器

N先于M滤波器如图5.4.15所示，选择$N < M < 2N$，无论哪个计数器计满，都会使所有计数器重新置"0"。

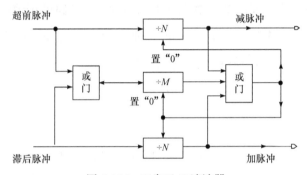

图5.4.15　N先于M滤波器

当鉴相器送出超前脉冲或滞后脉冲时，滤波器并不马上将它送去进行相位调整，而是分别对输入的超前脉冲(或滞后脉冲)进行计数。

如果两个÷N计数器中的一个，在÷M计数器计满的同时或未计满前就计满了，则滤波器就输出一个"减脉冲"(或"加脉冲")控制信号进行相位调整，同时将三个计数器都置"0"(即复位)，再对后面的输入脉冲进行处理。

如果是由于干扰的作用，鉴相器输出零星的超前或滞后脉冲，而且这两种脉冲随机出现，那么，当两个÷N计数器的任何一个都未计满时，÷M计数器就很可能已经计满了，并将三个计数器又置"0"，因此滤波器没有输出，这样就消除了随机干扰对同步信号相位的调整。

2. 随机徘徊滤波器

随机徘徊滤波器工作原理图如5.4.16所示，它是一个既能进行加法计数又能进行减法计数的可逆计数器。当有超前脉冲输入时，触发器(未画出)使计数器接成加法状态。当有滞后脉冲输入时，触发器(未画出)使计数器接成减法状态。如果超前脉冲超过滞后脉冲的数目达到计数容量N，就输出一个"减脉冲"控制信号，通过控制器和分频器使位同步信号相位后移。

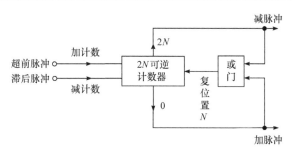

图 5.4.16　随机徘徊滤波器

3. 附加闭锁门电路

附加闭锁门电路如图 5.4.17 所示，如果滞后脉冲超过超前脉冲的数目达到计数容量 N 时，就输出一个"加脉冲"控制信号，调整位同步信号相位前移。**在进入同步之后，噪声抖动则是正负对称的，由它引起的随机超前、滞后脉冲是零星的，不会是连续多个的**。因此，随机超前与滞后脉冲之差达到计数容量 N 的概率很小，滤波器通常无输出。这样一来就滤除了这些零星的超前、滞后脉冲，即滤除了噪声对环路的干扰作用。

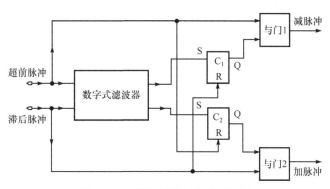

图 5.4.17　附加闭锁门电路原理图

上述两种数字式滤波器的加入的确提高了锁相环的抗干扰能力，但是由于它们应用了累计计数，输入 N 个脉冲才能输出一个加(或减)控制脉冲，必然使环路的同步建立过程加长。可见，提高锁相环抗干扰能力(希望 N 大)与加快相位调整速度(希望 N 小)是一对矛盾。为了缓和这一对矛盾，缩短相位调整时间，当输入连续的超前(或滞后)脉冲多于 N 个后，数字式滤波器输出一超前(或滞后)脉冲，使触发器 C_1(或 C_2)输出高电平，打开与门 1(或与门 2)，输入的超前(或滞后)脉冲就通过这两个与门加至相位调整电路。

如鉴相器这时还连续输出超前(或滞后)脉冲，那么由于这时触发器的输出已使与门打开，这些脉冲就可以连续地送至相位调整电路，而不需要再待数字式滤波器计满 N 个脉冲后才能输出一个脉冲，这样就缩短了相位调整时间。对随机干扰来说，鉴相器输出的是零星的超前(或滞后)脉冲，这些零星脉冲会使触发器置"0"，这时整个电路的作用就和一般数字式滤波器的作用类同，仍具有较好的抗干扰性能。

5.4.4　全数字集成锁相环 74LS297

单片全数字集成锁相环 74LS297 可以设定频带宽度与中心频率。其功能结构图如图 5.4.18 所示，包括数字鉴相器和数字压控振荡器(DCO)。芯片工作电源电压为 5V，K 时钟有效频率范围为 0～5MHz，I/D 时钟典型值为 0～35MHz。电路连接如图 5.4.19 所示，请注意：K 计数器相当于数字滤波器。

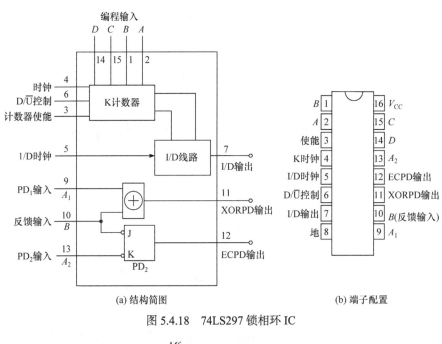

（a）结构简图　　　　　　　　　　（b）端子配置

图 5.4.18　74LS297 锁相环 IC

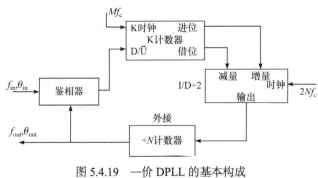

图 5.4.19　一价 DPLL 的基本构成

1. 数字鉴相器

在 74LS297 芯片中有两种形式的鉴相器 PD1 与 PD2，PD1 为异-或门比相器 (XORPD)，PD2 为边沿触发式比相器(ECPD)。其原理分别如下。

设输入信号为占空比是 1∶1 的数字信号，用 $A_1(\theta_{in})$ 或 $A_2(\theta_{in})$ 表示，θ_{in} 代表输入相位，反馈信号用 $B(\theta_{out})$ 表示，θ_{out} 代表环路输出信号相位(鉴相器反馈输入相位)误差 $\theta_e = \theta_{in} - \theta_{out}$。异或门鉴相器功能表如表 5.4.1 所示。

表 5.4.1　异或门鉴相器功能表

A_1	B	输出	
0	0	0	0-低电平
0	1	1	1-高电平
1	0	1	
1	1	0	

由功能表可得鉴相器输入与输出波形如图 5.4.20 所示，显然，当 $\theta_e = 0$ 时，A_1 与 B 波形相差 1/4 周期，实际相差为 π/2。

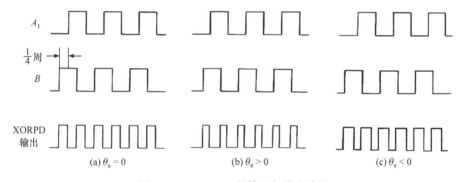

图 5.4.20　XORPD 的输入与输出波形

2. 数字压控振荡器(DCO)

DCO 是由 K 计数器、增/减线路(I/D)与 N 分频器组成的。

计数器与 I/D 线路所需的两时钟——K 时钟与 I/D 时钟由外部电路供给。K 计数器与 I/D 线路具有产生信号的功能，I/D 线路输出外接 N 分频器，可形成鉴相器的反馈输入 B。K 计数器由向上计数器与向下计数器构成，有进位与借位输出。D/$\overline{U}$ 输入接鉴相器的输出。

鉴相器输出高"H"电平——减计数。

鉴相器输出低"L"电平——加计数。

显然加/减计数是指输入时钟 Mf_c 的脉冲数，$K_d\theta_e$ 表示比相一周期内"H"与"L"占时的平均结果，计数值为 $K_d\theta_e Mf_c$，若相位差 $\theta_e = \theta_{in} - \theta_{out} > 0$，则 $K_d\theta_e < 0$；反之，$K_d\theta_e > 0$，计数值经 K 次分频后分别输出借位或进位脉冲至 I/D 线路的减量或增量输入中。若增量输入一个进位脉冲，I/D 输出就增加 1/2 周期；若减量输入一个借位脉冲，I/D 输出就扣除 1/2 周期。

3. 环路动作过程

显然，将 I/D 线路输出外接到 N 分频器，N 次分频后反馈至鉴相器输入，其将是相位发生超前或滞后 1/2N 周期的脉冲信号 B。若闭合环路，则整个控制过程如下。

若环路输入信号超前反馈输入信号 B，相位差 $\theta_e = \theta_{in} - \theta_{out} > 0$，鉴相器输出至 K 计数器，计数器向上计数并输出进位脉冲至 I/D 线路的增量输入。每个进位脉冲将使 I/D 线路输出增加 1/2 周期的插入脉冲，经 N 次分频后，B 信号步进提前，从而使相位差减小。此过程不断进行，步进量为 $2\pi/2N = \pi/N(\text{rad})$，直至进入以零相位差为中心的稳态平衡状态。对于 $\theta_e < 0$ 步进校正过程与上述过程类同。

4. 环路性能分析

K 计数器和 I/D 线路的输入时钟都是外部晶振频率 $f = Mf_c$。如前所述，K 计数器输入由鉴相器输出确定，则 K 计数器输出脉冲重复频率为

$$f_K = \frac{K_d\theta_e \cdot Mf_c}{K}$$

式中，K 为计数器的分频比。

I/D 线路输入时钟频率为 $2Nf_c$，显然有环路中心频率：

$$f_c = \frac{I/D - cp}{2N} \tag{5.4.1}$$

调节 N 可以调节中心频率 f_c，I/D 线路输出脉冲重复频率 $f_{I/D}$ 应是其中心频率 $2Nf_c/2$ 加上增加或扣除周期的脉冲重复频率 $f_K/2$，即

$$f_{I/D} = Nf_c + \frac{K_d\theta_e \cdot Mf_c}{2K}$$

因此有环路输出频率(B 信号的频率)：

$$f_{I/D} = f_c + \frac{K_d\theta_e \cdot Mf_c}{2NK} \tag{5.4.2}$$

由于 $K_d\theta_e$ 的最大值为 ±1，因此由式(5.4.2)可得环路锁定频率范围(或称同步跟踪范围)：

$$2\Delta_{\max} = f_{\text{omax}} - f_c = \frac{Mf_c}{KN} \tag{5.4.3}$$

如上所述，锁定范围与 K 计数器的分频比 K 值有很大关系。**K 值越大，锁定范围越窄**，而且由于进位或借位脉冲的重复频率降低，周期加长，环路进入同步的时间也长。所以调节 K 可对环路锁定范围与同步时间进行调整。

重要概念：锁相环不管是模拟锁相环还是数字锁相环，同步带和捕捉带始终是一对矛盾。同步带变宽，捕捉带一定变窄；捕捉带变宽，同步带一定变窄。显然，当环路进入锁定状态时，有 $f_o = f_{in}$，但 A 与 B 两信号之间仍存在一定稳态相差。在式(5.4.2)中，令 $f_o = f_{in}$，则有

$$\theta_e = \frac{2KN(f_{in} - f_c)}{K_d Mf_c}$$

K 值调节是依靠 K 计数器的可编程输入来控制的。

当编程输入 A、B、C、D 端全为低电平时，分频器处在禁止状态。

当 B、C、D 为低电平，A 为高电平时，K 值有最小值 2^3，捕捉带最宽。

当 A、B、C、D 全为高电平时，K 有最大值 2^{17}，同步带最宽。

显然，依靠编程输入，可调节 K 值为所需要的设计值。表 5.4.2 为可编程式 K 计数器的编程功能表。

表 5.4.2　可编程式 K 计数器的编程功能表

D	C	B	A	K值
0	0	0	0	禁止
0	0	0	1	2^3
0	0	1	0	2^4
0	0	1	1	2^5
0	1	0	0	2^6
0	1	0	1	2^7
0	1	1	0	2^8
0	1	1	1	2^9
1	0	0	0	2^{10}
1	0	0	1	2^{11}

续表

D	C	B	A	K 值
1	0	1	0	2^{12}
1	0	1	1	2^{13}
1	1	0	0	2^{14}
1	1	0	1	2^{15}
1	1	1	0	2^{16}
1	1	1	1	2^{17}

图 5.4.21 给出了扩频通信系统设计中数字锁相环提取的位同步照片。收端已经稳定提取出了发端的时钟频率 255.99688kHz，频率稳定度达到发送端晶体频率稳定度 10^6，但有小量的相位误差。

图 5.4.21　扩频设计实验中提取的位同步照片

5. 锁定范围和中心频率的控制

将 74LS297 配合微处理器使用，可以对锁定的范围与位同步标准频率 f_0 实施自适应实时调节，结构框图如图 5.4.22 所示。

图 5.4.22 中 DPLL 的外接 N 分频器由两部分组成：一部分可并联输出的 L 分频器，其并联输出可读出表示实时相位误差值的数据，而另一部分为分频比 (N/L) 受编程控制的程序分频器。总分频比仍为 N，即

$$L \cdot \frac{N}{L} = N$$

按照式(5.2.1)，I/D 线路输入时钟频率为 $2Nf_c$，显然有环路中心频率：

$$f_{\mathrm{c}} = \frac{I/D - cp}{2N}$$

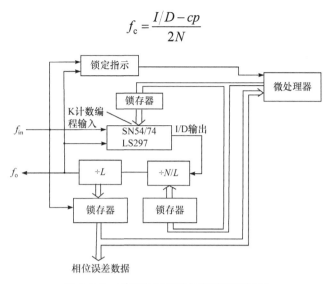

图 5.4.22　采用微处理器控制锁相环结构

通过微处理器的编程输入控制 N 值，可调节中心频率 f_{c} 的值。微处理器根据锁定指示器，在环路未进入锁定时，控制 K 计数器的 A、B、C、D 编程输入，使分频比 K 值低于低分频比值，以扩大捕捉带范围，使环路快速进入锁定。

当环路进入锁定后，微处理器可读出连接在并联输出分频器(L)上的锁存器之相位误差 θ_{D}，根据 θ_{D} 的大小实时调节程序分频器(N/L)的编程输入，变更 N 值来调节中心频率 f_{c}，让 $f_{\mathrm{c}} \approx f_{\mathrm{in}}$，从而使稳态相差 θ_0 接近零。与此同时，微处理器又调节 K 计数器编程输入，使 K 值增大，将环路锁定范围变窄，以减少干扰的作用，增加同步带带宽。

5.5　群 同 步

数字通信在传输数据时，总是以若干个码元组成一个"字"，若干个"字"又组成一个"句"，通常称为一个"群"或者一个"帧"。群同步又称帧同步。

群同步的任务就是在位同步的基础上识别出这些数字信息群(字、句、帧"开头"和"结尾"的时刻)，使接收设备的群定时与发送端信号中的群定时处于同步状态。实现群同步的前提是：首先要完成位同步，只有位先同步，群才有可能获得同步；如果位没有同步，群肯定无法实现同步。

实现群同步，A 律 PCM 系统采用的方法是在"群"的开头插入特殊同步码组。

5.5.1 集中插入法

它是指在每一信息群的开头连续插入一个群同步的特殊码组，该码组在信息码中出现的概率应很小。

接收端按群的周期连续数次检测该特殊码组，这样便判断获得群同步信息。

连贯插入法的关键是寻找实现群同步的特殊码组。对该码组的基本要求是具有尖锐单峰特性的自相关函数；便于与信息码区别；防止假同步。

符合上述要求的特殊码组称为巴克码。A 律 PCM 基群帧同步码为 0011011。

1. 巴克码

巴克码是一种有特殊规律的二进制码组，它是一个有限长的非周期序列。它的定义如下：一个 n 位长的码组 $\{x_1, x_2, x_3, \cdots, x_n\}$，其中 x_i 的取值为 +1 或 -1，若它的局部相关函数为

$$R(j) = \sum_{i=1}^{n-j} x_i x_{i+j} = \begin{cases} n, & j=0 \\ 0 \text{或} \pm 1, & 0 < j < n \\ 0, & j \geqslant n \end{cases}$$

其中，j 表示错开的位数。书中列出了部分巴克码组，如表 5.5.1 所示。其中的"+""–"表示 x_i 的取值为 +1、–1，分别对应二进制码的"1"或"0"。

表 5.5.1 巴克码组表

n	巴克码组
5	＋＋＋－＋(11101)
7	＋＋＋－－＋－(1110010) (最常用是 7 位)
11	＋＋＋－－－＋－－＋－(11100010010)
13	＋＋＋＋＋－－＋＋－＋－＋(1111100110101)

以 7 位巴克码组 $\{+ + + - - + -\}$ 为例，它的局部自相关函数如下：

当 $j = 0$ 时，$R(j) = \sum_{i=1}^{7} x_i^2 = 1 + 1 + 1 + 1 + 1 + 1 + 1 = 7$；

当 $j = 1$ 时，$R(j) = \sum_{i=1}^{7} x_i x_{i+1} = 1 + 1 - 1 + 1 - 1 - 1 = 0$；

当 $j = 2$ 时，$R(j) = \sum_{i=1}^{7} x_i x_{i+2} = 1 - 1 - 1 - 1 + 1 = -1$。

同样可求出，$j = 3$，5，7 时，$R(j) = 0$；$j = 2$，4，6 时，$R(j) = -1$。根据这些

值，利用偶函数性质，可以作出 7 位巴克码的 $R(j)$ 与 j 的关系曲线，如图 5.5.1 所示。

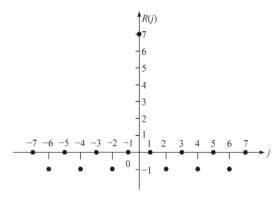

图 5.5.1　7 位巴克码的自相关函数

由图 5.5.1 可见，其自相关函数在 $j = 0$ 时具有尖锐的单峰特性。这一特性正是连贯式插入群同步码组的主要要求之一。从图中可以看出巴克码的离散性很大。

2. 巴克码产生的硬件设计

巴克码产生的电路原理如图 5.5.2 所示。**请注意：这个触发时钟 CP 不是连续的**，只有同步时隙才送触发时钟，传输数据时隙要停止时钟触发。使用 IC7474 芯片进行设计。带有预置清零和置位的两独立 D 触发器，时钟到来时输出则按照预置值；若时钟信号不到来时，没有信号输出。硬件设计如图 5.5.3 所示，仿真波形如图 5.5.4 所示。

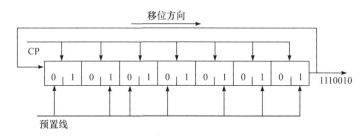

图 5.5.2　巴克码产生的硬件原理

3. 巴克码识别器

(1) 逐位识别巴克码方法——有线传输系统。

对于有线传输系统，信道特性比较稳定，干扰和噪声比较小，可以采用逐位识别方法。其检测原理图如图 5.5.5 所示。接收端检测群同步信号原理如图 5.5.6 所示。当同步信号 1110010 全部输入完成，"1"码从 Q 端输出，"0"码从 $\bar{Q}$ 端输出，群同步读出脉冲到来时，与非门输出一个低电位，这个低电位就是检测到的群同步信号。

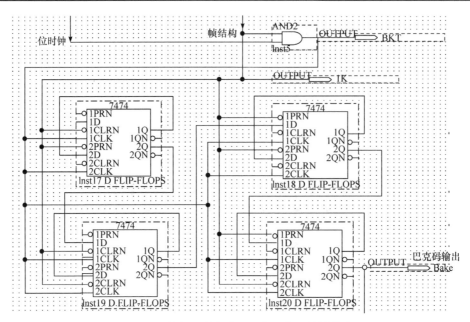

图 5.5.3　扩频设计实验，巴克码产生硬件设计

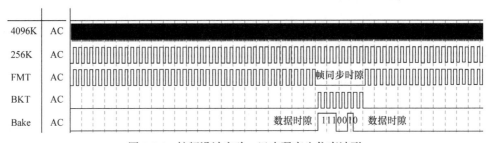

图 5.5.4　扩频设计实验，巴克码产生仿真波形

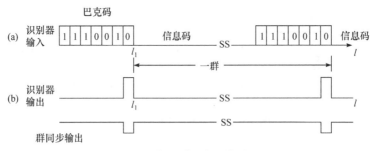

图 5.5.5　逐位识别巴克码检测原理图

图 5.5.7 是扩频通信系统中用此法检测到的群同步信号，里面既有真正的群同步信号，也有数据中出现与群同步相同码型的假同步信号。

(2) 加权识别巴克码方法——无线传输系统。

无线传输系统中，信道特性非常不稳定，各种噪声干扰比较严重，还有信道衰落的影响。群同步信号提取难度要大得多。仍以 7 位巴克码为例，用 7 级移位寄存器、相加器和判决器就可以组成一个巴克码识别器，如图 5.5.8 所示。输入 1110010 同步码组，"1"码从 Q 端输出，"0"码从 Q̄ 端输出。

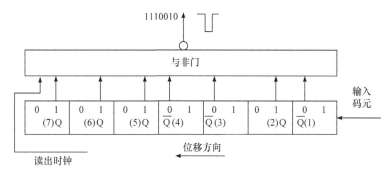

图 5.5.6 接收端检测群同步信号原理

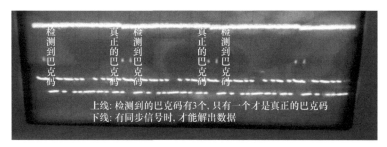

图 5.5.7 逐位识别巴克码方法检测到的群同步信号

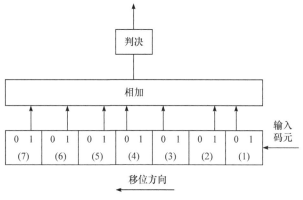

图 5.5.8 巴克码识别器

当输入码元的"1"进入某移位寄存器时，该移位寄存器的 Q 端输出电平为+1。反之，进入"0"码时，该移位寄存器的 Q̄ 端取输出电平为+1。

各移位寄存器输出端的接法与巴克码的规律一致，这样识别器实际上是对输入的巴克码进行相关运算。当一帧信号到来时，首先进入识别器的是群同步码组，由于接收的信息有随机性，真正的同步信号可能有误码。另外，数据信号中也可能有与帧同步信号完全一样的码型出现。当巴克码只有部分码留在移位寄存器内，而信息位其他全部输出都是+1 的最坏情况如表 5.5.2 和图 5.5.9 所示。

表 5.5.2　巴克码识别器的输出

巴克码进入 (或留下)位数	a						a = b	b					
	1	2	3	4	5	6	7	1	2	3	4	5	6
相加器输出	5	5	3	3	1	1	7	1	1	3	3	5	5

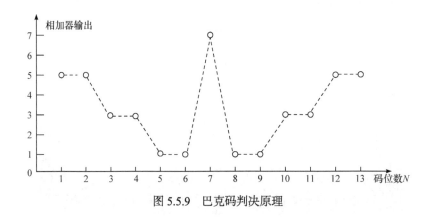

图 5.5.9　巴克码判决原理

当 1110010 全部移入时，相加输出最大值为 7，若判决电平选 7，7 位同步码全部存入时，输出一个群同步信号。如果选判决电平为 6，巴克码传输中有一位误码，相加器输出(为 6 个 1，一个–1) = 5，低于判决电平 6，无群同步输出，产生漏同步。为防止漏同步，可选判决电平为 4，但又容易产生假同步。**这一矛盾由群同步保护电路去识别。**

5.5.2　群同步保护

1. 群同步为什么要保护?

因为真正的群同步信号有误码，所以会产生假失步;信码中有与群同步信号相同的码型出现，因而会产生假同步。群同步保护的电路原理图如图 5.5.10 所示。

2. 同步保护电路构思

按规律性检索、判断。真正的群同步信号是有规律的，按一帧间隔出现一次，如图 5.5.11 所示，而信息码流中出现与群同步相同码型的概率是随机的，噪声干扰也是随机的。这是识别假同步的依据。而真正的群同步信号误码也是随机的，这是识别漏同步的依据。

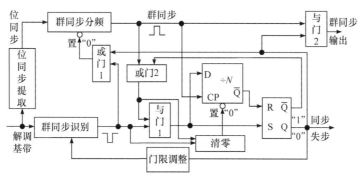

图 5.5.10　群同步保护电路原理图

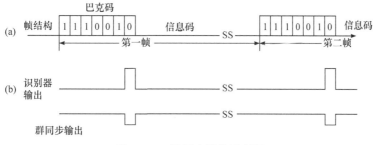

图 5.5.11　帧同步结构示意图

3. 群同步保护工作原理

在发送端设计时，群同步信号是由位同步分频所得，并且有确定的分频比关系。所以**当接收端位同步已经确定与发端同步时**，通过群同步分频就可以确定群同步的频率，**但其相位必须经过群同步识别出来的信号进行校正**。

参照图 5.5.10 所示，群同步识别电路有两种工作状态：捕捉态和同步态。

RS 触发器 Q = 0 为**捕捉态**；

RS 触发器 Q = 1 为**同步态**。

捕捉态时，与门 2 关闭，无群同步信号输出；通过群同步识别电路调整，群同步码组按位检测。

同步态时，与门 2 打开，输出群同步信号；通过群同步识别电路调整，群同步码组按帧检测。

1) 群同步捕捉态工作过程

由于 RS 触发器 Q = 0，$\bar{Q}$ = 1，通过门限电平调整，群同步识别电路按位识别。或门输出"1"，与门 1 打开。当检测到一个群同步信号时，输出低电平。这个低电平有以下 3 种控制作用。

(1) 由于 RS 触发器 Q = 0，这个低电位可通过或门 1，使群同步分频置"0"，这就是相位校正的群同步脉冲信号，并令其按此相位进行分频。

(2) 由于 RS 触发器 $\overline{Q}$ = 1，或门 2 输出 "1"，与门 1 打开。这个低电位使 ÷ N 计数器清 "0"。

(3) 这个低电位使 RS 触发器置 "1"，转入同步态。与门 2 打开，输出群同步信号。

2) 群同步保护态工作过程

转入群同步态后，通过群同步电路门限调整使**群同步识别按帧检测**。

(1) 如果刚才检测到的是真正的群同步信号，则下一帧群同步识别电路输出低电平时，这个低电平不能通过或门 1 输出，干扰群同步分频器工作，因为 RS 触发器 Q = 1，或门 1 输出是 "1"。

群同步识别电路输出低电平时刻也正好是群同步分频高电平输出时刻。或门 2 输出 "1"，与门 1 打开，这个低电平使 RS 触发器维持 Q = 1，保持同步态；同时使 ÷ N 计数器清零。

(2) 如果刚才检测到的不是真正的群同步信号，则下一帧群同步输出时刻，群同步识别电路输出高电平，通过与门 2 使 ÷ N(设 N = 3)计数器计 1；连续 3 次比较，÷ 3 计数器满，输出低电位使 RS 触发器复位，群同步电路进入失步状态，电路重新按位搜索检测。

(3) 抗干扰设计原理。

如果刚才检测到的是真正的群同步信号，下一帧由于干扰产生误码，使群同步识别电路没有检测到巴克码低电平，则输出高电平，通过与门 1，使 ÷ N 计数器计 1。

再下一帧比较时，又检测到群同步信号输出低电平，这个低电平又使 ÷ N 计数器清零，电路维持同步态。判断系统由于误码引起漏判，只有连续 n 次都检测不到群同步信号才判断系统失步。所以 ÷ N 计数器有提高抗干扰能力的作用。

群同步保护的仿真和实测波形如图 5.5.12 所示。

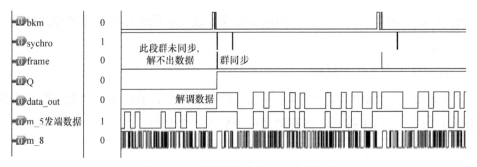

图 5.5.12　群同步保护仿真和实测波形

扩频通信系统设计中,图 5.5.13 给出了提取的群同步识别信号波形照片;图 5.5.14 给出的是当群同步正常后解调的正确数据照片,如果群同步信号没有提取出来,数据是解不出来的。

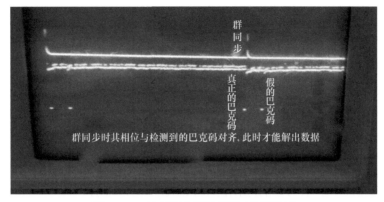

图 5.5.13　扩频通信设计群同步识别照片

图 5.5.14　群同步保护解调的数据波形

习　　题

1. 2DPSK 信号可以直接提取同步载波吗?

2. 用平方环提取同步载波。

(1) 为了达到较好效果,平方器件输入信号是大信号好还是小信号好? 为什么?

(2) 用平方环提取载波解调 2DPSK 信号,解调信号的相位模糊度是由什么引起的?

3. 用同相正交环解调 2DPSK 信号,解调信号的相位模糊度是由什么引起的?

4. 用同相正交环解调 2DPSK 信号,用了 3 个相同的乘法器,哪一个乘法器起到鉴相作用? 另外两个乘法器是否同样可以称为鉴相器?

5. 插入的导频信号为什么一定要正交?

6. 位同步提取为什么首先要做归零码变换?

7. 画出位同步提取方框原理图;提取的位同步为什么还要移位?

8. 画出数字锁相环位同步提取方框图。

(1) 基带速率 $f_b = 256$Kbit/s,高速晶振为 $2Nf_b$,N 应该如何选择? 试计算高速晶体的频率应该是多少?

(2) 高速晶体用 5MHz 可以提取到位同步吗?

(3) 数字锁相环工作原理分析,环路锁定的是频率同步还是相位同步?

9. 位同步与群同步有什么关系? 群同步为什么要保护?

10*. 用 Quartus Ⅱ 7.2 软件设计一个 256Kbit/s 的 m 序列硬件电路作为基带信号。设计条件:晶振频率分别为 4.096MHz、10MHz、16.384MHz。

在第 3、4 章已完成的基础上:

(1) 用第 3 章输出的差分码作为已经解调输出的数据序列,设计一个归零码变换硬件电路,并仿真出其输出波形。

(2) 设计一个 256Kbit/s 的数字锁相环位同步提取电路,仿真其输出波形和频率。

(3) 用提取的位同步对数据进行判决,还原 NRZ 码。仿真出各点波形。

11*. 把仿真结果下载到 SYT-2020 扩频实验箱验证结果,并拍下照片。

12*. 整理设计资料,仿真波形,下载波形照片,写一个小总结。

第6章 现代数字调制

 本章要点

- 现代数字调制要解决的主要问题
- TFM 调制解调
- 高斯最小移频键控(GMSK)
- 正交振幅调制(QAM)
- OFDM 调制
- 扩频调制
- 现代数字调制解调技术应用

6.1 现代数字调制要解决的主要问题

在第 4 章讨论的数字调幅、调频、调相三种调制方式是数字调制的基础。然而这三种调制方式存在不足之处，如频谱利用率低、功率谱衰减慢、带外辐射严重。

在 VHF 和 UHF 频段，频谱的有效利用成为突出问题，国际上已经把波道间隔缩窄到 25kHz。为了防止对邻近频道的干扰，必须要求带外辐射≤60dB。如果设备达不到这个指标，质检部门则会认为质量指标不合格，不允许使用。平滑调频(TFM)、GMSK 调制技术成功地解决这一问题。

数字通信中还要解决大容量、图像高速数据传输问题，必须采用正交振幅调制(QAM)、正交频分复用(OFDM)技术、码分多址扩频通信。

数字通信中要提高保密性；解决抗多径衰落能力差引起的误码问题；卫星通信中要解决微弱信号检测问题，必须采用扩频通信技术。

6.2 TFM 调制解调

模拟信号本身谐波分量很少，载波调制后带外辐射很小。而数字信号本身有很强

的谐波分量，载波调制后带外辐射很强。压缩频带的思路是不直接传送数字信号，而是先把数字信号转换为有一定规律的模拟相位变化曲线，然后用这条模拟相位变化曲线去调制载波，收端接收到信号解调出相位变化曲线，然后转换为对应的数字信号。

6.2.1　TFM 调制器设计原理

平滑调频采用奈奎斯特第三准则、第二类部分响应技术、相关编码技术，是通过软件的方法实现硬件特性的典型例子。

TFM 相关编码的规则：

如果前一符号、现有符号以及后一符号值连续地为+1、+1、+1，则在一个符号时间内相位增加 90°；若符号值为+1、+1、−1 和−1、+1、+1，则相位增加 45°；若符号顺序为+1、−1、+1 和−1、+1、−1 时，则相位不增加也不减小；若符号顺序为−1、−1、+1 和+1、−1、−1，则相位减小 45°；若符号顺序为−1、−1、−1，则相位减小 90°。

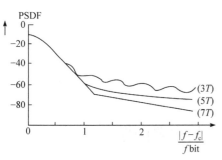

图 6.2.1　TFM 带外辐射与相关编码位数关系曲线

若某一起始相位值给定后，则上述编码法则可确定在每一符号末端应具有的相位值，此外，为保证此相位尽可能平滑地通过这些固定点，调制后信号频谱可以变得很窄，如图 6.2.1 所示。

TFM 调制解调波形变换过程如图 6.2.2 所示。

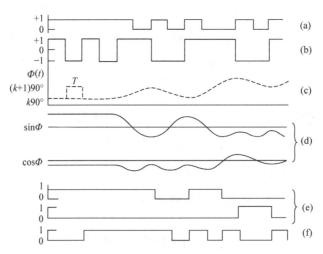

图 6.2.2　TFM 调制解调波形变换过程(T 为数字信号符号时间)

(a) 输入数字信号；(b) 对应图(a)的差分码输出信号；(c) 对应图(b)输入信号的 TFM 相位变化曲线；
(d) 获得图(c)中相位变化所需的正弦和余弦相位变化曲线；(e) TFM 接收机的正弦和余弦支路中抽样还原的数字信号；
(f) 在对图(e)信号处理后还原的数据信号

6.2.2　TFM 的方框原理图

一个调频信号表达式可以写成：

$$\sin[\omega_c t + \varPhi(t)] = \cos\varPhi(t)\cdot\sin\omega_c t + \sin\varPhi(t)\cdot\cos\omega_c t$$

TFM 正交调制原理图如图 6.2.3 所示，各方框图功能如下。

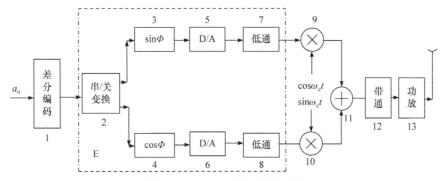

图 6.2.3　TFM 正交调制原理图

1- a_n 为绝对码，经过差分编码消除误码扩散；2-数据串联转变为并联作为正弦表、余弦表的地址码，读取 $\sin\varPhi(t)$、$\cos\varPhi(t)$ 数据；3、4-分别为正弦表、余弦表，用 ROM 实现储存 TFM 的相位变化曲线二进制数据；5、6-D/A 转换，把 3、4 输出数据转换为模拟相位变化曲线；7、8-把 5、6 输出的曲线进行平滑；9、10-平衡正交调制；11-合成 TFM 信号；12-带通滤波，滤除通带外噪声；13-丙类功放

TFM 调制的关键是预调制滤波器 E 的设计制作。设计方法可参考第 3 章基带相关编码部分内容。根据奈奎斯特第三准则响应函数求得的表达式：

$$H(\omega) \cong \begin{cases} 1 + \dfrac{\omega^2 T^2}{24}, & |\omega| \leqslant \dfrac{\pi}{T} \\ 0, & |\omega| > \dfrac{\pi}{T} \end{cases}$$

$$h(t) = \begin{cases} \dfrac{1}{T}\left[\dfrac{\sin\dfrac{\pi t}{T}}{\dfrac{\pi t}{T}} - \dfrac{\pi^2}{24} \dfrac{2\sin\dfrac{\pi t}{T} - 2\dfrac{\pi t}{T}\cos\dfrac{\pi t}{T} - \left(\dfrac{\pi t}{T}\right)^2 \sin\dfrac{\pi t}{T}}{\left(\dfrac{\pi t}{T}\right)^2} \right], & |t| \leqslant \dfrac{\pi}{2} \\ 0, & |t| > \dfrac{\pi}{2} \end{cases}$$

TFM 调制窄带频谱特性是把数字信号转换为 $\sin\varPhi(t)$、$\cos\varPhi(t)$，模拟相位变化曲线，然后对载波实行正交窄带调频完成的。

　　TFM、MSK、GMSK 相位变化路径比较如图 6.2.4 所示；TFM 相位路径比 GMSK 更加平滑，因而 TFM 频谱主瓣很窄，而又几乎没有旁瓣，如图 6.2.5 所示；带外辐射衰减可达-60dB，完全符合无线通信带外衰减指标要求。

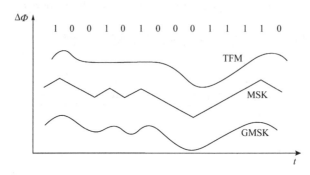

图 6.2.4　TFM、MSK、GMSK 相位变化路径比较

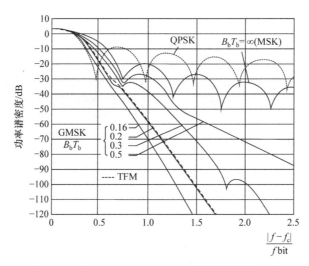

图 6.2.5　TFM、GMSK、MSK 调制频谱特性比较

6.2.3　TFM 接收机工作原理

　　TFM 接收机可采用正交相干解调方案，原理图如图 6.2.6 所示。

　　TFM 接收机应加入载波和时钟恢复系统，TFM 的每个符号周期 T 的最大相位变化量是 $\pm\pi/2$，采用倍频电路就可产生两个独立频率，其频率之差就是时钟频率，频率之和就是 4 倍载频。**要特别注意低通滤波器的制作**，像发送端低通滤波器设计方法一样，必须满足无失真传输升余弦特性，如图 6.2.7 所示。

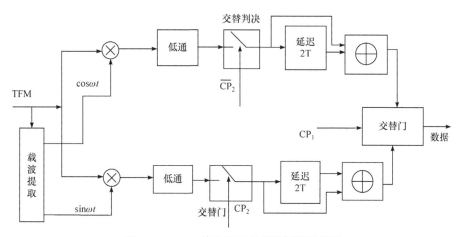

图 6.2.6　TFM 接收机正交相干解调原理图

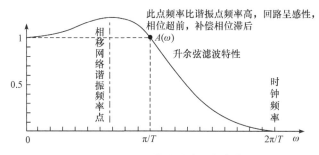

图 6.2.7　TFM 接收滤波器频率特性

　　TFM 发送端眼图 45°～90°的幅度变化对接收端眼图判决是没有影响的, 如图 6.2.8 所示, 它的频率正好是时钟的一半。为了进一步减小带外干扰, 接收端解调可以把其滤除, 传输带宽可以再减小为 CP/4 , 低通滤波输出眼图如图 6.2.9 所示。

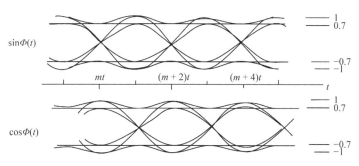

图 6.2.8　TFM 发送端基带理想的眼图

　　请注意: CP₁ 为发送端时钟频率, CP₂ 是接收端判决时钟频率, 为 CP₁ 的 1/2, 两个判决门交替判决, 延迟 2T 和异或门是差分译码电路。

　　这种接收机在即使信噪比很低的情况下仍能高度准确地再现原始数字信号。在 70MHz, 带宽为 f bit 时, 测得的信噪比为 5.5dB 的情况下, 误差率仅为 1%, 信噪比为 10dB 时误差率不到 0.1%。在数码率为 16Kbit/s 情况下，带外辐射衰减可小于 60dB。

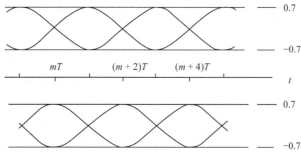

图 6.2.9　TFM 接收端滤波理想眼图

TFM 优良的窄带频谱，不仅在**数字通信短波段**有很好应用前景，而且在人工智能、数控领域也有广泛的应用前景。

6.3　高斯最小移频键控(GMSK)

GMSK 调制解调技术是移动通信第 2 代选定的标准制式，其设计方法与 TFM 基本相似，硬件原理方框图与 TFM 完全一致，只是选取的传输函数和冲激响应不同而已。

GMSK 传输函数为

$$H(f) = \exp(-\alpha^2 f^2)$$

预调制滤波器是高斯低通滤波器，其单位冲激响应为

$$h(t) = \frac{\sqrt{\pi}}{\alpha} \exp\left[\left(-\frac{\pi}{\alpha} t\right)^2\right]$$

式中，α 是与高斯滤波器的 3dB 带宽 B_b 有关的参数，它们之间的关系为

$$\alpha B_b = \sqrt{\frac{1}{2}\ln 2} \approx 0.5887$$

GMSK 通过滤波器把 MSK 基带信号拐角处处理圆滑，进一步减少谐波分量，如图 6.2.4 所示。其频谱特性如图 6.2.5 所示，只有在 $B_b T_b = 0.25$ 时才与 TFM 信号性能相近。基带信号眼图如图 6.3.1 所示，误码率性能比 TFM 稍大一些。GMSK 频谱特性如图 6.3.2 所示，随 $B_b T_b$ 参数选取有比较大的差别。

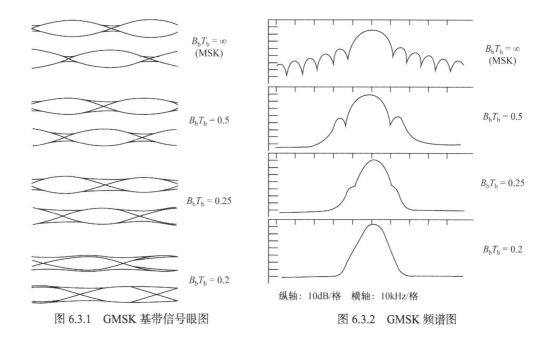

图 6.3.1　GMSK 基带信号眼图　　　　　图 6.3.2　GMSK 频谱图

6.4　正交振幅调制(QAM)

正交幅度调制是一种多进制数字调制，是一种既调幅又调相的数字调制技术。一个 L 进制符号可以代表 $K = \log_2 L$ 个二进制符号，所以在相同信道码元传输速率下，多进制系统的信息速率比二进制系统高 $\log_2 L$ 倍，已经实现 6bit/s/Hz 的 QAM 系统。反之，在相同信道的数码率下，多进制信道的数码率可以低于二进制数码率，即所需的信道带宽减小。**但 L 增加，噪声容限变小，误码率增加。**

$$P_e = e^{-\frac{A^2}{2\sigma^2} \sin \frac{\pi}{L}}$$

多进制传输速率的提高是以牺牲抗噪声性能为代价的，要获得相同的信噪比，则必须增加信号功率。因为电平数越多，噪声容限越小，判决时越容易引起误码。数字通信中，传输效率和误码率之间是一对矛盾，这是一个很重要的概念。

所以目前 QAM 调制主要应用在光纤传输系统，以及噪声比较小、信号比较稳定的有线电视网络高速数据传输场合。

6.4.1　MQAM 调制原理

正交振幅调制是用两个独立的基带数字信号对两个相互正交的同频载波进行抑制载波的双边带调制，利用这种已调信号在同一带宽内频谱正交的性质来实现两路并

行的数字信息传输。正交振幅调制信号可表示为

$$S_{\mathrm{MQAM}}(t) = \sum A_n g(t - nT_{\mathrm{S}}) \cos(\omega_c t + \theta_n) \tag{6.4.1}$$

式中，A_n 是基带信号幅度；$g(t-nT_{\mathrm{S}})$ 是宽度为 T_{S} 的单个基带信号波形。式(6.4.1)还可以变换为正交表示形式：

$$\begin{aligned} S_{\mathrm{MQAM}}(t) &= \left[\sum_n X_n g(t - nT_{\mathrm{S}})\right]\cos\omega_c t - \left[\sum_n Y_n g(t - nT_{\mathrm{S}})\right]\sin\omega_c t \\ &= X(t)\cos\omega_c t - Y(t)\sin\omega_c t \end{aligned}$$

式中，$X_n = A_n \cos\theta_n$，$Y_n = A_n \sin\theta_n$。

QAM 中的振幅 X_n 和 Y_n 可以表示为

$$X_n = c_n A, \quad Y_n = d_n A$$

式中，A 是某一固定的单位振幅；c_n、d_n 由输入数据确定；c_n、d_n 决定了已调 QAM 信号在信号空间中的坐标点。

QAM 信号调制原理图如图 6.4.1 所示。图中，输入的二进制序列经过串/并变换器输出速率减半的两路并行序列，再分别经过 2 电平到 L 电平的变换，形成 L 电平的基带信号。为了抑制已调信号的带外辐射，该 L 电平的基带信号还要经过低通滤波器适当滤除一些高频分量(把多进制转角圆滑)，形成 $X(t)$ 和 $Y(t)$ 两个信号，再分别对同相载波和正交载波做 2ASK 调制，最后将两路信号相加即可得到 QAM 信号。

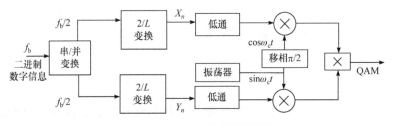

图 6.4.1　QAM 信号调制原理图

6.4.2　QAM 信号频谱特性

QAM 频带利用率在 **3dB 通带内**与单边带相同。单边带滤波器工程上很难实现，而 QAM 工程上很容易实现；单边带要发送导频信号提取相干载波，而 QAM 不用发送导频信号，比较的频谱特性如图 6.4.2 所示。

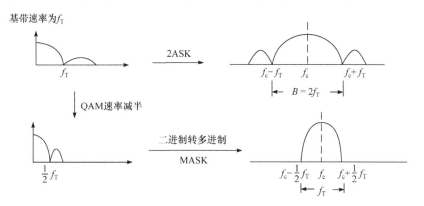

图 6.4.2　QAM 的频谱特性

6.4.3　QAM 的优缺点

QAM 3dB 带宽相当于单边带频谱。3dB 带内衰减 30～40dB。缺点是 3dB 带外幅度衰减很慢，只能适用于频带比较富裕的微波段，如图 6.4.3 所示。QAM 信噪比优于单边带，优于 MPSK。

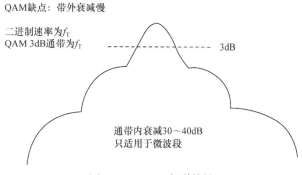

图 6.4.3　QAM 频谱特性

QAM 是多进制调制，进制数越多，携带的信息量越多，但进制数越多，判决的噪声容限越小，所以误码率就越高。对于信道特性不稳定，干扰信号比较严重的无线通信系统不大适合使用。但对于光纤有线通信系统，由于光纤频带很宽，信道特性稳定，噪声干扰很小，就非常适合应用。目前，数字电视这个大容量信号用光纤传输，采用 64QAM 调制获得广泛应用。

QAM 频谱利用率：

$$\eta = \frac{f_b}{B} \text{ (bit/s/Hz)}$$

这里 f_b 为总的比特率；B 为信道带宽。设码元速率为 f_S，则有

A 支路：$\dfrac{1}{2}\log_2 M$；B 支路：$\dfrac{1}{2}\log_2 M$。

$$f_b = f_S \log_2 M$$

基带滚降特性：

$$(1+\alpha)\dfrac{1}{2T} = \dfrac{1+\alpha}{2}f_S$$

正交调幅信道带宽为基带的 2 倍。

$$B = (1+\alpha)f_S$$

$$\eta = \dfrac{f_b}{B} = \dfrac{\log_2 M}{1+\alpha} \ \text{(bit/s/Hz)}$$

QAM 频谱利用率比较如表 6.4.1 所示。

表 6.4.1　QAM 频谱利用率比较　　　　　　（单位：bit/s/Hz）

类别	$\alpha = 0.0$	$\alpha = 0.5$	$\alpha = 1.0$
4QAM	2	1.33	1
16QAM	4	2.67	2
64QAM	6	4	3

6.4.4　QAM 星座图

　　QAM 信号矢量端点的分布图称为星座图。对于 $M = 16$ 的 16QAM 来说，有多种分布形式的信号星座图。两种具有代表意义的信号星座图如图 6.4.4 所示。图 6.4.4(a)

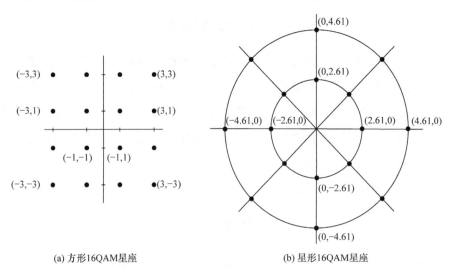

(a) 方形16QAM星座　　　　　　　　(b) 星形16QAM星座

图 6.4.4　QAM 星座图

信号点的分布呈方形，故称为方形 16QAM 星座；图 6.4.4(b)信号点的分布呈星形，故称为星形 16QAM 星座。

从图 6.4.4 可以看出，星形 16QAM 只有两个振幅值，而方形 16QAM 有三种振幅值；星形 16QAM 只有 8 种相位值，而方形 16QAM 有 12 种相位值。这两点使得在衰落信道中，星形 16QAM 比方形 16QAM 更具有吸引力。

MQAM 信号的星座图如图 6.4.5 所示。其中，$M = 4$、16、64、256 时，星座图为矩形，而 $M = 32$、128 时，星座图为十字形。前者 M 为 2 的偶次方，即每个符号携带偶数个比特信息；后者 M 为 2 的奇次方，即每个符号携带奇数个比特信息。

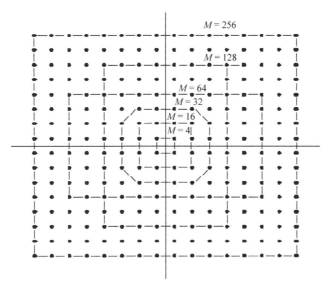

图 6.4.5 MQAM 信号矩形星座图

若已调信号的最大幅度为 1，则 MPSK 信号星座图上信号点间的最小距离为

$$d_{\text{MPSK}} = 2\sin\frac{\pi}{M}$$

而 MQAM 信号矩形星座图上信号点间的最小距离为

$$d_{\text{MQAM}} = \frac{\sqrt{2}}{L-1} = \frac{\sqrt{2}}{\sqrt{M}-1}$$

式中，L 为星座图上信号点在水平轴和垂直轴上投影的电平数，$M = L^2$。

当 $M = 16$ 时，$d_{16\text{QAM}} = 0.47$，而 $d_{16\text{PSK}} = 0.39$，$d_{16\text{PSK}} < d_{16\text{QAM}}$。**这表明，16QAM 系统的抗干扰能力优于 16PSK。**

6.4.5　MQAM 解调原理

MQAM 信号可以采用正交相干解调方法，解调器原理图如图 6.4.6 所示。解调器输入信号与本地恢复的两个正交载波相乘后，经过低通滤波输出两路多电平基带信号 $X(t)$ 和 $Y(t)$。多电平判决器对多电平基带信号进行判决和检测，再经 L 电平到 2 电平转换和并/串变换最终输出二进制数据。

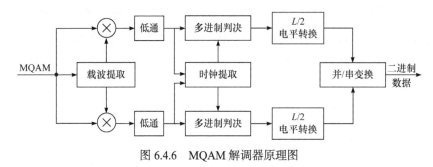

图 6.4.6　MQAM 解调器原理图

6.5　OFDM 调制

6.5.1　OFDM 概述

前面讲的 DPSK 调制是单个高频载波的数字调制，但有时数据速率是很高的，例如，数字视频信号码率为几十 Mbit/s，因而比特周期很短，为 $10^{-1}\sim10^{-2}\mu s$ 量级。用于高频已调波数据地面开路发送时，高速数据易受到多径干扰等影响而发生严重的码间干扰问题。必须解决接收端误码率较高的问题；另一个是高速率数据无线调制信号同样要减小带外辐射的问题。

无线电波在空气中的传播速度为 300m/μs，城市内距离接收点 300m 远处的大厦表面传来的一次反射波会比直达波延迟 1μs，延迟较多个符号周期，会引起严重的码间干扰。为解决这个问题，可以扩大符号周期，使其远超过多径反射的延迟时间，使反射波滞后直达波的时间只占据符号周期的很小一部分时间，码间干扰就可以大大减小。为此必须将高的码率尽量降低至原来的几千分之一，符号周期扩大几微秒，使反射波延迟量只占符号周期很小一段时间，就可以极大地减小码间干扰。

将串行数据流经串/并变换成几千路并行比特流，每路比特流的码率 R_b' 就是原码率 R_b 的几千分之一，符号周期相应地扩大几千倍。可划分出几千个低速率的子载波分别进行 PSK 调制，再将这些不同频段的已调子载波混合，就形成了预定的一路高频综合已调波，这种调制称为 **OFDM**。这种调制方式能够提高抗多径和抗衰落的能力，同时能减小带外辐射。

1. OFDM 发送端基本原理

根据傅里叶变换原理,任何一个信号都可以分解为基波和许多高次谐波;反过来也可以用基波和谐波来合成原信号,如图 6.5.1 所示。

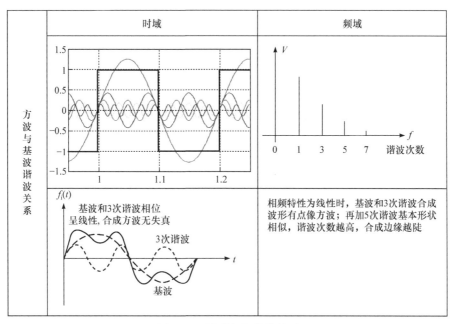

图 6.5.1　波形与频谱的关系

OFDM 发送端方框原理图如图 6.5.2 所示。各方框图解释如下。

图 6.5.2　OFDM 发送端方框原理图

(1) **串/并变换**:把高速率数据转换为低速率数据,把一帧数据,按"字"分成并联的低速数据。这样就解决了多径传输时延引起误码的问题。

(2) **编码映射**:把各支路的数据用较低的不同载频,不同的调制方式用正交调制方式变换为频域分布的各支路信号。**为了提高频谱利用率**,OFDM 方式中各子载波频谱有1/2重叠,但保持相互正交,如图 6.5.3 所示。在接收端通过相关解调技术分离出各子载波,同时消除码间干扰的影响。

(3) **IFFT**:把各支路做快速傅里叶变换,把信号分解为直流分量、基波和谐波数据。数据运算量非常大，是由大规模专用 IC 芯片完成的。请注意：运算只取直流分量、基波和 2～5 次谐波数据，大于 5 次谐波数据不用。因为较高次谐波只对方波的边沿陡峭有影响，对方波的主要形状影响很小，对接收端码元判决不会产生影响。这样就可以**压缩调制后的带外辐射**。

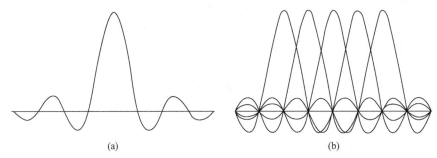

(a)　　　　　　　　　　　(b)

图 6.5.3　OFDM 子带频谱正交特性

(4) **并/串变换**：把处理过的并联数据再转换为串联数据。

(5) **D/A 变换**：把串联数据再转换为模拟信号。

(6) **LPF**：经过低通滤波滤除高频分量，形成 OFDM 调制的基带信号。

(7) **上变频**：已经过处理的基带信号调制到发送的更高的载频上，形成 OFDM 信号。

OFDM 信号构图的例子如图 6.5.4 所示。

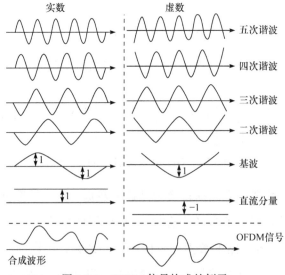

图 6.5.4　OFDM 信号构成的例子

2. OFDM 接收端基本原理

OFDM 信号接收端的原理图如图 6.5.5 所示，其处理过程与发送端相反。接收端输入 OFDM 信号首先经过下变频变换到基带，经过 A/D 转换、串/并变换后的信号去除循环前缀，再进行 2N 点快速傅里叶变换(FFT)，得到一帧数据。为了对信道失真进行校正，需要对数据进行单抽头或双抽头时域均衡。最后经过译码判决和并/串变换，恢复出发送的二进制数据序列。

图 6.5.5　OFDM 信号接收原理图

6.5.2　OFDM 系统的性能优势

OFDM 存在很多技术优点，在 3G、4G 和 5G 中被运用，在通信方面其**有很多优势**。

(1) 在窄带下也能够发出大量的数据。OFDM 技术能同时分开至少 1000 个数字信号，而且在干扰的信号周围可以安全运行的能力将直接威胁到目前市场上已经开始流行的 CDMA 技术的进一步发展，正是由于具有了这种特殊的信号"穿透能力"，OFDM 技术深受通信运营商以及手机生产商的喜爱。

(2) OFDM 技术能够持续不断地监控传输介质上通信特性的突然变化，由于通信路径传送数据的能力会随时间发生变化，所以 OFDM 能动态地与之相适应，并且接通和切断相应的载波以保证持续地进行成功的通信。

(3) 该技术可以自动地检测到传输介质下哪一个特定的载波存在高的信号衰减或干扰脉冲，然后采取合适的调制措施来使指定频率下的载波进行成功的通信。

(4) **OFDM 技术特别适合使用在高层建筑物、居民密集和地理上突出的地方以及将信号散播的地区**。高速的数据传播及数字语音广播都希望降低多径效应对信号的影响。

(5) **OFDM 技术的最大优点是对抗频率选择性衰落或窄带干扰**。在单载波系统中，单个衰落或干扰能够导致整个通信链路失败，但是在多载波系统中，仅有很小一部分载波会受到干扰。对这些子信道还可以采用纠错码来进行纠错。

OFDM 系统把信息分散到许多个载波上，大大降低了各子载波的信号速率，使符号周期比多径迟延长，从而能够减弱多径传播的影响。若再采用保护间隔和时域均衡等措施，可以有效降低符号间干扰。保护间隔原理如图 6.5.6 所示，**可以有效地对抗信号波形间的干扰，适用于多径环境和衰落信道中的高速数据传输**。

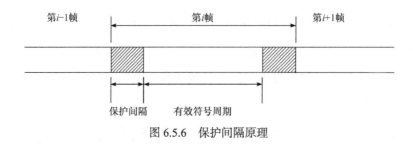

图 6.5.6　保护间隔原理

当信道中因为多径传输而出现频率选择性衰落时，只有落在频带凹陷处的子载波以及其携带的信息受影响，其他的子载波未受损害，因此系统总的误码率性能要好得多。

(6) 信道利用率很高，这一点在频谱资源有限的无线环境中尤为重要；**当子载波个数很大时，系统的频谱利用率趋于 2B/Hz。(B 即波特；1B = log$_2$M(bit/s)，其中 M 是信号的编码级数。)**

OFDM 信号由 N 个信号叠加而成，每个信号频谱为 $\dfrac{\sin x}{x}$ 函数，并且与相邻信号频谱有 1/2 重叠。

设信号采样频率为 $1/T$，则每个子载波信号的采样速率为 $\dfrac{1}{NT}$，即载波间距为 $\dfrac{1}{NT}$，若将信号两侧的旁瓣忽略，则频谱宽度为

$$B_{\text{OFDM}} = (N-1)\frac{1}{NT} + \frac{2}{NT} = \frac{N+1}{NT}$$

与 MQAM 调制相比，3dB 带宽 OFDM 频谱利用率比串行系统提高近一倍；**而带外辐射衰减要快很多。**

6.5.3　OFDM 系统存在的不足

虽然 OFDM 有上述优点，但是其信号调制机制也使得 OFDM 信号在传输过程中存在一些劣势。

(1) 对相位噪声和载波频偏十分敏感。这是 **OFDM 技术一个非常致命的缺点，整个 OFDM 系统对各个子载波之间的正交性要求格外严格，任何一点小的载波频偏都会破坏子载波之间的正交性，引起码间干扰，**而单载波系统就没有这个问题，相位噪声和载波频偏仅仅是降低了接收到的信噪比(SNR)，而不会引起互相之间的干扰。

(2) **峰均比过大。**OFDM 信号由多个子载波信号组成，这些子载波信号由不同的调制符号独立调制。同传统的恒包络的调制方法相比，**OFDM 调制存在一个很高的峰**

值因子。因为 OFDM 信号是很多个小信号的总和，这些小信号的相位是由要传输的数据序列决定的。对某些数据，这些小信号可能同相而在幅度上叠加在一起从而产生很大的瞬时峰值幅度。而峰均比过大，将会增加 A/D 和 D/A 的复杂性，而且会降低射频功率放大器的效率。**同时，在发射端，放大器的最大输出功率就限制了信号的峰值，这会在 OFDM 频段内和相邻频段之间产生干扰。**

6.5.4　OFDM 应用情况

2001 年，IEEE 802.16 通过了无线城域网标准，该标准根据使用频段的不同，具体可分为视距和非视距两种。其中，使用 2～11GHz 许可和免许可频段。2006 年 2 月，IEEE 802.16e(移动宽带无线城域网接入空中接口标准)形成了最终的出版物。当然，采用的调制方式仍然是 OFDM。

拥有我国自主知识产权的 3G 标准——TD-SCDMA 采用 TD—CDM—OFDM 的方案，在高速移动环境下支持高达 100Mbit/s 的下行数据传输速率，在室内和静止环境下支持高达 1Gbit/s 的下行数据传输速率。而 OFDM 技术也将扮演重要的角色。我国推广的 5G 同样采用 OFDM 方案。

1. 高清数字电视广播

OFDM 在数字广播电视系统中取得了广泛的应用，其中数字音频广播(DAB)标准是第一个正式使用 OFDM 的标准。

2. 无线局域网

HiperLAN/2 物理层应用了 OFDM 和链路自适应技术，媒体接入控制(MAC)层采用面向连接、集中资源控制的 TDMA/TDD 方式和无线 ATM 技术，最高速率达 54Mbit/s，实际应用最低也能保持在 20Mbit/s 左右。另外，IEEE 802.11 无线局域网工作于 ISM 免许可证频段，**分别在 5.8GHz 和 2.4GHz 两个频段定义了采用 OFDM 技术的 IEEE 802.11a 和 IEEE 802.11g 标准，其最高数据传输速率提高到 54Mbit/s**。IEEE 802.11n 计划将 WLAN 的传输速率从 IEEE 802.11a 和 IEEE 802.11g 的 54Mbit/s 增加至 108Mbit/s 以上，最高速率可达 600Mbit/s。IEEE 802.11n 协议为**双频工作模式(包含 2.4GHz 和 5.8GHz 两个工作频段)**。这样 IEEE 802.11n 保证了与以往的 IEEE 802.11a/b/g 标准兼容。

3. 宽带无线接入

OFDM 技术适用于无线环境下的高速传输，不仅应用于无线局域网，还在宽带无线接入(BWA)中得到应用。IEEE 802.16 工作组专门负责 BWA 方面的技术工作，它已经开发了一个 2～11GHz BWA 的标准——IEEE 802.16a，物理层就采用了 OFDM 技术。该标准不仅是新一代的无线接入技术，而且对未来蜂窝移动通信的发展也具有重要意义。

6.6　扩 频 调 制

由于频谱是一种有限的资源，前面所研究的各种调制方式的主要设计思想就是减小带外辐射，提高频谱利用率。然而在一些应用中，如宇宙通信，要考虑抗干扰能力，在保密通信中要考虑信号隐蔽能力，在民用通信中要考虑通信系统的多址能力和抗阻塞能力。

扩频技术是解决以上问题的有效措施。早期扩频通信主要应用是在卫星通信和保密通信中。扩频系统主要是将发送的信息扩展到一个很宽的频带上，通常要比发送的信息带宽宽很多。在接收端，通过相关检测恢复出发送的信息。

扩频系统的难点是同步信号获取，只有同频同相的 m 序列才能解出低速数据，否则输出为白噪声。扩频调制方框图如图 6.6.1 所示。

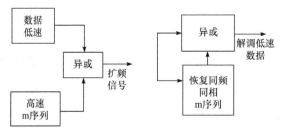

图 6.6.1　扩频调制方框图

码分多址(CDMA)——最近 20 年提出将其应用于民用通信，以扩频技术为基础的码分多址(CDMA)方式在民用通信方面已得到广泛应用。

扩频系统对于单个用户来说，频谱利用率很低。当采用码分多址(CDMA)技术时，扩频系统允许很多用户在同一个频带中同时工作，而不会相互产生明显的干扰。扩频系统的频谱效率就变得较高。

每个用户安排一个 $PN_i(t)$ 伪随机码，同时工作用户有 K 个，发射数据分别是

$d_i(t)(i=1,2,3,\cdots,K)$，对于某一接收机，尽管想接收第 i 个用户信息，但是同时收到 $K-1$ 个用户发来的信息，由于伪随机码相关性，只有与手机号码相同信息的内容才能被解调成低频信号，而其他用户信息由于不相关仍然呈高频信号状态。通过低通滤波器后，其他用户信息被滤除，取出了有用的数据信息。码分多址通信原理图如 6.6.2 所示。

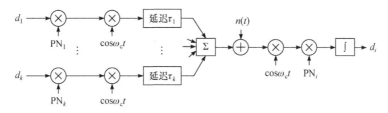

图 6.6.2　码分多址通信原理图

6.6.1　香农定理

扩频通信的依据是香农定理。

如果信息速率 R 等于或小于信道容量 C，在理论上存在一种编码技术，可使信息源输出以任意的差错概率通过信道传输到对方。如果信息速率 $R>C$，则没有办法传送这样的信息。

信道容量是指信息通过信道可靠地传输的最大速率。

信道的极限传输速率受到信道的噪声和带宽限制，可以证明，在高斯白噪声信道中，香农公式为

$$R_{\max}=C=B\log_2\left(1+\frac{S}{N}\right)(\text{比特/秒})\tag{6.6.1}$$

其中，$N=nB$，N 为噪声平均功率(W)，n 为噪声功率谱密度，B 为信道带宽(Hz)；S 为信号平均功率(W)。

证明：设信号的带宽为 B，受高斯白噪声干扰，噪声功率为 N，信号功率为 S，则接收端的信号电压为 $\sqrt{S+N}$，噪声电压为 $\sqrt{N}$。

为了使接收端能够从噪声中辨别出信号，辨别电平间隔为 $\sqrt{N}$。接收端能够无误辨别不同电平数为

$$M=\frac{\sqrt{S+N}}{\sqrt{N}}=\sqrt{1+\frac{S}{N}}$$

M 个电平相当于 M 进制数，每个波形能够传送的最大信息量为

$$I = \log_2 M = \frac{1}{2}\log_2\left(1 + \frac{S}{N}\right)\text{（比特/秒）}$$

又因为根据奈奎斯特准则，带宽为 BHz 的系统最多能传送 $2B$ 个脉冲。因此，最大信息速率为

$$C = (2B)I = 2B\cdot\left[\frac{1}{2}\log_2\left(1 + \frac{S}{N}\right)\right]\text{（比特/秒）}$$

$$R_{\max} = C = B\log_2\left(1 + \frac{S}{N}\right)\text{（比特/秒）}$$

证毕。

因为噪声功率与信号带宽有关，所以香农公式又可写为

$$C = B\log_2\left(1 + \frac{S}{n_0 B}\right)\text{（比特/秒）} \tag{6.6.2}$$

结论：一个信道容量 C 受三要素 B、n_0、S 限制。只要这三要素确定，信道容量随之确定。

[例 6.6.1] 计算电视图像信号所需带宽。

电视图像大致由 300000 个小像元组成，对于一般要求的对比度，每像元大约取 10 个可辨亮度电平(黑→白)，设对于任何像元，10 个亮度电平等概率出现，每秒发送 30 帧图像，要求信噪比 $S/N = 1000\,(30\text{dB})$。计算上述信号所需的带宽。

解　每个像元素信息量 $\log_2 10 = 3.32$（比特）；

每帧信息量 $300000 \times 3.32 = 996000$(比特)；

每秒信息量 $996000 \times 30 = 29.9 \times 10^6$(比特)；

即 $C = 29.9 \times 10^6$ 比特/秒。

$$B = \frac{C}{\log_2\left(1 + \dfrac{S}{N}\right)} \approx \frac{29.9 \times 10^6}{\log_2 1000} = 3.02 \times 10^6\,(\text{Hz})$$

即 $B \approx 3\text{MHz}$。

6.6.2　带宽与信噪比互换

从香农公式可看出，一个给定的信道容量 C 可以减小信噪比、增加带宽 B，或者增加信噪比、减小带宽 B 达到相同的信道容量数，如表 6.6.1 所示。

表 6.6.1　信噪比与带宽互换的例子

信噪比	带宽与信息容量
$\dfrac{S}{N}=7$	$B=4\text{kHz}$，$C=12\times10^3\text{bit/s}$
$\dfrac{S}{N}=15$	$B=3\text{kHz}$，$C=12\times10^3\text{bit/s}$

即信道容量可以通过带宽和信噪比互换而保持不变。实际信道 n_0 一定，不能随意选择。在一定 n_0 条件下，讨论 S 与 B 的互换。

[例 6.6.2]　为保持 $C=12\times10^3$ bit/s，B 从 4kHz 变化到 3kHz，3kHz 带宽内噪声功率将是 4kHz 带宽内的 $\dfrac{3}{4}$。

信号功率就应增加 $\dfrac{3}{4}\times\dfrac{15}{7}\approx1.6$，带宽减小 25%，信号功率增加 60%。

结论：带宽较小的改变会导致信号功率较大的改变。

当 $\dfrac{S}{N}\gg1$，$B\uparrow$，$S\downarrow$ 时，增加较小的带宽可以节省较大的信号功率。如果在小信噪比下，互换比相当。

请注意：B 与 S 互换过程并不是自然而然实现的，必须修改或变换信号波形，使之具有所希望的带宽，一般通过编码和调制来实现。

6.6.3　理想系统带宽和信噪比的互换规律

图 6.6.3 画出了带宽与信噪比互换的方框图，如果想做一个扩频通信系统：扩频调制出的信号带宽为 1MHz，信道带宽为 3MHz，这样就认为是扩频，那就完全错误了。这样不但不能提高信噪比，反而会降低信噪比，因为信道带宽增加了，噪声功率反而增大了。

图 6.6.3　带宽和信噪比互换规律

正确方法是：把理想调制信号带宽 1MHz 通过波形变换或调制方式变换为信号占据 3MHz 带宽，然后通过 3MHz 的信道去传送。这才是扩频的正确方法，解调后才能提高信噪比。

解调器输入端信息速率为

$$R_i = B \log_2 \left(1 + \frac{S_i}{N_i} \right)$$

解调器输出端信息速率为

$$R_o = f_m \log_2 \left(1 + \frac{S_o}{N_o} \right)$$

输入信息速率与输出信息速率应相等，即

$$B \log_2 \left(1 + \frac{S_i}{N_i} \right) = f_m \log_2 \left(1 + \frac{S_o}{N_o} \right)$$

$$\left(1 + \frac{S_o}{N_o} \right) = \left(1 + \frac{S_i}{N_i} \right)^{B/f_m}$$

一般情况满足 $\dfrac{S_i}{N_i} \gg 1$；$\dfrac{S_o}{N_o} \gg 1$，所以

$$\frac{S_o}{N_o} \cong \left(\frac{S_i}{N_i} \right)^{B/f_m}$$

结论：扩频输出信噪比随着带宽 B 按指数规律增加。

对于功率非常宝贵的场合，如宇宙通信，由于信噪比很弱，应考虑用带宽换取信噪比。

对于信道频带十分紧张的情况，如中短波信道，应考虑提高频带利用率。应采用增加信号功率的方法来提高信噪比，从而换取带宽。

6.6.4　直接序列扩频原理

直接序列扩频(DS-SS)系统是将伪随机(PN)序列直接与基带脉冲数据相乘(异或)来扩展基带信号。

伪随机序列的一个脉冲或符号称为一个"码片"。采用二进制相移调制的 DS 系统调制器原理图如图 6.6.4 所示。

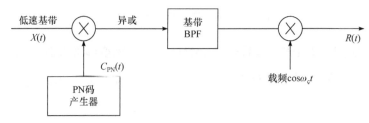

图 6.6.4　二进制相移调制的 DS 系统调制器原理

在图 6.6.4 中，$C_{PN}(t)$ 为高速伪随机序列码元，取值为 ±1；其速率比基带信号速率高很多。设 R_c 为伪随机序列码速，R_a 为数据序列码速，则带宽扩展因子 B_c 为

$$B_c = \frac{R_c}{R_a} = \frac{T_a}{T_c}$$

直接序列扩频系统解调要比发送端电路复杂很多，主要是同步系统要获取相干载波和还原发送端 C_{PN} 序列，解调器原理如图 6.6.5 所示。

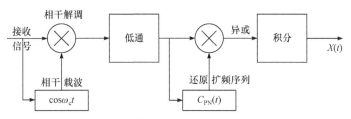

图 6.6.5　直接序列扩频系统解调器原理

在图 6.6.5 中，输入 DS-SS 信号首先进行 2DPSK 解调，然后与伪随机序列相乘进行解扩。为了正确恢复信号，在接收端产生的伪随机序列必须与即将接收的扩频信号中的伪随机序列同步。

6.6.5　直接序列扩频系统对带内窄带干扰的抑制原理

直接序列扩频系统对带内窄带干扰的抑制原理如图 6.6.6 所示，发送端把要传送的基带信号功率谱通过变换占据很宽的频带宽度，由于干扰信号的频谱一般是窄带的，接收信号相干解调后，恢复的扩频高速 m 序列必须与接收数据进行"异或"处理，这样就把发送信息重新变换为窄带,功率谱得到提升,而高速 m 序列与干扰信号相"异或"，反而把干扰信号变换为高速宽带信号被低通滤波器抑制，真正的有用信号得以提取出来，从而提高直接序列扩频系统的抗干扰能力。

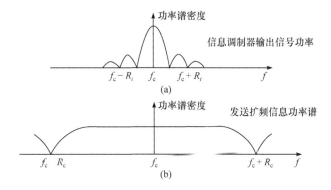

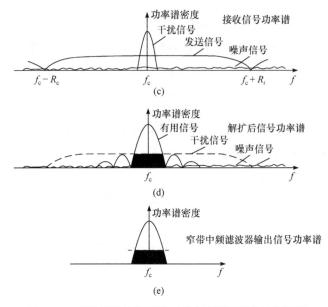

图 6.6.6　直接序列扩频系统对带内窄带干扰的抑制原理

6.6.6　扩频处理增益

扩频系统的抗干扰能力可以用处理增益来衡量，处理增益越大，抵抗带内干扰的能力越强。处理增益定义为

$$G_P = \frac{\text{输出信噪比}}{\text{输入信噪比}} = \frac{S_o/N_o}{S_i/N_i}$$

通常可用分贝表示，即

$$G_P = 10\lg\frac{S_o/N_o}{S_i/N_i}(\text{dB})$$

对于直接序列扩频系统，处理增益可表示为

$$G_P = \frac{S_o/N_o}{S_i/N_i} = \frac{B_a}{B_c} = \frac{R_c}{R_a} = \frac{T_a}{T_c}$$

上式表示直接序列扩频系统的处理增益，为扩频信号带宽 B_c 与数据信息带宽 B_a 的比值，或为伪随机序列码速 R_c 与数据序列码速 R_a 的比值，或扩频信号周期 T_a 与数据信息周期 T_c 的比值。

例如，在 CDMA 系统中，传输的信息码速率为 19.2Kbit/s，扩频码速率为 1228.8Kbit/s，则系统的处理增益为

$$G_P = \frac{R_c}{R_a} = \frac{1228.8}{19.2} = 18.06(\text{dB})$$

6.6.7 扩频码速的确定

扩频码速和信息速率比越大,抗干扰能力越强,处理后干扰电平越小,**但不能小于接收机热噪声电平**,否则不能进一步改善输出信噪比。**通常将产生干扰电平等于热噪声电平时的码速称为系统的最佳码速。**

扩频编码的类型、长度和速率决定 DS 系统的性能。要使系统具有较强的抗干扰能力和多址能力,就必须选择合适的扩频地址码。对序列码的要求如下。

(1) 要求扩频编码序列的自相关函数具有尽可能高的主峰和尽可能小的旁瓣,以利于提取同步信息。

(2) 要求不同地址码的扩频编码之间的互相关函数尽量小,即要求各地址码的扩频码序列构成正交或准正交集,以利于有效地抑制其他地址信号对有用信号的干扰。

6.6.8 前置解扩方框图、波形

一般扩频系统采用前置解扩,即先解扩后解调方案,这样解调信噪比会高一些。其工作原理与波形如图 6.6.7 所示。

由于频带资源非常有限,在无线通信中分配给每个信道的带宽有限。例如,模拟信道:在短波段,带外衰减≥60dB 是一个硬指标。中国、英国和美国的标准如表 6.6.2 和表 6.6.3 所示。

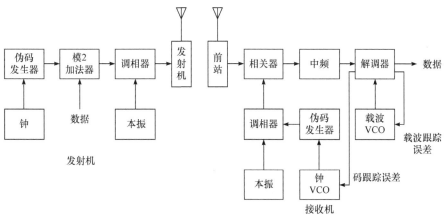

(a)

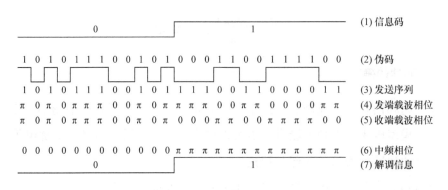

(b)

图 6.6.7　直扩系统方框图和扩频信号传输图

表 6.6.2　FM 广播标准

指标	中国	美国	英国
频道间隔/kHz	200	200	200
频偏/kHz	±75	±75	±75
声音/Hz	40～15000	50～15000	50～15000
背景噪声/dB	-60	-60	-60
频率稳定度/kHz	±2	±2	±2

注："-"表示衰减，背景噪声带外辐射衰减指标即带外辐射干扰。

表 6.6.3　模拟信道频带及带外辐射要求

调制方式	基带频宽	载频调制后占用频带	调制信号带外辐射衰减要求	测试规范
单路音频 AM 广播	100Hz～3.4kHz	9kHz	≥60dB	为保证不对邻近电台构成干扰，不满足带外衰减 ≥60dB 要求被视为产品不合格，国家严禁使用
单路电视广播	0～5MHz	8MHz	≥60dB	
单路短波 FM 通信	300Hz～3.4kHz	25kHz	≥60dB	

为什么现在数字通信技术都已经很成熟了，而中波广播、短波 FM 音频广播、电视无线广播还是模拟信号？

原因是模拟信号数字化以后，其信号本身有很丰富的高次谐波，使得调制以后信号频谱有极大的扩展。为保证不对邻近电台产生干扰，**不满足带外衰减 ≥60dB 要求被视为产品不合格，国家严禁使用**。这就是各种数字调制出现的原因，目的主要是压缩频带宽度，减小带外辐射。

根据信息论，**带宽和信噪比是一对矛盾**。数字通信之所以抗干扰能力强，就是因为数字化后占据了更宽的频带，换句话说，数字通信的所有优点都是以牺牲频带宽度换来的。现代数字调制技术的发展，既要求保持数字通信抗干扰性能好的特点，又要求占据频带达到模拟信道的要求，即提高系统的有效性能指标。

现代数字调制主要有下面几种。

QPSK——卫星通信中微波段应用，主要为解决信噪比低、误码率高问题。

64QAM——数字光纤有线电视中应用，主要解决数字电视传输数据量庞大、压缩传输频带问题。

TFM、GMSK——陆地移动通信中应用，主要解决用户多频率资料有限，减小带外辐射问题。

OFDM——数字无线广播中应用，主要解决传输数据量大、减小带外辐射问题。

码分多址扩频通信——主要解决移动通信大容量、多用户的通信问题。

跳频、跳时扩频通信——主要解决部队、公安、政府部门保密通信的问题。所以不同的通信环境、不同的要求，就要用不同的调制解调方式。

例如，对于电视信号：数字电视卫星通信用 QPSK 调制，如图 6.6.8 所示；数字有线电视用 64QAM 调制，如图 6.6.9 所示；数字无线广播用 OFDM 调制，如图 6.6.10 所示。

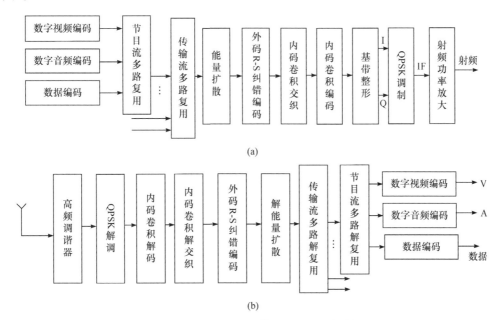

图 6.6.8　数字电视卫星通信用 QPSK 调制方框图

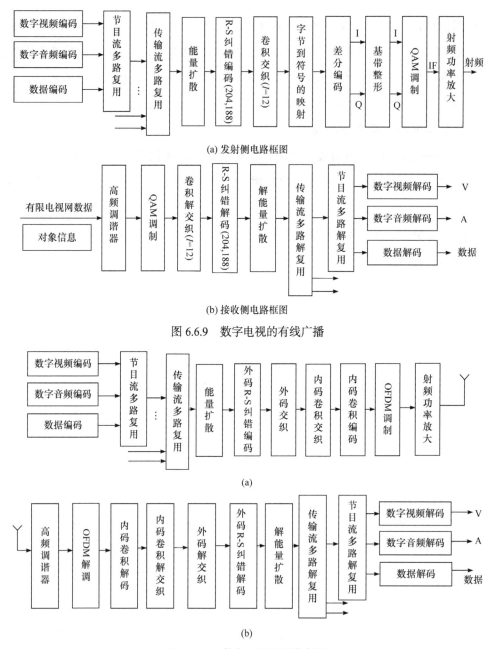

(a) 发射侧电路框图

(b) 接收侧电路框图

图 6.6.9 数字电视的有线广播

(a)

(b)

图 6.6.10 数字电视的无线广播

习 题

1. 现在数字通信技术已经很成熟了,手机就是很好的证明,为什么中短波音频广播、电视广播 1~12 频道仍然是模拟系统呢?

2. 简述 TFM 频带压缩的思路和方法。

3. 什么是 QAM 调制？简要叙述 QAM 调制的特点。QAM 调制应用在哪些系统中？

4. 在中短波段无线广播中，试图采用 QAM 调制抑制带外辐射达到 60dB 要求，这种设计思路可以实现吗？

5. 与其他调制方式相比，OFDM 有哪些优缺点？OFDM 主要的应用方向有哪些？

6. 扩频系统主要有哪些特点？

7. 写出扩频输出信噪比与传输带宽的关系公式，问：

(1) 传输带宽无限制地增加，输出信噪比可以无限制地增加吗？

(2) 基带信号速率为 1Mbit/s，做一个扩频系统提高输出信噪比，把传输带宽设计为 10MHz，这样可以实现输出信噪比提高吗？为什么？

8. 在直扩系统中，已知发送信息速率为 16Kbit/s，伪随机扩频码速为 4.096Mbit/s，采用 2DPSK 方式传输：

(1) 试求射频信号带宽；

(2) 试求扩频系统的处理增益。

9. 信道容量可以通过带宽和_____互换而保持不变。

10※. 在第 5 章设计基础上：

(1) 设计一个 32Kbit/s 的低速 m 序列作为要传输的数据信号，并仿真出波形。

(2) 设计一个 256Kbit/s 的高速 m 序列作为扩频传输的信号，并仿真出波形。

(3) 合成一个扩频数据传输信号，并仿真出其波形。

11※. 把仿真结果下载到 SYT-2020 扩频实验箱验证结果，并拍下照片。

12※. 整理设计资料，仿真波形，下载波形照片，写一个小总结。

第7章 信 道 编 码

本章要点

➤ 概述

➤ 纠错编码的基本概念

➤ 常用的简单编码

➤ 循环码

➤ CRCC 码

➤ BCH 码

➤ 交织码

➤ 卷积码

7.1 概　　述

差错控制编码的基本(实现)方法是在发送端将被传输的数据信息(信息码)中增加一些多余的比特(监督码)，使原来彼此相互独立没有关联的信息码与监督码经过某种变换后产生某种规律性或相关性。

接收端按照一定的规则对信息码与监督码之间的相互关系进行校验，一旦传输发生差错，信息码与监督码的关系就受到破坏，从而接收端可以发现并纠正传输中产生的错误。表 7.1.1 给出了天气预报的例子，从表中可以看出，监督位越多，检错、纠错能力越强。

表 7.1.1　纠错编码的基本原理——以天气预报为例

编码方式	天气情况	编码	信息位	监督位	检错、纠错能力
A	晴	1	1	无	不能发现、纠正错误， 1、0 码都是允许用码
	阴	0	0	无	
B	晴	11	1	1	01、10 为禁用， 能发现一位错误，不能纠错
	阴	00	0	0	

编码方式	天气情况	编码	信息位	监督位	检错、纠错能力
C	晴	111	1	11	能发现二位错误，纠正一位错误，110、101、011→111 001、010、100→000
	阴	000	0	00	

用差错控制编码这一方法，使系统具有一定的检错或纠错能力，可减少误码率，提高系统的抗干扰能力。检测错误或纠正错误可以在数据链路层实现，也可以在传输层实现。

检测错误(简称检错)是指接收端仅对接收到的信息进行正确或错误判断，而不对错误进行纠正。

纠正错误(简称纠错)是指接收端不仅能对接收到的信息进行正确或错误判断，而且能对错误进行纠正。

信道噪声及信道传输特性不同，造成错误的统计特性也不同。传输信道可以分为以下三种信道。

1. 随机信道

由信道的加性随机噪声引起的错误是随机出现的，通常不是成片出现的，并且各个错误的出现是统计独立的，一般将具有此特性的信道称为随机信道。

2. 突发信道

错误是相对集中出现的，即在短时间内有很多错误出现，例如，移动通信中信号在某一段时间内发生衰落，造成一串错误；汽车发动时电火花干扰造成的错误；光盘上的一条划痕等，这种的信道称为突发信道。

3. 混合信道

错误既有突发错误又有随机错误的情况，这种信道称为混合信道。

7.2 纠错编码的基本概念

1. 信息码元与监督码元

信息码元(又称信息位)，是指由发送端信源发出的信息数据比特，以 a_k 表示。由

信息码元组成的信息码组为

$$A = [a_{k-1}a_{k-2}\cdots a_0] \tag{7.2.1}$$

式中，k 为信息码组中信息码元的个数。在二进制码情况下，每个信息码元 a_k 的取值只有 0 或 1 两种状态，所以总的信息码组数共有 $2k$ 个。监督码元又称监督位，这是为了检测或纠正错码而在信息码组中加入的冗余码。监督码元的个数通常以 r 表示。

2. 分组码

纠错编码的原理是将 r 个监督码元按一定的规则附加在 k 个信息码元组成的信息码组上，构成一个有检错、纠错功能的独立码组，并且监督码元仅与本码组中的信息码组有关，这种按组进行编码的方法称为分组码。

分组码一般用符号 (n,k) 表示，其中，n 表示分组码码组长度；k 表示信息码元个数；$r = n - k$ 表示监督码元个数。在二进制编码中，通常分组码都是 k 个信息码元在前，r 个监督码元附加在 k 个信息码元之后，其结构如图 7.2.1 所示。

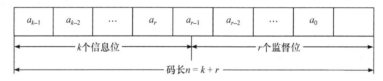

| a_{k-1} | a_{k-2} | $\cdots$ | a_r | a_{r-1} | a_{r-2} | $\cdots$ | a_0 | |

图 7.2.1　分组码结构图

把分组码信息码元个数 k 与码组长度 n 之比称为纠错编码的编码效率 R，表示为

$$R = \frac{k}{n} = \frac{k}{k+r}$$

编码效率是衡量纠错码性能的一个重要指标，一般情况下，监督位越多，检错和纠错能力越强，但相应的编码效率也随之降低。

3. 码重、码距与最小码距

(1) 码组的重量(简称码重)是指码组中非零元素的个数。对于二进制编码，码重就是码组中 1 的个数。例如，010 码组的重量是 1，111 码组的重量是 3。

(2) 码组的距离(简称码距)是指两个码组 c_i、c_j 之间不同比特的个数，数学表示为

$$d(c_i, c_j) = \sum_{k=0}^{n-1}(c_{i,k} \oplus c_{j,k}) \, (\text{模 } q)$$

其中，d 是码距；q 是 c_i 和 c_j 所能取的个数。对于二进制编码，码距就是两个码组之间

对应位上码元取值不同的个数，即汉明距离。例如，0000 与 1010 之间的码距 $d=2$；0100 与 1101 之间的码距 $d=2$；0000 与 1111 之间的码距 $d=4$。

最小码距是指在一个码组集合中，任意两个码组之间距离的最小值，以字母 d_0 表示，最小码距也称最小汉明距离。

$$d_0 = \min_{i,j} \sum_{k=0}^{n-1} (c_{i,k} \oplus c_{j,k}) (\text{模 } q)$$

例如，0000、1010 与 1110 三个码组之间，0000 与 1110 之间的码距 $d=3$；1010 与 1110 之间的码距 $d=1$；0000 与 1010 之间的码距 $d=2$；所以这个码组的最小码距 $d_0=1$。

4. 最小码距 d_0 与检错和纠错能力的关系

最小码距 d_0 与检错、纠错能力密切相关。以表 7.1.1 为例。

A 组编码方式：只用 1 位码，码组的码距 $d=1$，晴天用 "1" 码表示；阴天用 "0" 码表示，没有监督码元，收端收到 "1" 码或者 "0" 码不能发现错误，因为 "1" 或者 "0" 都是许用码字，不能检错，更不能纠错。

B 组编码方式：用两位码表示，晴天用 "11" 码组表示；阴天用 "00" 码组表示，码组的码距 $d=2$。有 1 位监督码元，"01" 和 "10" 禁用，收端收到 "01" 或者 "10" 码可以发现错误，因为 "01" 或者 "10" 是禁用码组，但不知哪个码元出错。因为 "11" 和 "00" 码组都是允许的，因此只能检错，不能纠错。

C 组编码方式：用三位码表示，晴天用 "111" 码组表示；阴天用 "000" 码组表示，这组的码距 $d=3$。有 2 位监督码元，有 "110、101、011、001、010、100" 一共 6 个码组被禁用，当收端收到 "110、101、011" 码可以发现有 2 位码错误，但可以用择多判决法判决为 "111" 码；当收到 "001、010、100" 码也可以发现有 2 位错码，也可以用择多判决法判决为 "000" 码。所以这个码组可以检测 2 位错码，纠正 1 位错码。

研究发现，最小码距 d_0 与检错、纠错之间必须满足下列三条重要的规则，如图 7.2.2 所示。上面天气预报编码的例子也证明了这些规则的正确性。

(1) 若码组用于检测 e 个错误，则要求最小码距：

$$d_0 \geqslant e+1$$

(2) 若码组用于纠止 t 个错误，则要求最小码距：

$$d_0 \geqslant 2t+1$$

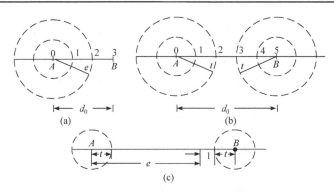

图 7.2.2　最小码距与检错、纠错的关系

(3) 若码组用于纠正 t 个错误,同时检测 e 个错误,则要求最小码距:

$$d_0 \geqslant e+t+1, \quad e>t$$

7.3　常用的简单编码

7.3.1　奇偶监督码

奇偶监督码是一种用于检测错误的简单编码,分为奇监督码和偶监督码。

1. 奇监督码

无论信息位有多少,监督位只有一位,在信息码后加了 1 个监督码,使该码组中"1"的个数为奇数个,这种编码方法称为奇监督码。

2. 偶监督码

无论信息位有多少,监督位只有一位,在信息码后加了 1 个监督码,使该码组中"1"的个数为偶数个,这种编码方法称为偶监督码。表 7.3.1 就是一个偶监督码的例子。

表 7.3.1　偶监督

编号	信息位	监督位
1	01001	0
2	00100	1
3	01011	1
4	01100	0
5	00101	0

3. 奇偶监督码特性

奇偶监督码最小码距 $d_0 = 2$，偶监督码只能检测奇数个错误，不能检测偶数个错误，无法纠正错误。

设码组为 $[a_{n-1}a_{n-2}\cdots a_1a_0]$，则奇监督码满足如下关系式：

$$a_{n-1} \oplus a_{n-2} \oplus \cdots \oplus a_1 \oplus a_0 = 1$$

偶监督码满足：

$$a_{n-1} \oplus a_{n-2} \oplus \cdots \oplus a_1 \oplus a_0 = 0 \tag{7.3.1}$$

式中，$a_{n-1}, a_{n-2}, \cdots, a_1$ 是信息位；a_0 是监督位。

设码字 $A = [a_{n-1}, a_{n-2}, \cdots, a_1, a_0]$，对偶监督码有

$$a_{n-1} \oplus a_{n-2} \oplus \cdots \oplus a_1 \oplus a_0 = 0 \tag{7.3.2}$$

奇监督码情况相似，只是码组中 "1" 的数目为奇数，即满足条件：

$$a_{n-1} \oplus a_{n-2} \oplus \cdots \oplus a_0 = 1$$

奇偶监督码的译码方法也很简单。若对于偶监督码，在接收端只需对接收到的码组按偶监督进行验证。奇偶监督码检测错误的能力有限，它只能检测出所有奇数个错码，不能检测出偶数个错码。另外，该码组的最小码距 $d_0 = 2$，故没有纠正错码的能力。

7.3.2　二维奇偶监督码

为了提高奇偶监督码检测错误的能力，可以采用二维奇偶监督码，该码的构造方法是：将信息排列成 $m-1$ 行、$n-1$ 列矩阵，先在每一行最后加上一位奇偶监督码，然后在列的最后一位加上一位奇偶监督码，如下：

$$
\begin{array}{cccc|c}
a_{n-1}^1 & a_{n-2}^1 & \cdots & a_1^1 & a_0^1 \\
a_{n-1}^2 & a_{n-2}^2 & \cdots & a_1^2 & a_0^2 \\
\vdots & \vdots & & \vdots & \vdots \\
a_{n-1}^{m-1} & a_{n-2}^{m-1} & \cdots & a_1^{m-1} & a_0^{m-1} \\
\hline
c_{n-1} & c_{n-2} & \cdots & c_1 & c_0
\end{array}
$$

二维奇偶监督码发送时可以按行的顺序发送，先发送第一行，再发送第二行，最后发送监督码 $c_{n-1}, c_{n-2}, \cdots, c_1, c_0$。当然也可以按列的顺序发送。二维奇偶监督码有较强的检测错误的能力，它可以检测出所有奇数个错码，并且可以检测出有些偶数个错码，

该码还具有一定的纠正错误的能力，如图 7.3.1 所示。

小组			信息码			监督码
1	1	1	1	0	0	1
2	1	1	0	1	1	0
3	0	1	1	1	1	1
4	1	1	0	0	0	0
5	0	0	1	1	0	0
监督码	1	1	0	0	0	0

图 7.3.1　奇偶监督检错和纠错原理

按偶监督检查可发现第三行和第三列有错码，两条线的交点位置就是错码；第二列和第四列有错码，通过列计算，第二行可检测出有偶数个错码。

二维奇偶监督码检错能力强，具有一定的纠正错误的能力，因而经常用于检错重发控制方式中。

7.3.3　线性分组码

定义：信息码元和监督码元之间符合线性代数方程关系式，称为线性分组码。

1. 线性分组码的封闭性

任意两许用码组之和(逐位模 2 和)仍为许用码组，即线性码具有封闭性。

2. 码的最小距离等于非零码的最小重量

参数表 7.3.2 线性码组，最小码间距离 d_0 就是序号 1 的最小码重。

3. 线性码的校验子与错误码的关系

奇偶监督码就是一种最简单的线性分组码，式(7.3.1)表示偶校验时的监督关系，称为监督方程。接收时为了检测传输过程中是否有错，将式(7.3.1)再计算一次，有

$$S = a_{n-1} + a_{n-2} + a_{n-3} + \cdots + a_0 \tag{7.3.3}$$

这里 S 为校正因子，又称伴随式。若 $S = 0$，表示无错；若 $S = 1$，表示有错。奇偶监督码中只有一位监督码元，因此只能表示有错与无错。

设想监督位增加到 2 位，则可增加一个监督方程式，接收时按照两个监督方程式可计算出两个校正因子 S_1 和 S_2，共有 4 种组合，即 00、01、10、11，可以表示 4 种不同的信息。除 00 表示无错以外，其余 3 种就可以指示 3 种不同的错误图样。一般来说，由 r 个监督方程式计算得到的校正因子有 r 位，就可以用来指示 $2^r - 1$ 种误码图

样。对于一位误码来说，就可以指示 2^r-1 个误码位置。对以码组长度为 n、信息码元为 k 位、监督码元 $r=n-k$ 的分组码(常记作 n，k 码)，如果满足 $2^r-1 \geqslant n$，则有可能构造出纠正一位或一位以上错误的线性码。

现以(7,4)分组码表 7.3.2 为例说明线性分组码的特点。设其码字为 $A=[a_6a_5a_4a_3a_2a_1a_0]$，其中前 4 位是信息码元，后 3 位是监督码元，可用下列线性方程组来描述该分组码，产生监督码元。

$$\begin{cases} a_2 = a_6 + a_5 + a_4 \\ a_1 = a_6 + a_5 + a_3 \\ a_0 = a_6 + a_4 + a_3 \end{cases}$$

表 7.3.2 (7,4)分组码的码字表

序号	码字		序号	码字	
	信息码元	监督码元		信息码元	监督码元
0	0 0 0 0	0 0 0	8	1 0 0 0	1 1 1
1	0 0 0 1	0 1 1	9	1 0 0 1	1 0 0
2	0 0 1 0	1 0 1	10	1 0 1 0	0 1 0
3	0 0 1 1	1 1 0	11	1 0 1 1	0 0 1
4	0 1 0 0	1 1 0	12	1 1 0 0	0 0 1
5	0 1 0 1	1 0 1	13	1 1 0 1	0 1 0
6	0 1 1 0	0 1 1	14	1 1 1 0	1 0 0
7	0 1 1 1	0 0 0	15	1 1 1 1	1 1 1

表 7.3.3 校正子与错码位置的对应关系

S_1	S_2	S_3	错码位置
0	0	1	a_0
0	1	0	a_1
1	0	0	a_2
0	1	1	a_3
1	0	1	a_4
1	1	0	a_5
1	1	1	a_6
0	0	0	无错

由表 7.3.3 的规定可见，仅当有一个错码且位置在 a_2 、 a_4 、 a_5 或 a_6 时，校正子 S_1 为 1，否则 S_1 为 0。这就意味着 a_2 、 a_4 、 a_5 和 a_6 四个码元构成偶数监督关系，即

$$S_1 = a_6 \oplus a_5 \oplus a_4 \oplus a_2 \tag{7.3.4}$$

同理可得， a_1 、 a_3 、 a_5 和 a_6 四个码元构成偶数监督关系为

$$S_2 = a_6 \oplus a_5 \oplus a_3 \oplus a_1$$

以及 a_0 、 a_3 、 a_4 和 a_6 四个码元构成偶数监督关系为

$$S_3 = a_6 \oplus a_4 \oplus a_3 \oplus a_0$$

在编码时， a_3 、 a_4 、 a_5 和 a_6 为信息码，是二进制随机序列， a_0 、 a_1 、 a_2 为监督码，应根据信息码的取值按监督关系式决定，即监督码应使校正子 S_1 、 S_2 、 S_3 为零，即

$$\begin{cases} a_6 \oplus a_5 \oplus a_4 \oplus a_2 = 0 \\ a_6 \oplus a_5 \oplus a_3 \oplus a_1 = 0 \\ a_6 \oplus a_4 \oplus a_3 \oplus a_0 = 0 \end{cases} \tag{7.3.5}$$

式(7.3.5)即是(7,4)线性分组码的信息码和监督码所满足的监督方程。对式(7.3.5)进行求解可以得到监督码满足下列关系：

$$\begin{cases} a_2 = a_6 \oplus a_5 \oplus a_4 \\ a_1 = a_6 \oplus a_5 \oplus a_3 \\ a_0 = a_6 \oplus a_4 \oplus a_3 \end{cases} \tag{7.3.6}$$

收到码字后，计算 S_1 、 S_2 、 S_3 ，如果不全为 0，可以按表 7.3.3 确定误码位置。例如，收到 0000011，可算出 $S_1 S_2 S_3 = 011$ ，查表 7.3.3 可知 a_3 有错。

4. 线性码监督矩阵

在线性分组码中，信息码和监督码满足一组线性方程变换关系，下面仍以(7,4)线性分组码为例，讨论线性分组码的一般原理。将(7,4)线性分组码的监督方程式(7.3.5)写成标准的方程形式：

$$\begin{cases} 1 \cdot a_6 + 1 \cdot a_5 + 1 \cdot a_4 + 0 \cdot a_3 + 1 \cdot a_2 + 0 \cdot a_1 + 0 \cdot a_0 = 0 \\ 1 \cdot a_6 + 1 \cdot a_5 + 0 \cdot a_4 + 1 \cdot a_3 + 0 \cdot a_2 + 1 \cdot a_1 + 0 \cdot a_0 = 0 \\ 1 \cdot a_6 + 0 \cdot a_5 + 1 \cdot a_4 + 1 \cdot a_3 + 0 \cdot a_2 + 0 \cdot a_1 + 1 \cdot a_0 = 0 \end{cases} \tag{7.3.7}$$

式中，"+"是指模 2 加，这个方程组称为码组的一致监督方程或一致校验方程。将式(7.3.7)表示成矩阵形式：

$$\begin{bmatrix} 1 & 1 & 1 & 0 & 1 & 0 & 0 \\ 1 & 1 & 0 & 1 & 0 & 1 & 0 \\ 1 & 0 & 1 & 1 & 0 & 0 & 1 \end{bmatrix}\begin{bmatrix} a_6 \\ a_5 \\ a_4 \\ a_3 \\ a_2 \\ a_1 \\ a_0 \end{bmatrix} = \begin{bmatrix} 0 \\ 0 \\ 0 \end{bmatrix} \tag{7.3.8}$$

式(7.3.8)用矩阵符号简写为

$$A \cdot H^{\mathrm{T}} = 0 \tag{7.3.9}$$

式中

$$H = \begin{bmatrix} 1 & 1 & 1 & 0 & 1 & 0 & 0 \\ 1 & 1 & 0 & 1 & 0 & 1 & 0 \\ 1 & 0 & 1 & 1 & 0 & 0 & 1 \end{bmatrix}$$

将矩阵 H 称为(7,4)线性分组码的**监督矩阵**或**校验矩阵**，A^{T} 和 H^{T} 分别为矩阵 A 和监督矩阵 H 的转置。只要监督矩阵 H 给定，码组中信息码和监督码之间的关系也就完全确定了。H 矩阵的行数等于监督码长度 r，其列数等于码组长度 n。对于本例的(7,4)线性分组码，其监督矩阵 H 可以分成两部分：

$$H = \begin{bmatrix} 1 & 1 & 1 & 0 & \vdots & 1 & 0 & 0 \\ 1 & 1 & 0 & 1 & \vdots & 0 & 1 & 0 \\ 1 & 0 & 1 & 1 & \vdots & 0 & 0 & 1 \end{bmatrix} = [PI_3] \tag{7.3.10}$$

式中，P 是 3×4 矩阵；I_3 是 3×3 单位方阵。将具有 $[PI_r]$ 形式的 H 矩阵称为典型监督矩阵。当监督矩阵 H 不是典型阵时，可以对它进行变换，将其化为典型监督矩阵。由典型监督矩阵构成的码组称为系统码，非典型监督矩阵构成的码组是非系统码。系统码的特点是信息位不变，监督位直接附加于其后。

$$H = \begin{bmatrix} p_{1,1} & p_{2,1} & \cdots & p_{k,1} & 1 & 0 & \cdots & 0 & 0 \\ p_{1,2} & p_{2,2} & \cdots & p_{k,2} & 0 & 1 & \cdots & 0 & 0 \\ \vdots & \vdots & & \vdots & \vdots & \vdots & & \vdots & \vdots \\ p_{1,r} & p_{2,r} & \cdots & p_{k,r} & 0 & 0 & \cdots & 0 & 1 \end{bmatrix} = [PI_r]$$

其中，监督矩阵 H 是一个 $r \times n$ 矩阵；P 是一个 $r \times k$ 矩阵；I_r 是一个 $r \times r$ 单位方阵。由代数理论可知，监督矩阵 H 的各行之间是线性无关的。

5. 线性码的伴随式与错误图样

设发送端产生的码组为

$$A = [a_{n-1} \quad a_{n-2} \quad \cdots \quad a_0]$$

该码组通过信道传输到达接收端。设接收端收到的码组为 C：

$$C = [c_{n-1}c_{n-2}\cdots c_0]$$

由于信道的失真和干扰的影响，接收到的码组 C 通常情况下与发送的码组 A 不一定相同，定义错误矩阵 E 为接收码组与发送码组之差，即

$$C - A = E = [e_{n-1}e_{n-2}\cdots e_0] \quad (\text{模 } 2)$$

式中，$e_i = 0$，则 $c_i = a_i$；$e_i = 1$，则 $c_i \neq a_i$。

当 $e_i = 0$ 时，表示接收码组中该位码元正确；当 $e_i = 1$ 时，表示接收码组中该位码元错误。因此，错误矩阵 E 反映了接收码组的出错情况，错误矩阵有时也称为错误图样。在接收端，若能求出错误图样 E，就能正确恢复出发送的码组 A，即

$$A = C + E \quad (\text{模 } 2) \tag{7.3.11}$$

例如，接收的码组 $C = [1000111]$，错误图样 $E = [0000010]$，则发送的码组 $A = C + E = [1000101]$。

根据线性分组码的编码原理，每个码组应满足式(7.3.9)。因此，当接收到 C 后，用式(7.3.9)进行验证。若等于 0，则认为接收到的是正确码组；若不等于 0，则认为接收到码组有错误。定义

$$S = [S_{c-1}S_{c-2}\cdots S_0] = C \cdot H^{\mathrm{T}} \tag{7.3.12}$$

则称 S 为伴随式或校正子。将式(7.3.11)代入式(7.3.12)可得

$$S = C \cdot H^{\mathrm{T}} = (A + E) \cdot H^{\mathrm{T}} = AH^{\mathrm{T}} + EH^{\mathrm{T}} = E \cdot H^{\mathrm{T}}$$

可以看出，校正因子 S 仅与错误图样 E 和监督矩阵 H 有关，而与是发送的什么码组无关。

7.3.4　汉明码

汉明码是一种能纠正一个随机错误的线性分组码，它有如下性质：

(1) 码组长度 $n = 2^r - 1$；

(2) 信息码长度 $k = 2^r - 1 - r$；

(3) 监督码长度 $r = n - k$，r 是不小于 3 的任意正整数；

(4) 最小码距 $d_0 = 3$；

(5) 能够纠正 1 个随机错误或检测 2 个随机错误。

例如，前面例子所讨论的 (7,4) 线性分组码就是码组长度为 7 的汉明码，其监督矩阵由 (001)、(010)、(100)、(011)、(101)、(110) 和 (111) 组成。

由于 $d_0 = 3$，基本的汉明码只能纠正码组中的一位误码，虽然可以检测两位错码，但此时不具备纠正任意一个错码的能力，即检 2 错与纠 1 错不能同时实现。一般要改进为 (8, 4) 扩展汉明码。

7.4　循　环　码

循环码定义：线性分组码中码元左循环移位(或右循环移位)所形成的码字仍然是组中的一个码字(除全 0 码外)。具有这种性质的码组称为循环码。

7.4.1　循环码的基本原理

循环码是线性分组码的一个重要子集，是目前研究得相当成熟的一类码。循环码具有许多特殊的代数性质，它建立在严密的数学理论基础上，循环码还有易于实现的特点，很容易用带反馈的移位寄存器实现其硬件。**因此，其在数据通信和计算机纠错系统中得到广泛应用。**循环码具有较强的检错和纠错能力，它不仅可以用于纠正独立的随机错误，而且也可以用于纠正突发错误。表 7.4.1 列出了 (7, 3) 循环码全部码组。

表 7.4.1　(7, 3) 循环码全部码组

码组编号	信息位			监督位			
	α_6	α_5	α_4	α_3	α_2	α_1	α_0
1	0	0	0	0	0	0	0
2	0	0	1	0	1	1	1
3	0	1	0	1	1	1	0
4	0	1	1	1	0	0	1
5	1	0	0	1	0	1	1
6	1	0	1	1	1	0	0
7	1	1	0	0	1	0	1
8	1	1	1	0	0	1	0
	第 2 码组右移一位得第 5 码组			第 5 码组右移一位得第 7 码组			

循环码除了具有线性分组码的性质外，还具有以下重要性质。

(1) **封闭性**。

任何许用码组的线性和还是许用码组。由此性质可知：线性码都包含全零码，且最小码距就是最小码重(除全 0 码)。

(2) **循环性**。

任何许用的码组循环移位后的码组还是许用码组。

为了便于用代数来研究循环码，把长度为 n 的码组用 $n-1$ 次多项式表示，将码组中各码元当作一个多项式的系数。若码组为 $(a_{n-1}a_{n-2}\cdots a_1a_0)$ ，则相应的多项式表示为

$$A(x) = a_{n-1}x^{n-1} + a_{n-2}x^{n-2} + \cdots + a_1x + a_0$$

多项式 $A(x)$ 称为码多项式。例如，表 7.4.1 中的第 7 个码组 $A=(1100101)$，则相应的多项式表示为

$$A(x) = 1\cdot x^6 + 1\cdot x^5 + 0\cdot x^4 + 0\cdot x^3 + 1\cdot x^2 + 0\cdot x + 1$$
$$= x^6 + x^5 + x^2 + 1$$

由码多项式可以看出，对于二进制码组多项式的每个系数不是 0 就是 1，这里 **x 仅是码元位置的标志，x 不代表取值多少**。

(3) **一个长为 n 的循环码，必为按模 (x^n+1) 运算的余式。**

基础：二进制运算规则如表 7.4.2 所示；模 n 运算的概念如表 7.4.3 所示。

表 7.4.2 二进制编码基本运算规则

加法运算(模 2 加)	乘法运算
$0+0=0$	$0\times0=0$
$0+1=1$	$0\times1=0$
$1+0=1$	$1\times0=0$
$1+1=0$	$1\times1=1$

表 7.4.3 引入模 n 运算的概念

模 2 运算	模 5 运算
$1+1=2\equiv0$	$1=1$
$1+2=3\equiv1$	$6\equiv1$

模 n 运算：对于整数 m，有

$$\frac{m}{n} = Q + \frac{r}{n}, \quad r < n$$

$$m \equiv r \quad (\text{模 } n)$$

码多项式的运算是采用按模运算法则，若一任意多项式 $M(x)$ 被一个 n 次多项式 $N(x)$ 除，得到商式 $Q(x)$ 和一个次数小于 n 的余式 $R(x)$，也就是

$$\frac{M(x)}{N(x)} = Q(x) + \frac{R(x)}{N(x)}$$

$$M(x) \equiv R(x) \quad (\text{模 } N(x))$$

式中，$Q(x)$ 为商；$R(x)$ 为余数；模为 $N(x)$。

码多项式系数仍按模 2 运算，例如，计算 $x^6 + x^5 + x^2 + 1$ 除以 $x^5 + 1$：

$$\begin{array}{r}
x+1 \\
x^5+1 \overline{\smash{\big)}\, x^6 + x^5 + x^2 + 1} \\
\underline{x^6 + x} \\
x^5 + x^2 + x + 1 \\
\underline{x^5 + 1} \\
x^2 + x
\end{array}$$

模 2 运算加法代替减法如下：

$$\frac{x^6 + x^5 + x^2 + 1}{x^5 + 1} = x + 1 + \frac{x^2 + x}{x^5 + 1}$$

取模 $x^5 + 1$ 后可得

$$x^6 + x^5 + x^2 + 1 = x^2 + x$$

7.4.2 循环码的生成多项式

例如，表 7.4.1 所示循环码：第 7 个码字，其码长 $n=7$，给定 $i=3$，则

$$x^i T_7(x) = x^3 \left(x^6 + x^5 + x^2 + 1 \right)$$
$$= x^9 + x^8 + x^5 + x^3 \quad (\text{模 } x^7 + 1)$$
$$= x^5 + x^3 + x^2 + x$$

对应的码字为 0101110，是第 3 个码字。

把 (7,3) 线性码的码字和码多项式按照 $x^4 + x^2 + x + 1$ 循环次序对照，如表 7.4.4 所示。事实上，把循环码的任一非 0 码字都可以推出完全相同的结果。

表 7.4.4　以 x^4+x^2+x+1 作循环得到全部码组

	码字	码多项式(模 x^7+1)
2	0010111	x^4+x^2+x+1
3	0101110	$x(x^4+x^2+x+1)\equiv x^5+x^3+x^2+x$
6	1011100	$x^2(x^4+x^2+x+1)\equiv x^6+x^4+x^3+x^2$
4	0111001	$x^3(x^4+x^2+x+1)\equiv x^5+x^4+x^3+1$
8	1110010	$x^4(x^4+x^2+x+1)\equiv x^6+x^5+x^4+x$
7	1100101	$x^5(x^4+x^2+x+1)\equiv x^6+x^5+x^2+1$
5	1001011	$x^6(x^4+x^2+x+1)\equiv x^6+x^3+x+1$
1	0000000	0

为了方便，一般选取最低次的码多项式作为基准，推出其他码字，这个最低次的码多项式称为循环码的生成多项式，记作 $g(x)$。

7.4.3　寻找(n, k)循环码生成多项式

通过以上对循环码的讨论可以看出，寻找循环码的生成多项式是循环码编码的关键。研究表明，循环码生成多项式有如下重要性质：循环码生成多项式 $g(x)$ 是 x^n+1 的一个 $n-k=r$ 次因式。该性质为我们提供了一种寻找循环码生成多项式的方法。例如，对于(7,3)循环码，其生成多项式 $g(x)$ 应是 x^7+1 的 $7-3=4$ 次因式。对 x^7+1 进行因式分解如下。

例如，(7,3)循环码：$n=7$，$k=3$，$n-k=4$。

$$x^7+1=(x+1)\left(x^3+x^2+1\right)\left(x^3+x+1\right)$$

上式中寻找 $n-k=4$ 次项因子。

$$(x+1)\left(x^3+x^2+1\right)=x^4+x^2+x+1$$

$$(x+1)\left(x^3+x+1\right)=x^4+x^3+x^2+1$$

上式中有两项，可以任选一项，均可生成循环码。

选 x^4+x^2+x+1 生成的循环码如表 7.4.4 所示。

选 $x^4+x^3+x^2+1$ 生成的循环码如表 7.4.5 所示。

表 7.4.5 $x^4 + x^3 + x^2 + 1$ 进行循环得到全部码组

	码字	码多项式(模 $x^7 + 1$)
2	0011101	$x^4 + x^3 + x^2 + 1$
4	0111010	$x(x^4 + x^3 + x^2 + 1) \equiv x^5 + x^4 + x^3 + x$
8	1110100	$x^2(x^4 + x^3 + x^2 + 1) \equiv x^6 + x^5 + x^4 + x^2$
7	1101001	$x^3(x^4 + x^3 + x^2 + 1) \equiv x^6 + x^5 + x^3 + 1$
6	1010011	$x^4(x^4 + x^3 + x^2 + 1) \equiv x^6 + x^4 + x + 1$
3	0100111	$x^5(x^4 + x^3 + x^2 + 1) \equiv x^5 + x^2 + x + 1$
5	1001110	$x^6(x^4 + x^3 + x^2 + 1) \equiv x^6 + x^3 + x^2 + x$
1	0000000	0

7.4.4 循环码的编码和译码方法

1. 循环码的编码

(1) 根据给定的 n、k 生成多项式 $g(x)$，即从 $x^7 + 1$ 的因子中选择 $n-k$ 次多项式作为 $g(x)$。

(2) 设 $M(x)$ 为信息码多项式，用 x^{n-k} 乘以信息码多项式 $M(x)$，然后除以 $g(x)$，得 $Q(x)$ 和余数 $R(x)$。

$$\frac{x^{n-k} \cdot M(x)}{g(x)} = Q(x) + \frac{R(x)}{g(x)}$$

(3) 循环码多项式 $T(x)$：

$$T(x) = x^{n-k} \cdot M(x) + R(x)$$

[例 7.4.1] 信息码为 111。选 $g(x) = x^4 + x^3 + x^2 + 1$，求(7,3)循环码。

解 $n = 7$，$k = 3$，$x^{n-k} = x^4$，$M(x) = x^2 + x + 1$。

$$\frac{x^4 \cdot (x^2 + x + 1)}{x^4 + x^3 + x^2 + 1} = x^2 + \frac{x^2}{x^4 + x^3 + x^2 + 1}$$

$$T(x) = x^4(x^2 + x + 1) + x^2 = x^6 + x^5 + x^4 + x^2$$

求得对应的码字为 1110100。

从上面的例子可以看出，循环码的监督码就是 $x^{n-k} \cdot M(x)$ 除以生成多项式的余数。

(4) 循环码编码硬件实现电路如图 7.4.1 所示。

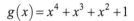

$$g(x) = x^4 + x^3 + x^2 + 1$$

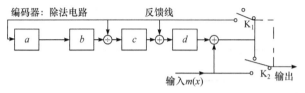

图 7.4.1　(7,3)循环码硬件编码原理

当信息位输入时，开关 K_1、K_2 向下，输入信码一方面送入除法电路做除法，另一方面直接输出信息码元。当信息位全部输入后，开关 K_1、K_2 向上，反馈线切断。工作过程如表 7.4.6 所示。

表 7.4.6　(7,3)循环码硬件编码过程

输入	移位寄存器				反馈	输出	
	a	b	c	d			
0	初态 0	0	0	0	0	0	逻辑关系：
1	1	0	1	1	1	1	反馈 $= M(x) \oplus d$
1	0	1	0	1	0	1	a = 反馈
1	0	0	1	0	0	1	b = 前 a
0	0	0	0	1		0	c = 反 $\oplus$ 前 b
0	0	0	0	0	无	1	d = 反 $\oplus$ 前 c
0	0	0	0	0	反	0	
0	0	0	0	0	馈	0	

只要写出硬件连接的逻辑关系，就可以容易地推出编码的输出码字。输入 **111** 信息码，输出对应的**(7,3)循环码为 1110100**。

2. 循环码的译码

对于接收端译码的要求通常有两个：检错与纠错。其检错和纠错能力与最小码距 d_0 有关。

(1) 循环码的最小码距 d_0 等于生成多项式的码重。例如，(7,3)循环码生成多项式 $g(x) = x^4 + x^3 + x^2 + 1$，$W = 4$，则(7,3)循环码最小码距 $d_0 = 4$，根据 $d_0 \geq 2t + 1$，得 $t \leq 1$，可纠正 1 位错码。

(2) 循环码的检错。实现检错目的译码相对比较简单。从循环码多项式码字的构成可以看出，每一个码字都是由 $x^{n-k} \cdot M(x)$ 除以生成多项式，有一个余数，这个余数就是监督码，也就是说把余数又加回去了。所以循环码任一码字多项式 $T(x)$ 都应能被生成多项式 $g(x)$ 整除。所以接收端可以将接收码组 $R(x)$ 用原生成多项式 $g(x)$ 去做除法校验。

当传输无错，$R(x) = T(x)$ 时，$R(x)$ 应能被 $g(x)$ 整除。

当传输有错，$R(x) \neq T(x)$ 时，$R(x)$ 不能被 $g(x)$ 整除。

以余项是否为零来判断码组中有无错码。

(3) 循环码的纠错步骤如下。

第一步：用生成多项式 $g(x)$ 除 $R(x)$ 可得

$$\frac{R(x)}{g(x)} = Q(x) + \frac{S(x)}{g(x)}$$

$$R(x) = Q(x)g(x) + S(x)$$

式中，$S(x)$ 是 $g(x)$ 除 $R(x)$ 的余式，也就是伴随式，它是一个幂次小于或等于 $n-k-1$ 次的多项式。

第二步：按余式 $S(x)$ 用查表方法或通过某种运算得到错误式样 $E(x)$，例如，通过计算校正因子就可确定错码位置。

第三步：从 $R(x)$ 中减去 $E(x)$，就可以纠正错误。

梅吉特译码原理图如图 7.4.2 所示。

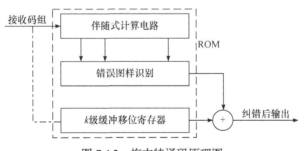

图 7.4.2　梅吉特译码原理图

循环码纠错**采用软件实现硬件功能**的方法，接收码组作为 ROM 的地址码，计算出错误图样的数据，存储在 ROM 中，收到接收码组作为 ROM 地址码直接读出纠正的错误码组。图 7.4.3 表述了循环码硬件检错纠错原理图。图 7.4.4 描述了由 $g(x) = x^4 + x^3 + x^2 + 1$ 生成的循环码检错、纠错硬件设计电路图。

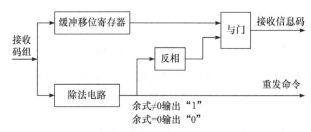

图 7.4.3　循环码检错译码原理

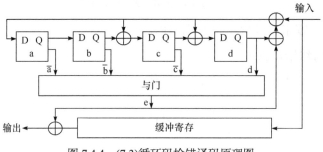

图 7.4.4　(7,3)循环码检错译码原理图

7.5　CRCC 码

CRCC 码在计算机通信网中用得最多，主要是用于检错。CRCC 码也是一种循环码，是检错能力非常强的码，CRC 码检错能力强是以增加监督码元来实现的。

7.5.1　CRCC 编码

CRCC 码生成多项式 $g(x)$ 的标准化工作由 CCITT 负责制定。在计算机通信网中，常用的码生成多项式 $g(x)$ 有以下几种。

(1) CRC-CCITT。它是由 CCITT 推荐的，**用于字符长度为 8 位**(通常称为 8 单位)的国际 5 号代码传输系数产生的校验码组，校验码组的长度是 16 位，其码多项式为

$$g(x) = x^{16} + x^{12} + x^5 + 1$$

其生成多项式电路设计如图 7.5.1 所示。CRC-CCITT 可以检出所有奇数比特错误，所有长度等于 16bit 的突发错误，所有长度不大于 2bit 的两个突发错误和绝大部分长度等于 17bit 的突发错误。此码还可以纠正 60%以上的不大于 3bit 的错误，所有奇数比特错误，74%以上、16bit 以下的突发错误以及绝大部分更长的突发错误。

(2) CRC-12。**它用在 6 单位字符的同步系统中**，校验码组长 12 位，生成多项式为

$$g(x) = x^{12} + x^{11} + x^3 + x + 1$$

它能检出长度在 12bit 以内的所有突发错误。

图 7.5.1　CRC-CCITT 标准的除法电路原理

(3) CRC-32。**它用于以太网中**，生成多项式为

$$g(x) = x^{32} + x^{26} + x^{23} + x^{22} + x^{16} + x^{12} + x^{11} + x^{10} + x^8$$
$$+ x^7 + x^5 + x^4 + x^2 + x + 1$$

生成多项式的阶数越高(监督位越多)，则误判的概率越小，**所以 CRC 码检错能力强是以增加监督码元来实现的。**

CRC 码的生成和循环码生成方法完全相同，只是 CRC 码选用的生成多项式阶数比较高，这里不再赘述。国际上规范的 CRCC 码如表 7.5.1 所示。

表 7.5.1　**国际上规范的 CRCC 码**

名称	生成多项式 $g(x)$	应用领域	字符
CRC-12	$x^{12} + x^{11} + x^3 + x + 1$	6 字符同步系统	6 比特
CRC-16	$x^{16} + x^{15} + x^2 + 1$	IBM-SDLC	8 比特
CRC-CCITT	$x^{16} + x^{12} + x^5 + 1$	ISO-HDLC、ITU-T X.25、V34/V41/V42、PPP-FCS	8 比特
CRC-32	$x^{32} + x^{26} + x^{23} + x^{22} + x^{16} + x^{12} + x^{11} + x^{10} + x^8 + x^7 + x^5 + x^4 + x^2 + 1$	ZIP、RAR、IEEE 802 LAN/FDDL、IEEE 1394、PPP-FCS	8 比特

7.5.2　CRCC 码检错原理

CRCC 码检错原理可用图 7.5.2 说明。由于传输信道存在各种干扰，接收端接收的数据序列可用 $M'(x) + R'(x)$ 标记。

一方面，从输入中由分离器分别输出 $M'(x)$ 和 $R'(x)$；另一方面，使 $M'(x) + R'(x)$ 除以本地产生的 $g(x)$，如果余数为 0，应认可 $M'(x)$ 的接收无差错。如果 $R''(x) \neq 0$，可以将 $R''(x) \neq 0$ 与 $R'(x)$ 进行比较，两者相同时也可认为 $M'(x)$ 的接收无错，两者不同时便知有传输错误。

CRCC 校验实现简单，检错能力强，占用系统资源少，**用软件和硬件均可实现**，是进行数据通信差错控制的一种很好的手段。因此其被广泛应用于各种数据通信系统和其他数据校验中。**目前已经有专门的集成电路来实现 CRCC 码**，如图 7.5.3 所示。电路的发送部分在 2MHz 时钟作用下，将 CRC 编码电路送入的 NRZ 码编成两列单极

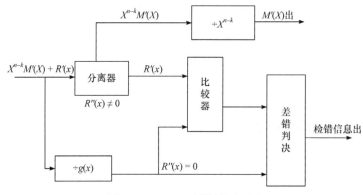

图 7.5.2　CRCC 码检错原理图

性+HDB3 和−HDB3,经外部驱动门送往输出变压器汇总,输出变压器完成单/双变换后,形成双极性 HDB3 码,送给传输线路,电路接收部分从传输线路收到双极性 HDB3 码,先由输入变压器将其分离成两极性相反的 HDB3 码,再经 ATC(自动门限控制)和整形电路形成两列 ±HDB3 单极性信号,在收端 2MHz 主时钟的上升沿作用下,将 ±HDB3 码依次写入编码器,译码后输出 NRZ 码。

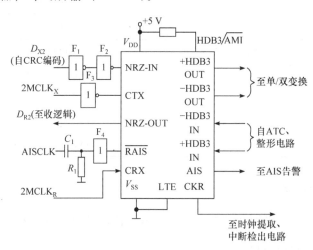

图 7.5.3　实用的 CRC 码→HDB3 编/译码电路→NRZ 码转换

7.6　BCH 码

7.6.1　概述

　　BCH 码是循环码中一个重要子类,具有纠正多位随机误码的能力,**BCH 码有严密的代数结构,其纠错性能在短码长和中等码长下接近理论值**,是迄今为止研究分析上十分详尽透彻的一种编码方式,应用广泛。它分为二进制 BCH 码和多进制 BCH(RS)

码两类，本书只讨论二进制 BCH 码。

在增加码距而将汉明码(如(7,4)码)变成扩展汉明码(如(8,4)码)中，依靠简单地增加监督码元来提高纠错能力时，对于编码效率(k/n)是不利的。所以扩展汉明码目前的最小码距 d_0 最大是 4。为使 d_0 大于 5 以便能纠错 2 位错码，通常需采用 BCH 码。当 $d_0 = 6$ 时，按 $d_0 \geqslant t + e + 1$，能纠正 2 位错码，并同时检测 3 位错码。

7.6.2 BCH 码的本原多项式

BCH 码属于循环码的一种，构造一般的(n,k)循环码时，是在 $x^n + 1$ 的诸多因子中选择 $n-k$ 次多项式作为生成多项式。

在不同的 m、n、k、t 和 i 值下，通过计算来求解各种本原 BCH 码或非本原 BCH 码的生成多项式 $g(x)$ 是复杂的，**人们借助计算机进行因式分解已经得出许多实用的 $g(x)$ 生成多项式，工程设计中只需要从中择优就可以了**。在表 7.6.1 和表 7.6.2 中，所有$(2^m - 1, 2^m - 1 - m)$都是 $t = 1$、纠正单个误码的循环汉明码，它的生成多项式 $g(x)$ 都是 m 幂次的本原多项式。

表 7.6.1 部分 $n \leqslant 63$ 的本原 BCH 码——八进制数字标出

m	n	k	$g(x)$
4	15	5	2467
5	31	26	45
5	31	21	3551
5	31	16	107657
5	31	11	5423325
5	31	6	313365047
6	63	57	103
6	63	51	12471
6	61	45	1701317
6	63	39	166623567
6	63	36	1033500423

表 7.6.2 部分 $n \leqslant 73$ 的非本原 BCH 码——八进制数字标出

m	n	k	t	$g(x)$
8	17	9	2	727
6	21	12	2	1663
11	23	12	3	5343 戈莱(Golay)
10	33	22	2	5145

表 **7.6.2** 中，**(23,12)码又称为戈莱(Golay)码，能纠正 3 个随机误码，其纠错能力强，且容易解码，应用广泛**。因为它有 11 位监督码元，可形成 $2^{11}=2048$ 个互不相同的校验子，它们对应无误码、一个误码、2 个误码和 3 个误码的各种误码式样，这四类共有 $C_{23}^0+C_{23}^1+C_{23}^2+C_{23}^3=1+23+253+1771=2048$ 种误码样式。(23,12)码的 $d_0=7$，可纠正 $t\leqslant 3$ 位的随机误码。

如果对戈莱码每一组再增加 1 个奇偶校验位而构成扩展本原 BCH 码，即(24,12)码，其 $d_0=8$，能够在检测 4 个误码的同时纠正 3 个随机误码，适用于一定场合。

在表 7.6.1 和表 7.6.2 中，$g(x)$ 的多项式系数由八进制数字标出，例如，(n,k,i) 码为(7,4,1)码，$g(x)=(13)_8=(1011)_2$ 表示为

$$g(x)=x^3+x+1$$

(n,k,i)码为(23,12,3)码的非本原 BCH 码的 $g(x)$ 值 $(5343)_8=(101011100011)_2$，表示为

$$g(x)=x^{11}+x^9+x^7+x^6+x^5+x+1$$

7.6.3　BCH 码的生成多项式

BCH 码生成多项式 $g(x)$ 具有如下形式:

$$g(x)=\text{LCM}[m_1(x),m_3(x),\cdots,m_{2t-1}(x)]$$

式中，LCM 表示取最小公倍数，$m_i(x)$ 为 $x^n+1=0$ 的 n 个根(n 为奇数)的最小多项(不能再分解因式的既约多项式)，i 为纠错数。LCM 中有 i 个因式，每个因式的最高次幂为 m，监督码元最多为 mi 位。表 7.6.3 给出了部分 $n\leqslant 31$ 的 BCH 码生成多项式。

表 **7.6.3**　部分 $n\leqslant 31$ 的 BCH 码生成多项式

整数 m	码长 n	信息 k	监督 r	码距 d_0	纠错 i	生成多项式 $g(x)$
4	15	7	8	5	2	$(x^4+x+1)(x^4+x^3+x^2+x+1)$
4	15	5	10	7	3	$(x^4+x+1)(x^4+x^3+x^2+x+1)(x^2+x+1)$
5	31	26	5	3	1	x^5+x^2+1
5	31	21	10	5	2	$(x^5+x^2+1)(x^5+x^4+x^3+x^2+1)$
5	31	16	15	7	3	$(x^5+x^2+1)(x^5+x^4+x^3+x^2+1)(x^5+x^4+x^2+x+1)$
5	31	11	20	11	4	$(x^5+x^2+1)(x^5+x^4+x^3+x^2+1)(x^5+x^4+x^2+x+1)(x^5+x^3+x^2+x+1)$
5	31	6	25	15	5	$(x^5+x^2+1)(x^5+x^4+x^3+x^2+1)(x^5+x^4+x^2+x+1)\cdot$ $(x^5+x^3+x^2+x+1)(x^5+x^4+x^3+x+1)$

现在，以(15, 7)BCH 码的 $g(x)$ 电路为例说明 BCH 码的编码电路。由表 7.6.3 可见，(15, 7)BCH 码的 $g(x)$ 为

$$g(x) = g_1(x)g_2(x) = (x^4 + x + 1)(x^4 + x^3 + x^2 + x + 1)$$
$$= x^8 + x^7 + x^6 + x^4 + 1$$

编码电路如图 7.6.1 所示。

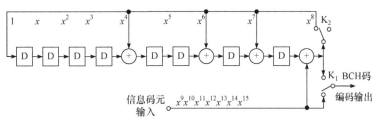

图 7.6.1　BCH 码编码电路

每一码组 7 位信息码元先通过开关 K_1 直接输出，同时通过开关 K_2 进入移位寄存电路。移位寄存电路中 x^8、x^7、x^6、x^4、x^0 的 5 条反馈线使 7 位信息右移 8 位时实现 $g(x)$ 除法，所得的余数即为监督码元，它通过开关 K_1 输出(此时开关 K_2 断开)，附加在信息码元之后，这样得到的 15 位码组必定可被 $g(x)$ 除尽，即意味着可被 $g_1(x)$ 和 $g_2(x)$ 除尽。

7.6.4　BCH 码纠错原理

BCH 码在短码长和中等码长下性能良好，应用较多。二进制 BCH 码纠错分为以下四个步骤。

(1) 用 $g(x)$ 的**各因式**作为除式对接收的码组多项式求余式，得到 t 个称为部分校验子余式的根。

(2) 对 t 个部分校验子通过误码位置计算电路构造出特定的误码多项式，它以误码位置作为多项式的根。

(3) 求解误码多项式得到误码位置的解。

(4) 纠正错误时，原理上是对误码求其反码，具体可用码元"1"与 i 求模 2 和。

图 7.6.2 为该方法的译码器方框图。LFSR 为线性反馈移位寄存器，共有 t 个，每一个电路构成决定于各生成多项式 $g_1(x)$，$g_2(x)$，…，$S_1, S_3, \cdots, S_{2i-1}, S_{2i-1}$ 为 t 个 LFSR 给出的 t 个校验子，它们在误码位置计算电路中通过逻辑关系标出误码位置，借此，在模 2 和电路中对接收的信息码元内的误码进行纠正。

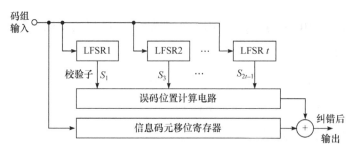

图 7.6.2　BCH 码译码器方框图

下面以 BCH(15, 7)码的译码为例说明。由表 7.6.3 可知，(15, 7)码能纠 2 个错，2 个生成多项式为 $g_1(x) = x^4 + x + 1$，$g_2(x) = x^4 + x^3 + x^2 + x + 1$。两者的电路构成如图 7.6.3 所示，它们对接收码组做除法运算，分别给出余数 $r_1(x)$ 和 $r_2(x)$，$r_1(x)$ 和 $r_2(x)$ 的余数范围各为 0000～1111。

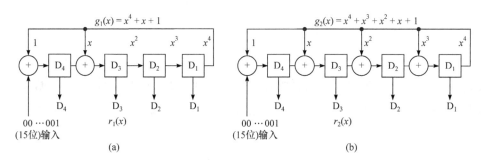

图 7.6.3　BCH(15, 7)码的两个除法电路

BCH(15, 7)码的两个除法电路输出 $r_1(x)$、$r_2(x)$ 综合有三类情况：第一类是无误码；第二类是 15 位码组中有 1 位误码；第三类是 15 位码组中有 2 位误码。这三类情况均可以译码出正确数据信息。现分别讨论。

(1) 无误码。

两个除法电路均可以除尽输入码组，两个余式 $r_1(x)$、$r_2(x)$ 均为 0。

(2) 有 1 位误码。

如果第 1 位出错，可以看作输入码组上叠加了一个 $E = 1000\cdots00$(共 15 位)的误码样式，输入这 15 位后可得 $r_1(x) = 1001$，$r_2(x) = 1111$；因此 15 位输入后得到上述余式结果时表示第 1 位出错。

如果第 2 位出错，可以看作输入码组上叠加了一个 $E = 0100\cdots00$(共 15 位)的误码样式，输入这 15 位后可得 $r_1(x) = 1011$，$r_2(x) = 0001$；因此 15 位输入后得到上述余式结果时表示第 2 位出错。

其他 3～15 位中出错一位可类推相应的 $r_1(x)$ 和 $r_2(x)$ 值。

(3) 有 2 位误码。

如果第 1、2 位出错,可看作输入码组上叠加了 $E=11000\cdots$(共 15 位)的误码样式,即相当于叠加了 $E=10000\cdots$(共 15 位)和 $E=01000\cdots$(共 15 位)两个误码样式,因此 $r_1(x)$ 的综合余数为 1001 与 1011 之模 2 和 0010,$r_2(x)$ 的综合余数为 1111 与 0011 之模 2 和 1110,由此,输入 15 位后两个余式为上述数值时表示第 1、2 位出错。15 位中有任何其他两位出错时能类似地推出相应的 $r_1(x)$ 和 $r_2(x)$ 的余数。

概括上面三类情况,可得出表 7.6.4。

表 7.6.4 由 $g_1(x)$、$g_2(x)$ 的余数确定出误码位置

$g_1(x)$余数 \ $g_2(x)$余数	0000	0001	0010	0011	0100	0101	0110	0111	1000	1001	1010	1011	1100	1101	1110	1111
0000	无错															
0001	2.7	(12)				9.13	1.15				3.5	6.14	4.10	8.11		
0010	3.8		(13)		9.12		5.11		7.15		4.6	10.14		1.2		
0011	3.14			12.13	(9)		6.10		2.15	5.8				3.11	1.7	
0100	4.9			2.3	(14)		11.15		5.7	10.13				1.8	6.12	
0101	1.11			3.7	2.14	4.13			2.5	8.5		9.10				(6)
0110	5.15			2.8	4.12	13.14		(10)				6.9		1.3	7.11	
0111	9.14			7.8	(4)		1.5			10.12	3.15			6.13	2.11	
1000	5.10			7.13	2.9	3.4		(15)				11.14		6.8	1.12	
1001	6.11			2.13	7.10	8.14			12.15	3.10			4.5			(1)
1010	2.12	(7)				4.8	10.11				13.15	1.9	5.14	3.6		
1011	7.12	(2)				3.14	5.6				8.10	4.11	9.15	1.13		
1100	1.6			8.12		2.4	3.9			7.10	5.13		14.15			(11)
1101	3.13		(8)			4.7		6.15		2.10		1.14	5.9		11.12	
1110	10.15			3.12		7.14	8.9		(5)			1.4		11.13	2.6	
1111	8.13		(3)			2.14		1.10		5.12		9.11	4.15		6.7	

表 7.6.4 中,竖列为 $r_1(x)$ 的余数值,横行为 $r_2(x)$ 的余数值,带括号( )的数为错 1 位码的误码位置所在,不带括号( )的数为错 2 位码的误码位置所在,其他的空白区域不属于上述三类情况的码组,(15,7)码对它们不能检错、纠错。

得到表 7.6.4 后,可以把数据写入 ROM(只读存储器),以 $g_1(x)$、$g_2(x)$ 相除的余数 $r_1(x)$ 和 $r_2(x)$ 为地址码,以相应的误码位置为输出值。

7.7　交　织　码

7.7.1　突发误码及其检错和纠错

因为无线信道差错是突发的，即发生错误时，往往有很强的相关性，**甚至是连续很多数据都出错**。这时由于错误集中在一起，常常超出了纠错码的纠错能力。纠错编码在实际应用中往往要结合数据交织技术，在发送端加上数据交织器，在接收端加上解交织器，使得信道的突发差错分散开来，**把突发差错信道变成独立随机差错信道**，这样可以充分发挥纠错编码的作用。**交织器就是使数据顺序随机化，它分为周期交织和伪随机交织两种**。信道之中加上交织与解交织，系统的纠错性能可以提高好几个数量级。

7.7.2　交织码检纠错原理

交织并不添加监督码元，但可以在原有的纠正随机误码的能力上兼有纠正突发误码的能力，其能够纠正的突发误码的长度远大于原有纠错码可纠错的码元数。由于效果明显，在现代通信和广播系统中广泛使用交织码。

从原理上看，**交织技术并不是一种以逻辑代数为基础的纠错编码方法，它只是改变原有码元的传输次序**。在发送端，交织器将已进行信道编码的输出数据(比特、字节)流序列按一定规律重新排序，然后以新的次序传输。在接收端，对接收的数据去交织，恢复成原来的数据次序，再送往信道译码。

按照交织技术中对于数据次序的改变规律，交织可分为周期交织和伪随机交织两类。下面主要介绍周期交织，周期交织又分为块交织和卷积交织。

7.7.3　块交织

块交织原理如图 7.7.1 所示，方法是：发端写入、收端读取，按列顺序；发端读出、收端写入，按行顺序。

可见交织码不附加监督码元，不降低已有的信道编码效率，不过块交织器除了要增加较大的 RAM 外，还附加了传输时延 $2LI$ 个时钟周期，其数值量较大。从整体发收系统考虑，对某些性能要求有不良影响。总的时延值时常是数字系统的重要参数。**工程上一般用卷积交织技术**。

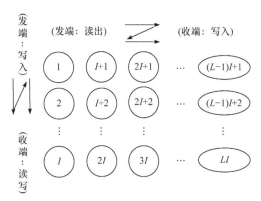

图 7.7.1 发端的交织和收端的去交织

7.7.4 卷积交织

另一种实用的交织技术是卷积交织，这种交织方法在移动通信中优选应用。

卷积交织工作方式：**发端按行输入，并行存储，按行读出；收端做逆变换。**它以先进先出(FIFO)移位寄存器代替 RAM 作为数据存储单元，在同样的深度下存储容量可以大幅减少，附加的传输时延随之也减小，如图 7.7.2 所示。

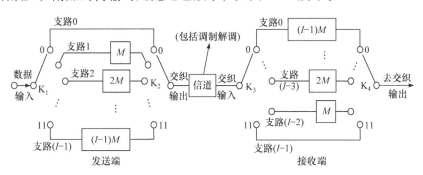

图 7.7.2 卷积交织器和去交织器构成

在图 7.7.2 中，M 表示容量为 M 个移位寄存器；$2M$ 表示容量为 $2M$ 个移存器。发送端切换开关 K_1、K_2 同步工作；接收端切换开关 K_3、K_4 也同步工作。在每一个切换点上开关只停留一个数据传输时间。

在交织器中，输入的每个数据包的长度设定为 $I \times M$ 个数据(这里的 M 相当于块交织中的 L)。实用中，数据的单位为字节，通常为 8bit 交织。但从图 7.7.2 中可见，在接收端去交织器中，支路 0 内有 $(I-1)M$ 字节的 FIFO 移存器。所以从发送端的交织器输入到接收端的去交织器输出，支路 0 内的同步字节总共延时 $(I-1)M = IM - M$(IM 为一个数据包的传输时间长度)。交织器中输入的数据包第二个字节进入支路 I，它延时 M 字节，而在去交织器中支路 I 有 $(I-2)M$ 字节的数据包 FIFO 移存器，故支路 I 内传输的数据字节总共延时 $M+(I-2)M=IM-M$ 字节时间。其他各支路的情况依次类推。所以，综合交织器和去交织器，每条支路内传输的字节同等地延时 $IM-M$ 字节时间。

图 7.7.3 说明了卷积交织的工作原理。图中示出 $I=4$，$M=3$ 卷积交织的运行情况和输出序列。图中，$N=I\times M=12$ 对应于每个数据包(比特或字节)的长度，数据(比特或字节) a_i^j 的下角标表示此数据在每一个数据包 12 个数据中的序号，上角标 j 表示每一个数据包的序号，$j=0$ 代表当前数据包，$j=-1$、-2、-3 分别代表在此之前的 1、2、3 个数据包，$j=1$、2、3 代表在此之后的数据包。

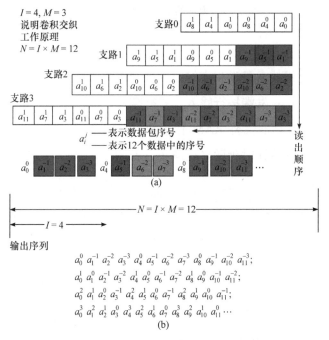

图 7.7.3　$I=4$，$M=3$ 的卷积交织器示例

图 7.7.3 中，当 $j=0$ 时，一个数据包通过开关 K$_1$ 输入交织器，$a_0^0 \sim a_{11}^0$ 12 个数据依次进入支路 0～支路 3 四个支路，进入支路 0 的 a_0^0、a_4^0、a_8^0，通过开关 K$_2$ 直接输出，由于 $j=0$ 之前有 $j=-1$，$j=-2$，$j=-3$ 前三个数据包，其部分数据进入支路 1、支路 2、支路 3 的 FIFO 移存器且尚未移出，故开关 K$_2$ 在位置 "0" 输出 a_0^0 后，开关 K$_1$ 和 K$_2$ 同时切换到位置 "1""2""3" 时，输入为 a_1^0、a_2^0、a_3^0，而输出为 a_1^{-1}、a_2^{-2}、a_3^{-3}，K$_1$ 和 K$_2$ 同时切换到位置 "0" 时再直接输出此时刻该数据包的 a_4^0。以此类推，可得到图 7.7.3(b)中的输出序列。可以看出，从 $a_0^0 \sim a_4^0$ 或 $a_4^0 \sim a_8^0$ 等表明，数据包内的 12 个数据具有 $I=4$ 的交织深度。需要指出，$I=4$ 是一个数据包内的数据交织之后的最小间隔(间隔 $I-1=3$ 个数据)，例如，从 $a_8^0 \sim a_9^0$、$a_9^0 \sim a_{10}^0$ 以及从 $a_{10}^0 \sim a_{11}^0$，这些数

据之间的间隔长达 12 个数据。按 $I=4$ 分析，当接收的数据包 12 个数据中有长度为 4 的单群突发误码时，经过交织和去交织后将变成离散的单数据(比特或字符)误码，易于纠正。

块交织中，交织和去交织后每个数据总延时为 2 个数据包($2LI$)的传输时间，而卷积交织中，每个数据的输入和输出总延时不到一个数据包的传输时延。显然从数据延时值看，后者优于前者。

7.8 卷 积 码

卷积码又称连环码，它和分组码有明显区别，(n,k) 线性分组码中，本组 $r=n-k$ 个监督码元仅与本组 k 个信息码元有关，与其他各组无关，也就是说分组码本身并无记忆。卷积码则不同，每个 (n,k) 码段(也称子码，通常较短)内的 n 个码元不仅与该码段内的信息码元有关，而且与前面码段信息码元有关，通常称 m 为编码存储。卷积码常用符号 (n,k,m) 表示。

由于卷积码利用了前后码组间的相关性，所以 n 和 k 值一般取得较小，这既能获得较好的扩误码性能，又可避免编译码电路复杂化。**在相同的编码效率 k/n 下，卷积码性能通常比分组码好**。另外，分组码有严格的分析设计方法，有明确的代数结构；但卷积码至今尚无明晰严密的数学手段进行最佳的设计，可以使纠错性能与码组构成有规律地结合起来。**目前，大多用计算机搜索法来寻找优化的编码结构**。就是说，对于一定的 k 值和 n 值，选取多大的约束长度 n 并怎样产生出最佳的抗误码能力的编码器构成，是不容易设计得很完善的。n 值小时，电路简单些，适合纠正随机错码；n 值大时还具有纠正一定的突发误码的能力，实践中，n 值一般小于 10。

另外需要指出，从卷积码内的码元看，分不出哪几个是信息位，哪几个是监督位，而是结合在一起的几个码元。所以卷积码一般为非系统码。

7.8.1 卷积编码的基本形式和工作原理

卷积编码一般由若干个一位的移位寄存器和几个加法器组成，通常，移位寄存器数目等于 $n-1$，模 2 加法器数目等于 n。图 7.8.1 示出了 $(2,1,2)$、$(2,1,3)$、$(3,1,2)$、$(3,2,1)$ 几种编码器电路的例子。由于串行输入的 k 个信息码元生成 n 个卷积码元后一般仍以串行数据流形式输出，所以在输出端加入一个并/串转换开关。

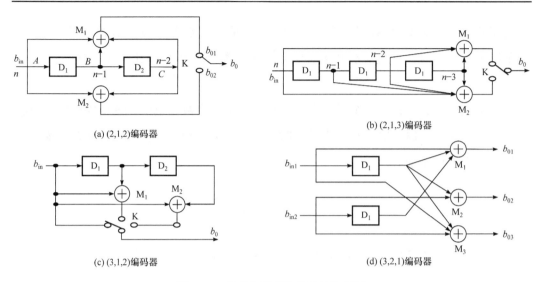

(a) (2,1,2)编码器　　　　　　　　　　　　　(b) (2,1,3)编码器

(c) (3,1,2)编码器　　　　　　　　　　　　　(d) (3,2,1)编码器

图 7.8.1　几种卷积码编码器结构示例

以图 7.8.1(a)所示的(2, 1, 2)编码器为例，说明其编码工作情况。由图可见，两个模 2 和加法器 M_1 及 M_2 的逻辑关系 $g_1(x)$、$g_2(x)$ 分别有下面的生成多项式：

$$g_1(x) = 1 + x + x^2$$
$$g_2(x) = 1 + x^2 \tag{7.8.1}$$

现假设输入数据序列 b_{in} 为 11011100…，有

$$b_{01} = A + B + C, \quad b_{02} = A + C$$

因此在输入序列 11011100…下，参照表 7.8.1，很容易找出输出序列为

$$b_{01} = 10000101\cdots, \quad b_{02} = 11101011\cdots$$

经并/串转换后，b_0 为

$$b_0 = 11,01,01,00,01,10,01,11,\cdots$$

表 7.8.1　卷积码(2, 1, 2)运算逻辑

输入 b_i	A	B	C	b_{01}	b_{02}	b_0
0	0	0	0	0	0	0
1	1	0	0	1	1	11
1	1	1	0	0	1	01
0	0	1	1	0	1	01
1	1	0	1	0	0	00
1	1	1	0	0	1	01
1	1	1	1	1	0	10

续表

输入 b_i	A	B	C	b_{01}	b_{02}	b_0
0	0	1	1	0	1	01
0	0	0	1	1	1	11

1. 卷积码的状态转换图

定义卷积码(2, 1, 2)移位寄存器 C、B 的状态：$a = 00$，$b = 01$，$c = 10$，$d = 11$。把表 7.8.1 转换为表 7.8.2 的形式。

表 7.8.2   (2, 1, 2)编码器工作过程

寄存器状态 CB	00	01	11	10	01	11	11	10	00
定义寄存器状态	a	b	d	c	b	d	d	c	a
输入 A	1	1	0	1	1	1	0	0	0
输出 b_0，b_{02}	11	01	01	00	01	10	01	11	00

根据表 7.8.2，可以画出**卷积码**(2, 1, 2)编码状态转换图，如图 7.8.2 所示。卷积码的状态图给出了编码器当前状态与下一个状态之间的相互关系，图中虚线表示输入码元为"1"的路径，实线表示输入码元为"0"的路径，圆圈内的字母表示编码器的状态，路径上的数字表示编码输出。

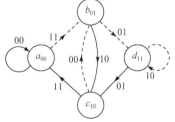

图 7.8.2   (2, 1, 2)编码状态转换图

2. 卷积码的码树

图 7.8.1(a)的编码过程，根据图 7.8.2 的状态转换图，也可以用图 7.8.3 所示的码树来表述。图中每个节点"•"对应一个收入码元，按照规定，输入为"0"时，走上分支；输入为"1"时，走下分支，并将编码器的输出标在每个分支的上面。按此规则，就可以画出码树的路径。对于任意一个码元输入序列，**其编码输出序列一定与码树中的一条路径相对应。因此沿着码元收入序列，就可以获得相应的输出码序列。**

例如，如果输入的序列为 11010…，从码树可以非常方便地找到如图 7.8.3 中虚线箭头所示的输出码序列为 11010100…。

例如，若编码器原来的状态为 b，当输入码元"1"时，编码器会从 b 转换到 d。当输入码元"0"时，编码器会从 b 转换到 c。从第四条支路开始，码树的各节点从上

而下开始重复出现 a、b、c、d 四种状态，并且码树上半部分与下半部分完全相同，这意味着从第 4 位信息码元输入开始，无论第 1 位信息码元是"0"还是"1"，对编码输出都没有影响，即输出码已经与第 1 位信息码元无关。这正是约束度 $N=3$ 的含义。

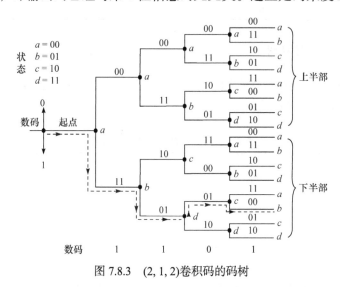

图 7.8.3　(2, 1, 2)卷积码的码树

3. 卷积码的网格图

在码树中，从同一个状态节点出发的分支都相同。因此可以将状态相同的节点合并在一起，这样就得到了卷积码的另一种更为紧凑的图形表示法，即网格图。在网格图中，将码树中的上分支(对应于输入码元为"0"的情况)用实线表示，下分支(对应于输入码元为"1"的情况)用虚线表示，**并将编码输出标在每个支路的上方**。网格图的每一行节点分别代表 a、b、c、d 四种编码状态。(2, 1, 2)卷积编码的网格图如图 7.8.4 所示。

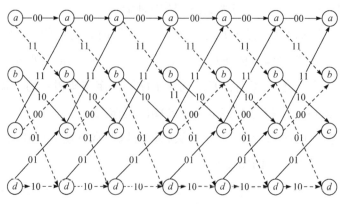

图 7.8.4　(2, 1, 2)卷积编码的网格图

与码树一样，任何可能的输入码元序列对应着网格图上的一条路径。例如，若初始状态为 a，输入序列为 11010，从网格图可以很方便地找到对应的编码输出序列为 11010100…，如图 7.8.5 粗线所示。

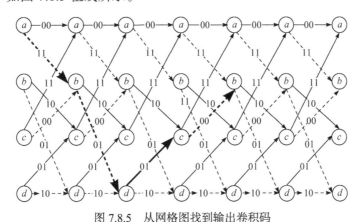

图 7.8.5 从网格图找到输出卷积码

7.8.2 卷积码的译码

卷积码的译码一般采用维特比译码和序列译码两种方法。

1. 维特比译码

维特比译码是一种最大似然译码算法。最大似然译码算法的思路是，**把接收码字与所有可能的码字进行比较，选择一种码距最小的码字作为解码输出**。由于接收序列通常很长，**可以把接收码字分段累接处理，每接收一段码字，计算比较一次，保留码距最小的路径，直至译完整个序列**。

现在以上述(2,1,2)码为例说明维特比译码过程。设发送端的信息数据 $D = [11010000]$，从网格图可以很方便地找出卷积码输出的码字 $C = [1101010010110000]$，假设收端接收的码字 $B = [0101011010010000]$，**有 3 位码元差错**。下面参照图 7.8.6 的格状图说明译码过程。

先选前 3 个码作为标准，对到达第 3 级的第 4 个节点的 8 条路径进行比较，逐步算出每条路径与接收码字之间的累计码距。**累计码距用括号内的数字标出，对照后保留一条到达该节点的码距较小的路径作为幸存路径**。

解调判决：路径虚线判"1"码；路径实线判"0"码。

若在某一时刻，进入某一状态的两条路径有相同的码距 d(像本例中第六个节点)，可暂时保留两条路径，结合一个节点 d 值来进行判断。

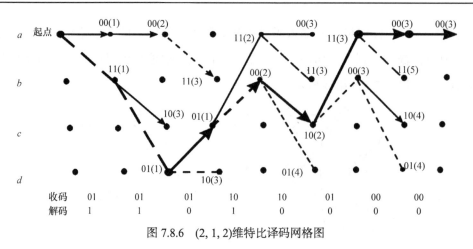

图 7.8.6　(2, 1, 2)维特比译码网格图

本例中 8 个信息码元，存在 3 位错码，仍能正确解调出信息，可以看出卷积码纠错能力是很强的。维特比译码并不能纠正所有可能的错误，当错误模式超出卷积码纠错能力时，译码后的输出序列会存在错误。

2. 序列译码

当 m 很大时，可以采用序列译码法。其过程如下。

译码先从码树的起始节点开始，把接收到的第一个子码的 n 个码元与自始节点出发的两条分支按照最小汉明距离进行比较，沿着差异最小的分支走向第二个节点。在第二个节点上，译码器仍以同样原理到达下一个节点，以此类推，最后得到一条路径。若接收码组有错，则自某节点开始，译码器就一直在不正确的路径中行进，译码也一直错误。因此，译码器有一个门限值，当接收码元与译码器所走的路径上的码元之间的差异总数超过门限值时，译码器判定有错，并且返回试走另一分支。经数次返回找出一条正确的路径，最后译码输出。

7.9　信道编译码硬件设计

信道编译码硬件设计一般通过软件来实行，如图 **7.9.1** 所示，根据编译码规则，用计数机编程获取对应转换的码型二进制数据，存在 **ROM** 芯片里面。输入码作为 **ROM** 的地址码，直接读出对应的转换码型。把硬件设计转换为软件设计，这就是软件无线电的例子。

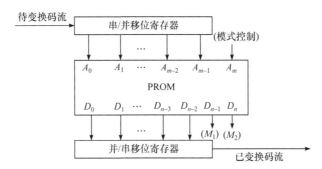

图 7.9.1 码表存储法方框图

习 题

1. 生成多项 $g(x) = x^9 + x^6 + x^5 + x^4 + x + 1$。

(1) 写出信息码 110101、011101、100111 的循环码码字。

(2) 求出该循环码的码距；生成多项式和码距有什么关系？

(3) 能纠正几位错码。

(4) 循环码监督码与码字有什么关系？

2. 已知 $x^{15} + 1 = (x+1)(x^4 + x + 1)(x^4 + x^3 + 1)(x^4 + x^3 + x^2 + x + 1)(x^2 + x + 1)$，由它共能产生多少种码长为 15 的循环码？列出每种循环码的生成多项式 $g(x)$。

3. 构造一个码长 $n = 63$，能纠正两个错误的二进制 BCH 码，写出该码的生成多项式 $g(x)$。

4. 已知 (2, 1, 2) 卷积码的子生成序列 $g^1 = (101)$，$g^2 = (111)$。

(1) 对长 $L = 4$ 的信息序列画出网格图；

(2) 求与输入信息序列 $M = (111010)$ 相应的码字；

(3) 对硬判决 Viterbi 译码器接收序列 $R = (00 \quad 01 \quad 10 \quad 00 \quad 00 \quad 00 \quad 10 \quad 01)$ 进行译码。

5. 什么是循环冗余校验 (CRCC)，它具有怎样的检错能力？又具有怎样的纠错能力？

6. 卷积交织和去交织的工作原理是怎样的？它比块交织有怎样的特点和优点？

第 8 章　数字复接技术

本章要点

➢ 频分复用

➢ 时分复用

➢ PCM 一次群

➢ PCM 高次群

➢ 二次群码速调整

➢ 集成复接分接器

➢ SDH 复用原理

8.1　频分复用(FDM)

频分复用(FDM)的特点：信号频率上不重叠，而时间上是重叠的。 像我国的中、短波广播电台及无线电视广播频段的划分(第 1～12 频道)就是频分复用的典型例子。

在频分复用中，信道的带宽被分成若干个相互不重叠的频段，每路信号占用其中一个频段，因而在接收端可以采用相对应的带通滤波器将多路信号分开，从而恢复出所需要的信号。图 8.1.1 是 3 路频分复用系统组成原理图。

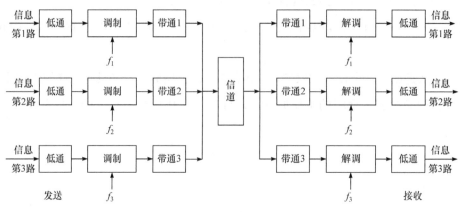

图 8.1.1　3 路频分复用系统组成原理图

频分复用是利用各路信号在频率域不相互重叠来区分的。为了防止相邻信号之间产生相互干扰，各路已调信号频谱之间必须留有一定的保护间隔。应合理选择各路载波频率。频分复用频谱结构示意图如图 8.1.2 所示。

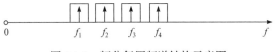

图 8.1.2   频分复用频谱结构示意图

8.2   时分复用(TDM)

时分复用(TDM)特点：信号频率上重叠，而时间上不重叠。它是利用各信号的抽样值在时间上不相互重叠来在同一信道中传输多路信号的一种方法。图 8.2.1 简述了 $x_1(t)$、$x_2(t)$、$x_3(t)$ 3 路信号 PCM 时分复用的情况。

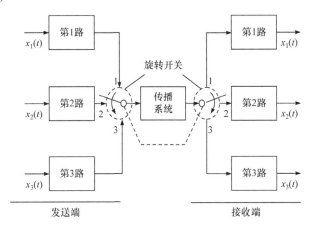

图 8.2.1   3 路信号时分复用示意图

收发两端的旋转开关同步工作：

t_1 时刻发送端开关接"1"发送 $x_1(t)$ 信号，接收端开关也接"1"，接收 $x_1(t)$ 信号。

t_2 时刻发送端开关接"2"发送 $x_2(t)$ 信号，接收端开关同步接"2"，接收 $x_2(t)$ 信号。

t_3 时刻发送端开关接"3"发送 $x_3(t)$ 信号，接收端开关同步接"3"，接收 $x_3(t)$ 信号。

开关依次重复同步工作，3 路合成的时间顺序排列如图 8.2.2 所示。

每路取样频率都是相同的，只是把取样时钟延迟一段时间，3 路合成的抽样信息送入同一个大规模 IC 进行量化编码，但每个抽样值码组的宽度必须缩短为 1/3。即把原来一路的编码时钟频率提高 3 倍，然后按时间顺序把 3 路合成一个复用信号，发端电路方框图如图 8.2.3 所示。工作波形如图 8.2.4 所示。

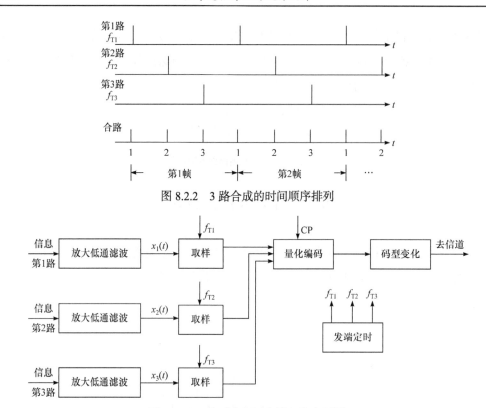

图 8.2.2　3 路合成的时间顺序排列

图 8.2.3　3 路时分复用发端工作方框图

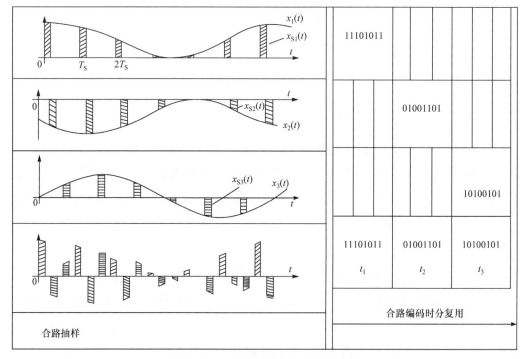

图 8.2.4　时分复用合路抽样编码

收端解调也有一个大规模 IC 负责提取同步信号，同步分离 3 路信号，如图 8.2.5 所示，为了能保证同步工作，发端必须有同步信号，否则收端无法确定同步时刻。

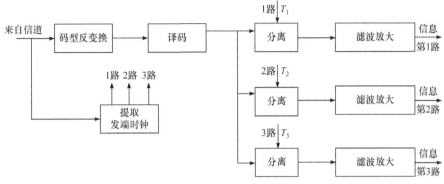

图 8.2.5 时分复用收端解码方框图

TDM 方式主要有以下两个突出优点：

(1) 多路信号的复接和分路都是采用数字处理方式实现的，通用性和一致性好，比 FDM 的模拟滤波器分路简单、可靠。

(2) FDM 系统中信道的非线性会产生交调失真和高次谐波，引起路间串话，因此要求信道的线性特性要好，而 TDM 系统对信道的非线性失真要求可降低。

8.3 PCM 30/32 路典型终端设备介绍

8.2 节介绍的时分复用系统还不能真正应用，因为没有标识一帧的开头和结尾，收端没有同步信号。

目前国际上推荐的 PCM 基群有两种标准，即 PCM30/32 路(A 律压扩特性)制式和 PCM24 路(μ 律压扩特性)制式，并规定国际通信时，以 A 律压扩特性为标准。我国规定采用 PCM30/32 路制式。

1. PCM30/32 路制式基群帧结构

PCM30/32 路制式基群帧结构如图 8.3.1 所示。采用按字复接，**基本特性：每帧 32 个时隙，30 路电话，一帧占用 125μs，8kHz 抽样频率**。A 律压扩特性，每个抽样值编 8 位码，采用逐次比较型编码器，其输出为折叠二进制码。**总数码率 = 8×32×8000 = 2048Kbit/s**。

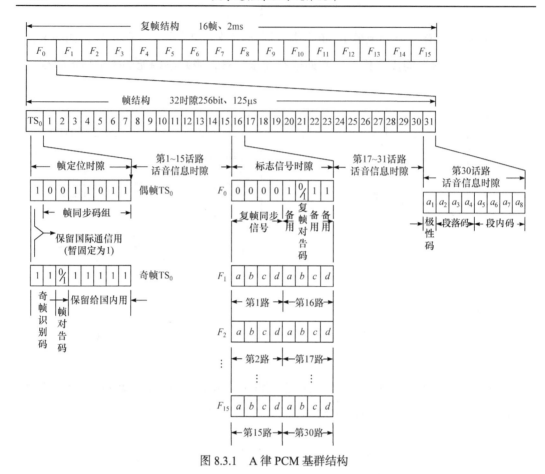

图 8.3.1 A 律 PCM 基群结构

2. 时隙分配

一帧有 32 个时隙，按顺序编号为 TS_0、TS_1、$\cdots$、TS_{31}。时隙的使用分配如下。

(1) $TS_1 \sim TS_{15}$，$TS_{17} \sim TS_{31}$ 为 30 个话路时隙。

(2) 偶帧 TS_0 为帧同步码，奇帧 TS_0 为监视码时隙。

(3) TS_{16} 为信令(振铃、占线、摘机……各种标志信号)时隙。

3. 话路比特的安排

每个话路时隙内要将样值编为 8 位二元码，编号为 $1 \sim 8$。第 1 比特为极性码，第 $2 \sim 4$ 比特为段落码，第 $5 \sim 8$ 比特为段内码。

4. TS_0 时隙比特分配

为了使收发两端严格同步，每帧都要传送一组特定标志的帧同步码组或监视码组。**帧同步码组为"0011011"，占用偶帧 TS_0 的第 $2 \sim 8$ 码位。第 1 比特供国际通信用**，不使用时发送"1"码。**奇帧比特第 3 位码为帧失步告警用，以 A1 表示。同步时送"0"**

码,失步时送"1"码。为避免奇帧 TS_0 的第 2~8 码位出现假同步码组,**第 2 位码规定为监视码,固定为"1"**,第 4~8 位码为国内数据通信用,目前暂定为"1"。

5. TS_{16} 时隙的比特分配

若将 TS_{16} 时隙的码位按时间顺序分配给各话路传送信令,**需要用 16 帧组成一个复帧,分别用 F_0、F_1、…、F_{15} 表示**,复帧周期为 2ms,复帧频率为 500Hz。复帧中各子帧的 TS16 分配如下。

(1) **F_0 帧**:TS_{16} 时隙的第 1~4 码位传送**复帧同步信号"0000"**;第 6 码位传送**复帧失步对局告警信号 A2**,同步为"0",失步为"1"。第 5、7、8 码位传送数据码。

(2) **信令安排**:F_1 ~ F_{15} 各帧的 TS_{16} 前 4 比特传 1~15 话路信令信号,后 4 比特传 16~30 话路的信令信号。

集中编码方式 PCM30/32 方框图如图 8.3.2 所示。各种时钟发生器如图 8.3.3 所示。各种时钟都是由环形计数器产生的,电路工作原理图和波形图如图 8.3.4 所示。

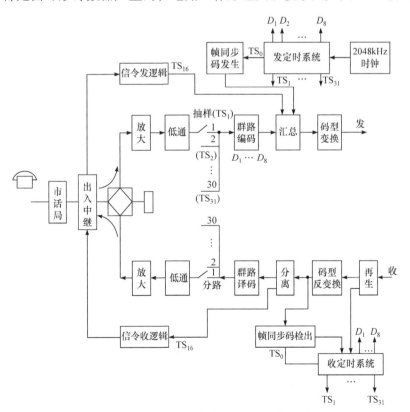

图 8.3.2 集中编码方式 PCM30/32 方框图

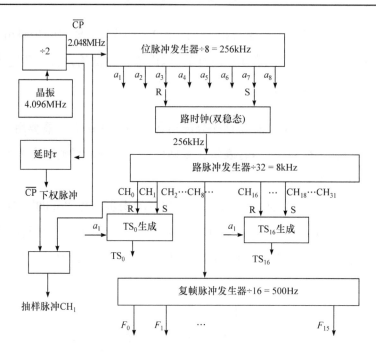

各路脉冲与2.048MHz相与产生各路的抽样脉冲　（注：或非门RS触发）

图 8.3.3　PCM30/32 路各种时钟发生器

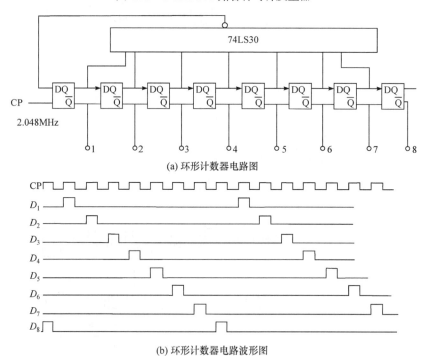

(a) 环形计数器电路图

(b) 环形计数器电路波形图

图 8.3.4　电路工作原理图和波形图

8.4 PCM 高次群复接

8.4.1 PCM 高次群复接等级

ITU-T 建议的标准：由 30 路 PCM 用户话复用成一次群，传输速率为 2.048Mbit/s。由 4 个一次群复接为一个二次群，包括 120 路用户数字电话，传输速率为 8.448Mbit/s。由 4 个二次群复接为一个三次群，包括 480 路用户数字电话，传输速率为 34.368Mbit/s。由 4 个三次群复接为一个四次群，包括 1920 路用户数字电话，传输速率为 139.264Mbit/s。由 4 个四次群复接为一个五次群，包括 7680 路用户数字电话，传输速率为 565.148Mbit/s，如图 8.4.1 所示。

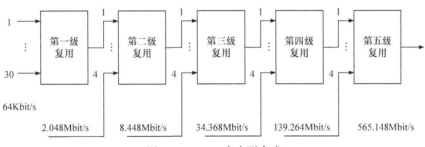

图 8.4.1 PCM 高次群合成

PCM 一次群、二次群、三次群可以用电缆传输，码型为 HDB3 码。PCM 四次群以上必须用光纤传输，码型为 CMI 码。

8.4.2 数字复接原理

数字复接条件——**瞬时码速率相等**，否则会产生重码，无法区分属于哪一路的信号。异源时钟，速率均为 2.048Mbit/s，允许有 ±100bit/s 误差，瞬时码速不相等。

1. 复接类别

复接分为同步复接和异步复接。

同步复接——所复接的各支路时钟由同一晶体主振源提供。特点是不需要进行码速调整，设备简单，但不灵活，一般用于一次群(像 PCM 基群)。

异步复接——如果各支路时钟由各自的晶振产生，则称为异步复接器。特点是比较灵活，但必须先完成码速调整，然后进行同步复接。

2. 复接方法

复接方法——**按位**复接和**按字**复接。

PCM 高次群用按位复接，每次复接一个码位，如图 8.4.2 所示。

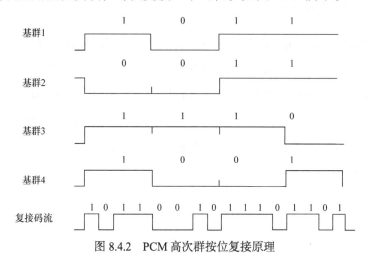

图 8.4.2　PCM 高次群按位复接原理

PCM 一次群用按字复接。

8.5　二次群码速调整

现在以二次群的码速调整为例说明高次群码速调整的工作原理。工作方框图如图 8.5.1 所示。

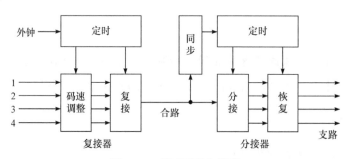

图 8.5.1　复接原理方框图

各支路的速率都为 2.048Mbit/s，为什么还要进行码速调整呢？因为晶体频率只是精确到千位数，还允许有 ±100bit/s 误差，**瞬时码速不相等**。如果就这样进行复接，会产生码位粘连，产生误码。另外，**复接后二次群还要加二次群的同步信号**。在数字复接器中，码速调整单元对输入各支路信号的速率和相位进行必要的调整，形成与本机定时信号完全同步的数字信号，使输入复接单元的各支路信号速率是瞬时同步的。

我国采用正码速调整的异步复接帧结构。即在瞬时码速较低的信号中多插入一些脉冲。在瞬时码速高的信号中少插入或不插入脉冲。

下面以二次群复接为例，分析其工作原理。在复接之前必须先做码速调整。根据 ITU-T G.742 建议，二次群由 4 个一次群合成，一次群码率为 2.048Mbit/s，二次群码率为 8.448Mbit/s。二次群每一帧共有 848bit，分成四组，**每组 212bit，称为子帧**，子帧码率为 2.112Mbit/s，如图 8.5.2 所示。也就是说，通过正码速调整，使输入码率为 2.048Mbit/s 的一次群码率调整为 2.112Mbit/s。工作原理如图 8.5.3 所示。

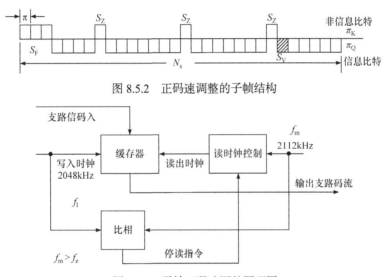

图 8.5.2　正码速调整的子帧结构

图 8.5.3　子帧正码速调整原理图

正码速调整就是把各支路有偏差的码速调整到略高于原码速的码速，使它们达到同步，调整码速采用插入脉冲的方法，支路输入的数码流 $f_1 = 2048\text{kHz}$。写入存储器，而调整电路以 $f_m = 2112\text{kHz}$ 从存储器读出，读出时钟和写入时钟送入比相器进行相位比较，由于写入慢读出快，某个时刻会把存储器读空，比相器在快要读空时，发出停读指令，这一停读就相当于 V_1 比特作为码速调整比特，每 212bit 比相一次，作一次是否需要调整的判决：

如果停读，V_1 作为码速调整的比特；如果不停读，V_1 就是原来的信码。正码速调整原理如图 8.5.4 所示。

实现码速调整用弹性存储器，如图 8.5.5 所示。图中右边部分为环形存储器，左边部分为码速调整控制电路。

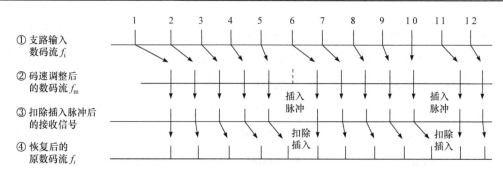

图 8.5.4　正码速调整的时间关系

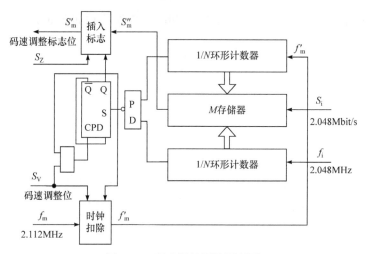

图 8.5.5　码速调整硬件原理图

由于"慢写快读"，即使各支路速率完全相同，每当输入 32bit 也会留下 1bit 空隙，这里与非门 PD 就是一个比相器。

若正常时差大于两个码元间隔，与非门 PD 的两个输入端一端接写指示的第 8 位，另一端接读指示的第 6 位。写时钟在第 8 位，读时钟还未到第 6 位，与非门无负脉冲输出，D 触发器维持"0"状态不变，在输出码流 S'_m 中对应于 S_Z 的三个插入标志位写"0"，不扣除 f_m 在 S_V 处的一个节拍，照常读出信码，即不插入脉冲。

当写时钟在第 8 位，读时钟位于第 6 位时，与非门输出一个负脉冲将 D 触发器置"1"，在输出码流 S'_m 中对应于 S_Z 的三个插入标志位写"1"，并控制扣除读出 f_m 对应 S_V 处的一个节拍，即插入了一个无信息的脉冲，同时触发器 D 复"0"，即完成一次调整。

四个支路速率调整后的子帧结构如图 8.5.6(a)所示，然后按位复接成二次群正码速调整帧结构图 8.5.6(b)所示。

由子帧结构可以看出，一个子帧有 212bit，分为四组，每组 53bit。**第一组中的前 3 比特 F_{11}、F_{12}、F_{13} 用于帧同步和管理控制，然后是 50bit 信息。第二、三、四组中**

的第一比特 C_{11}、C_{12}、C_{13} 为码速调整标志比特。第四组的第二比特(本子帧第 161 比特) V_1 为码速调整插入比特，其作用是调整基群码速，使其瞬时码率保持一致并和复接器主时钟相适应。具体调整方法是：在第一组结束时刻进行是否需要调整的判决，若需要进行调整，则在 V_1 位置插入调整比特；若不需要调整，则 V_1 位置传输信息比特。为了区分 V_1 位置是插入调整比特还是传输信息比特，用码速调整标志比特 C_{11}、C_{12}、C_{13} 来标志。若 V_1 位置插入调整比特，则在 C_{11}、C_{12}、C_{13} 位置插入 3 个 "1"；若 V_1 位置传输信息比特，则在 C_{11}、C_{12}、C_{13} 位置插入 3 个 "0"。

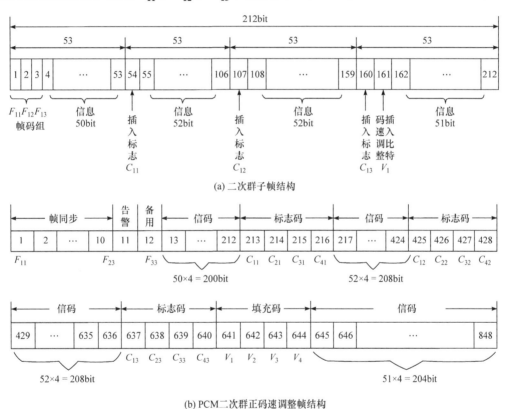

(a) 二次群子帧结构

(b) PCM二次群正码速调整帧结构

图 8.5.6　二次群子帧结构及 PCM 二次群正码速调整帧结构

在复接器中，四个支路都要经过这样的调整，使每个支路的码率都调整为 2.112Mbit/s，然后按比特复接的方法复接为二次群，码率为 8.448Mbit/s。二次群的同步码为 1111010000。

在分接端，分离后的支路信号再由码速恢复电路恢复码速，如图 8.5.7 所示。接收端采用 "择多判决" 方法，如果 C_{11}、C_{12}、C_{13} 中 "1" 码比 "0" 码多，就判为 "111"。即有插入脉冲要扣除；如果 C_{11}、C_{12}、C_{13} 中 "0" 码比 "1" 码多，就判为 "000"，表示本帧无插入脉冲，V_1 是原来的信息码元，写时钟无须扣除 V_1 节拍。

在分接端要用锁相环提取发端的 f_i 同步时钟，用这个时钟去读取缓存器中的信息码即为恢复的同步支路码流。

异步复接系统组成如图 8.5.8 所示，异步分接系统组成如图 8.5.9 所示。

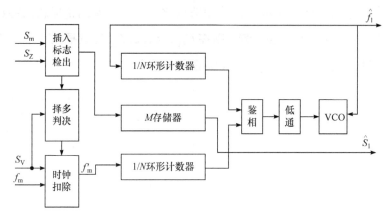

图 8.5.7 码速恢复电路

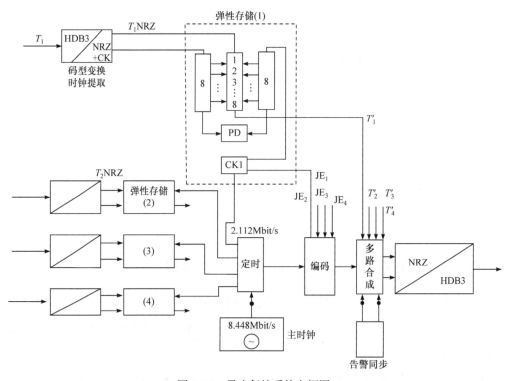

图 8.5.8 异步复接系统方框图

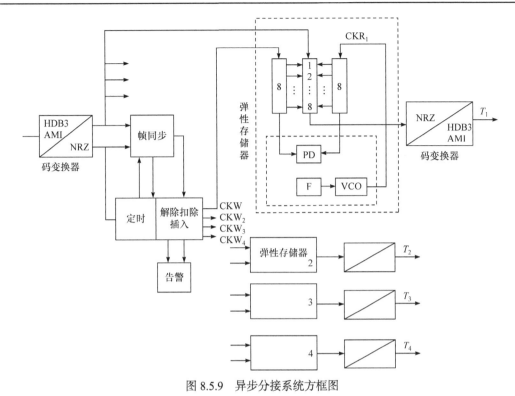

图 8.5.9　异步分接系统方框图

8.6　集成复接分接器

目前,数字复接、分接已经有专用集成电路。数字复接的所有数字处理均由集成电路完成。它的优点是设备体积小、功效低、可靠性高,同时具有计算机监测接口,便于集中维护。

单片数字复接方框图如图 8.6.1 所示。从图中可以看出(以一次群复接成二次群为例);在进行 2/8Mbit/s 信号复接时,电路将收到的双极性 HDB3 码整流输出到 2.048MHz 时钟提取电路,提取与输入支路信号同速率的时钟返送到集成片作为写入时钟,集成电路在 2.048MHz 时钟支持下首先将 HDB3 码变换为 NRZ 码。在上述时钟作用下写入码速调整电路和缓冲存储器。复接器本身产生的复接时钟为 8448kHz,经分频得到四个相位不同的 2112kHz 同步时钟,并产生码速调整用的如 F_i(帧同步码)、V_i(插入码)、C_i(插入标志)等将输入的四个异源的 2048Kbit/s ±50ppm 的数字信号,经过比相、插入脉冲等调整到同步的 2112Kbit/s 速率上。在汇接这四个支路信息的同时加入帧同步码、公务码等。复接成的二次群信号经 HDB3 码变换后输出。此外,集成复接器还提供多种告警信号,如信码中断(AIS)、群路中断(LIS)等。

单片数字分接方框图如图 8.6.2 所示。在图中接收到的高次群数字信号(仍以一次群复接成二次群为例)速率为 8448Kbit/s，首先经全波整流送至时钟提取电路，提取与二次群信码同速率的时钟，并用此时钟接收输入信号，检测帧同步码进行帧同步，并检测出告警码、勤务码及插入标志，定时系统把总时钟分频得到的四个相位不同的 2112kHz 的时钟扣除插入码位的节拍，用这些时钟把四个支路的信息码分离，送入各自的缓冲存储器。上述扣除了插入的 2112kHz 的时钟对外部的时钟恢复锁相环回送 2048kHz 时钟鉴相，鉴相信号控制锁相输出 2048kHz 时钟。该时钟回送片内读出本路缓冲存储器信号即为恢复码速的支路信号，经码型变换后输出。以上码速恢复电路每支路一套，原理相同。集成分接器也具有与复接器类似的告警功能。

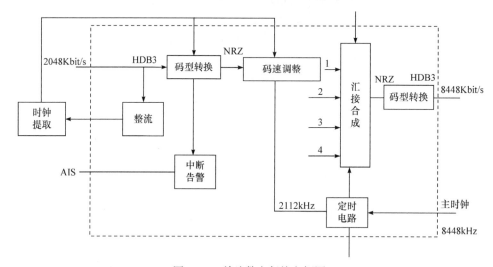

图 8.6.1　单片数字复接方框图

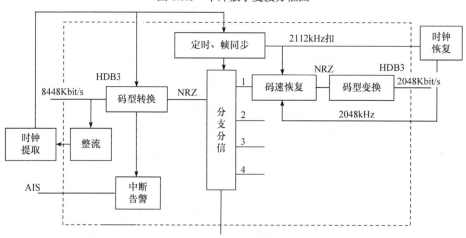

图 8.6.2　单片数字分接方框图

我国应用的典型集成复接器、分接器型号为 WG18463 和 WG18462，其引脚图分别如图 8.6.3(a)和(b)所示，该复接器、分接器可应用于多种速率等级复接。

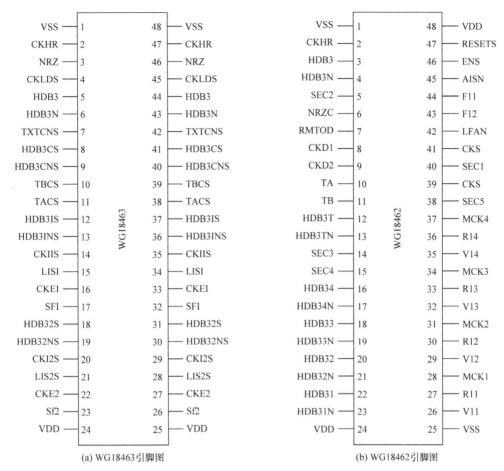

(a) WG18463引脚图　　　　(b) WG18462引脚图

图 8.6.3　单片复接器、分接器引脚图

PCM 三次群参数如表 8.6.1 所示。采用 WG18463 复接和 WG18462 分接的 2/34Mbit/s 跳群数字复接设备方框图如图 8.6.4 所示。PCM 复接体制如图 8.6.5 所示。

表 8.6.1　三次群参数 34368kHz 复用帧结构

支路比特率/kHz		8448	
支路数		4	
帧结构		比特编号	总编号
Ⅰ组	帧同步码(1111010000) 向对端数字复接设备发出告警指示 留作国内使用比特 从各支路来的比特	1～10 11 12 13～384	1～10 10 12 13～384
Ⅱ组	码速调整公务比特 $c_{j1}, j = (1, 2, 3, 4)$ 从各支路来的比特	1～4 5～384	385～388 389～786

续表

支路比特率/kHz			8448	
支路数			4	
帧结构			比特编号	总编号
Ⅲ组	码速调整公务比特 $c_{j2}, j=(1, 2, 3, 4)$		1~4	769~772
	从各支路来的比特		5~384	773~1152
Ⅳ组	码速调整公务比特 $c_{j1}, j=(1, 2, 3, 4)$		1~4	1153~1156
	可用作码速调整,每支路 1bit 作插入比特或仍传信息比特		5~8	1157~1160
	从各支路来的比特		9~384	1161~1536
	帧长/bit		1536	
	每支路比特数/bit		378	
	每支路最大码速调整率/(Kbit/s)		22.375	
	标称码速调整比		0.436	

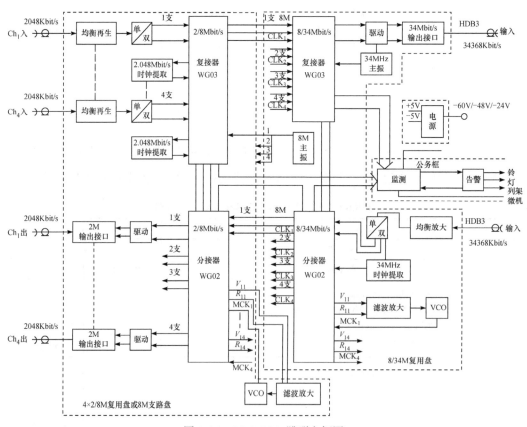

图 8.6.4　2/34Mbit/s 跳群方框图

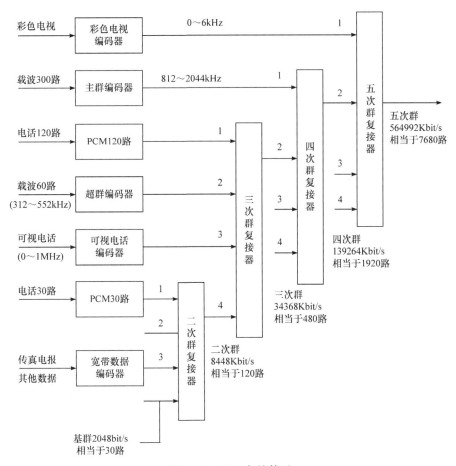

图 8.6.5　PCM 复接体系

8.7　SDH 复用原理

同步数字系列 SDH 主要为光纤通信、微波与卫星通信等各种通信系统之间建立一个通用的、灵活的标准接口，充分发挥网络构成的灵活性与安全性，增强网络管理功能。

8.7.1　SDH 优越性

(1) 具有全世界统一的网络节点接口(NNI)。

使北美、日本、欧洲三个地区性 PDH 数字传输系列在 STM-1 等级上获得了统一，真正实现了数字传输体制方面的全球统一标准。

(2) 具有一套标准化的信息结构等级，称为同步传递模块(STM-1，STM-4，STM-6)。

其复接结构使不同等级的净负荷码流在帧结构上有规则地排列，并与网络同步，从而可简单地借助软件控制即能实施由高速信号中一次分支/插入低速支路信号，避免了对全部高速信号进行逐级分解复接的做法，省却了全套背对背复接设备，这不仅简化了上、下业务，而且也使 DXC 的实施大大简化与动态化。

(3) 帧结构为页面式，具有丰富的用于维护管理的比特。

帧结构中的维护管理比特大约占 5%，大大增强了网络维护管理能力，可实现故障检测、区段定位、业务中性能监测和性能管理，如单端维护等多种功能，有利于 B-ISDN 综合业务高质量、自动化运行。

(4) 所有网络单元都有标准光接口。

由于将标准接口综合进各种不同网络单元，减少了将传输和复接分开的必要性，从而简化了硬件构成，同时此接口也呈开放型结构，从而在通路上可实现横向兼容，使不同厂家的产品在此通路上可互通，节约相互转换等成本及性能损失。

(5) 有一套特殊的、灵活的复用结构和指针调整技术。

SDH 信号结构中采用字节复接等设计，已考虑了网络传输交换的一体化，从而在电信网的各个部分(长途、市话和用户网)中均能提供简单、经济、灵活的信号互联和管理，使得传统电信网各部分的差别渐趋消失，彼此直接互联变得十分简单、有效。

(6) 采用软件进行网络匹配和控制。

在网络结构上，SDH 不仅与现有 PDH 网能完全兼容，同时还能以"容器"为单位灵活组合，可容纳各种新业务信号。例如，局域网中的光纤分布式数据接口(FDDI)信号，市域网中的分布排队双总线(DQDB)信号及宽带 ISDN 中的异步转移模式(ATM)信元等，因此现有及未来的兼容性均令人满意。

8.7.2　STM-N 帧结构

表 8.7.1 给出了 ITU-T 建议 G.707 所规范的 SDH 与 SONET 接口速率标准。

表 8.7.1　SDH 与 SONET 的接口速率标准

SDH		SONET	
等级	速率/(Mbit/s)	等级	速率/(Mbit/s)
Sub STM-1	51.840	STS-1	51.840
STM-1	155.520	STS-3	155.520
—	—	STS-9	466.560
STM-4	622.080	STS-12	622.080

续表

SDH		SONET	
等级	速率/(Mbit/s)	等级	速率/(Mbit/s)
—	—	STS-12	933.120
—	—	STS-24	1244.160
—	—	STS-36	1866.240
STM-16	2488.320	STS-48	2488.320
—	—	STS-96	4976.640
STM-64	9953.280	STS-192	9953.280

　　SDH 复用的基本原则是将多个低等级信号适配进高等级通道，并将 1 个或多个高等级通道层信号适配进线路复用层。SDH 是一种同步复用方式，它采用净负荷指针技术，指针指示净负荷在 STM-N 帧内第一个字节的位置，因而净负荷在 STM-N 帧内是浮动的。对于净负荷码率变化不大的数据，只需要增加或减小指针值即可。这种方法结合了正码速调整法和固定位置映射法的优点，付出的代价是需要对指针进行处理。

　　同步复用和映射方法是 SDH 最有特色的特点之一，它使数字复用由 PDH 的僵硬的大量硬件配置转变为灵活的软件配置，由于 SDH 的诸多优点，它将逐步取代 PDH 设备。图 8.7.1 给出了 SDH 的复接结构，图 8.7.2 给出了 PDH 与 SDH 分插信号流图的比较。

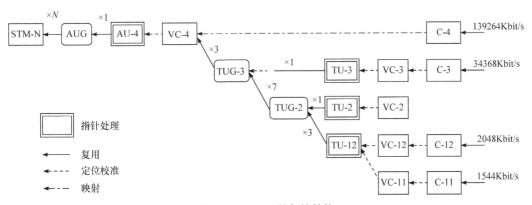

图 8.7.1　SDH 的复接结构

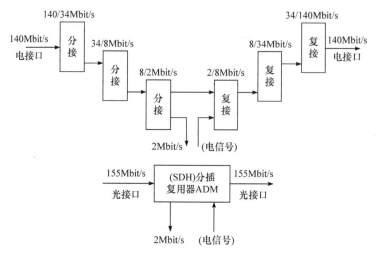

图 8.7.2　PDH 与 SDH 分插信号流图的比较

习　　题

1. 复用有频分复用和时分复用，两者有何区别？

2. 复接有按字复接和按位复接，PCM 基群(低次群)用什么方式复接？PCM 二次群以上(高次群)用什么方式复接？

3. 画出 PCM 一次群的结构。

(1) 标出取样频率、路和时隙数；

(2) 标出帧同步时隙和码形；

(3) 标出信令时隙和码形；

(4) 为什么有复帧结构？同步时隙放在哪一帧？

(5) 计算一次群信息速率。

4. 高次群按位复接前，为什么必须先做码速调整？

5. 画出二次群正码速调整的结构，简述如何判断有插入脉冲做码速调整？

6. 画出 PCM 一次群、二次群、三次群、四次群……复接的模式，标出各群的速率和电话用户数，并标出国际上规定的标准接口码型。

第 9 章 配套实验简介

9.1 "数字通信原理与硬件设计"验证型实验

为了配合"数字通信原理与硬件设计"理论教学，我们开发有一套 7 个原理验证型实验箱；同时开发有一个扩频通信设计综合性、系统性的设计实验箱。**学生普遍认为实验方案优良，具体步骤细致且结合课本知识，能把抽象的课本知识在实验中以形象的方式体现出来。在培养学生动手能力的同时，又加强了对课本知识的理解和掌握。实验效果明显，波形稳定，实验方案合理，实验对理解课堂上所学知识大有帮助，实验指导比较详尽。2018 年，刘灼群、蔡志岗又合作完成了实验视频拍摄，进一步提高了教学效果。**

9.1.1 实验内容

本实验内容丰富，涉及课程的各个主要章节。7 个综合实验箱可以开发 100 多个实验内容，较全面地配合了教学的内容。《数字通信原理与硬件设计》理论教材主要内容有机地分配在各个原理验证型实验箱内，既结合理论教材知识，又结合工程实际。内容安排如表 9.1.1 所示。

表 9.1.1　"数字通信原理与硬件设计"验证型实验内容安排

课程内容	重点内容	实验装置
编码与译码	抽样定理	抽样定理实验
	PCM 编译码原理	PCM 编译码单路、多路实验
	ΔM 编译码原理	ΔM 编码、译码实验
基带传输	AMI、HDB3 码变换规则	HDB3 码编、译码实验
	差分码变换规则	插在 FSK、DPSK 实验系统中
	奈奎斯特准则	
	均衡	
	眼图、伪随机码	
基带传输	m 序列	插在 FSK、DPSK 实验系统中
调制与解调	2FSK	2FSK 调制、解调实验
	2DPSK	2DPSK 调制、解调实验

续表

课程内容	重点内容	实验装置
同步	载波同步	插在 DPSK 解调中
	位同步提取方法	插在 FSK 解调中
纠错编码	循环码检错和纠错原理	循环码编码、译码实验
现代数字调制	扩频通信	扩频通信系统设计实验

9.1.2　实验特点

(1) 实验内容与教材主要内容结合很紧密，重点内容均有实验。

(2) **采用同步信号源**，波形非常稳定，可以清楚地显示 PCM 编码的极性码、段落码、段内电平码、ΔM 编码和译码波形，并带声音效果。

(3) **实验具有对比性**，加深学生对课本知识的理解，如 PCM 编译实验有单路与多路；ΔM 编译码实验有简单编译码与压扩编译码；HDB3 码编译码实验有 AMI 码对比；位同步提取实验有眼图判决时间选取与误码率实验；纠错编码实验中，有最小码距与检错、纠错能力对比关系实验。

(4) **实验指导书写得很详细，每一步应观察什么、了解什么、掌握什么都做了提示**，仪器应如何操作都做了详细的介绍。

(5) 实验只用两个电源，并有稳压保护，不容易损坏。

(6) 为了便于学生理解工作原理，实验电路大部分选用小规模 IC 设计。

9.1.3　"数字通信原理与硬件设计"验证型实验目录

目　　录

一、PCM 编解码单路多路实验

1. 信号源实验
　　1) 取样脉冲、定时时钟实验
　　2) 同步测试信号源实验
2. PCM 单路编码实验
　　1) 极性码编码实验
　　2) 段内电平码编码实验
　　3) 段落码编码实验
3. PCM 单路译码实验
4. PCM 单路编译码实验

5. PCM 一次群多路编码实验
　　1) PCM 多路编码静态工作实验
　　2) PCM 一次群帧结构、帧同步信号实验
　　3) PCM 一次群编码实验
　　4) PCM 一次群译码实验
6. PCM 系统性能调试
　　1) 编码动态范围
　　2) 信噪比特性
　　3) 频率特性
7. 学生常犯的测量错误

二、ΔM编码、译码实验

1. 简单ΔM 编码实验

　　1) 时钟测试同步信号源实验　　　5) 临界编码实验

　　2) 静态编码实验　　　6) 过载编码实验

　　3) 起始编码实验　　　7) 简单ΔM 编码动态范围测试

　　4) 正常编码实验　　　8) 简单ΔM 译码实验

2. 压扩ΔM 编码实验

　　1) 压扩控制信号实验　　　3) 压扩过载特性

　　2) 压扩编码动态范围测试　　　4) 幅频特性实验

3. 压扩译码、滤波、功放实验

4. 压扩编译码实验

5. 压扩编译码话音信号测试实验

6. 简单压扩ΔM 音质试听评价实验

7. 压扩量化信噪比测试实验

8. 学生常犯的测量错误

三、HDB3 编码、译码实验

1. 伪随机码基带信号实验

2. AMI 码实验

　　1) AMI 码编码实验

　　2) AMI 码译码实验

　　3) AMI 码位同步提取实验

3. HDB3 编码实验

4. HDB3 译码实验

5. HDB3 位同步提取实验

6. AMI 和 HDB3 位同步提取比较实验

7. HDB3 码频谱测量实验

8. 教材中的 HDB3 码变化和示波器观察的 HDB3 码变化差异实验

四、FSK 调制、解调实验

1. FSK 实验

　　1) 载频和位定时实验　　　　　3) FSK 调制实验

　　2) 伪随机码基带信号实验

2. FSK 解调实验

　　1) 载波整形实验　　　　　　　　6) 奈奎斯特准则实验

　　2) 过零检测法解调 FSK 基带实验　7) 均衡器实验

　　3) 过零检测法提取位同步信号实验　8) 锁相环滤除位同步相位抖动实验

　　4) 基带判决形成实验　　　　　　9) 位同步提取三大步骤

　　5) 解调 FSK 基带眼图实验　　　　10) 眼图最佳判决时刻选取实验

五、DPSK 调制、解调实验

1. DPSK 调制实验

　　1) 载波、时钟信号实验　　　　　3) 差分编码实验

　　2) 伪随机基带信号源实验　　　　4) DPSK 调制实验

2. DPSK 解调实验

　　1) 同相正交环解调 DPSK 实验　　4) 基带信号解调、相位锁定实验

　　2) 压控振荡器实验　　　　　　　5) 基带信号判决实验

　　3) 载波 90°相移实验　　　　　　6) 差分译码实验

3. DPSK 调制解调系统实验

　　1) 同步带测量实验　　　　　　　3) 载波提取锁相环相位模糊度实验

　　2) 捕捉带测量实验　　　　　　　4) DPSK 调制解调眼图实验

4. 学生常犯的测量错误

六、循环码编码、译码实验

1. 根据编码规则验证循环码的生成多项式 $g(x) = x^9 + x^6 + x^5 + x^4 + x + 1$

2. 通过实验了解循环码的工作原理

　　1) 了解生成多项式 $g(x)$ 与编码及译码的关系

　　2) 了解生成多项式 $g(x)$ 与码距 d 的关系

　　3) 了解码距 d 与纠错、检错能力之间的关系

　　4) 观察该码能纠几个错误码元

　　5) 观察循环码的循环性以及封闭性

3. 通过实验了解编码、译码器的组成方框图及其主要波形图

4. 了解信道中的噪声对该系统的影响

七、抽样定理实验

1. 时钟信号和定位定时信号

2. 抽样窄脉冲 8kHz 信号波形

3. 多路抽样信号

4. 同步测试信号源的波形和频率

5. 抽样信号波形

6. 抽样保持信号波形

7. 抽样信号的恢复

8. 滤波幅频特性

9. 抽样定理验证

10. 抽样保持信号的 $\sin x/x$ 失真

11. 多路抽样的路际串话

9.2　"数字通信原理与硬件设计"扩频通信系统设计实验

9.2.1　设计实验概述

扩频通信实验是一个综合性、设计性的实验系统，设计方法紧密结合工程实际，设计者通过 Quartus Ⅱ 7.2 软件，利用计算机进行设计、仿真、下载，然后进行测试验证。设计内容紧密结合理论教学内容，包括配置有固定的硬件平台，为学生搭配了课程设计、毕业设计硬件和软件平台。基础好的同学还可以进一步用 VHDL 在计算机上进行仿真设计，然后下载到芯片进行测试。

9.2.2　扩频通信发送端设计内容

(1) 发送端各种时钟频率的确定，帧频确定的原则。

(2) 发送端各种时钟分频电路的硬件设计。

(3) 低速 m 序列的硬件设计(模拟传输的数字信号源)。

(4) 高速 m 序列的硬件设计。

(5) 扩频信号构成硬件设计。

(6) 帧同步信号巴克码产生的硬件设计。

(7) 帧结构的构成硬件设计，帧同步信号固定在帧同步时隙，数据信息固定在数据时隙，互不干扰的设计方法。**(难点、重点)**

(8) 差分编码硬件电路设计。

(9) 2DPSK 载波调制 sin、cos 信号设计。

9.2.3　扩频通信接收端设计内容

(1) 同相正交环正确解调基带信号的调试。

(2) 同步带、捕捉带测量方法，眼图测试。

(3) 归零码电路设计。

(4) 数字锁相环位同步提取电路的设计，高速晶体振荡频率的确定。

(5) 码元判决和差分译码硬件电路设计。

(6) 帧结构的识别和抗干扰电路设计。

(7) 还原高速 m 序列。

(8) 解调数据信号电路设计。

9.2.4　综合

(1) 测试方法；测量仪器正确使用。

(2) 教师下达毕业设计任务书和注意事项。

(3) 中山大学 SYT-2020 扩频通信实验箱，如图 9.2.1 所示。

图 9.2.1　中山大学 SYT-2020 扩频通信实验箱

参 考 文 献

樊昌信, 徐炳祥, 吴成柯, 等, 1980. 通信原理. 北京: 国防工业出版社.

冯重熙, 等, 1987. 现代数字通信技术. 北京: 人民邮电出版社.

姜秀华, 张永辉, 2007. 数字电视广播原理与应用. 北京: 人民邮电出版社.

李文海, 毛京丽, 石方文, 2004. 数字通信原理. 北京: 人民邮电出版社.

刘颖, 王春悦, 赵蓉, 1999. 数字通信原理与技术. 北京: 北京邮电大学出版社.

刘灼群, 1978. CVSD 的恒流源译码器. 无线电通信技术, 16(1): 46.

刘灼群, 1991. 奈奎斯特第三准则响应函数的求取方法. 电子学报, 19(3): 103-105.

刘灼群, 甘集增, 陈宝荣, 等, 1987. TFM 信号预调制滤波器的程序设计. 无线电通信技术(3): 233-239.

沈保锁, 侯春萍, 2002. 现代通信原理. 北京: 国防工业出版社.

王钦笙, 1993. 数字通信. 北京: 人民邮电出版社.

王钦笙, 毛京丽, 朱彤, 1995. 数字通信原理. 北京: 北京邮电大学出版社.

王兴亮, 达新宇, 林家薇, 等, 1990. 数字通信原理与技术. 西安: 西安电子科技大学出版社.

余耀煌, 1979. 增量调制. 北京: 人民邮电出版社.

余兆明, 余智, 2009. 数字电视原理. 西安: 西安电子科技大学出版社.

约翰逊 D E, 约翰逊 J R, 穆尔 H P, 1984. 有源滤波器精确设计手册. 李国荣, 译. 北京: 电子工业出版社.

张传生, 1990. 数字通信原理. 西安: 西安交通大学出版社.

张辉, 曹丽娜, 2008. 现代通信原理与技术. 2 版. 西安: 西安电子科技大学出版社.

郑继禹, 林基明, 2003. 同步理论与技术. 北京: 电子工业出版社.

AGRAWAL B, SHENOI K, 1983. Design methodology for SDM. IEEE Transactions on Communications, 31(3): 360-370.

CANDY J C, WOOLEY B A, BENJMIN O J, 1981. A voiceband codec with digital filtering. IEEE Transactions on Communications, 29(6): 815-830.

CANDY J C, 1985. A use of double integration in sigma delta modulation. IEEE Transactions on Communications, 33(3): 249-258.

DE JAGER F, DEKKER C B, 1987. Tamed frequency modulation, a novel method to achieve spectrum economy in digital transmission. IEEE Transactions on Communications, 26(5): 534-542.